"十三五"职业教育课程改革项目成果

工程造价专业系列规划教材

混凝土结构平法施工图识读与钢筋计算

（第二版）

李晓红　杨莅滦　主　编

张瑜楠　周建丽　王静雅　副主编

胡兴福　主　审

科学出版社

北　京

内 容 简 介

本书以 G101（16G101—1～3、12G101—4、13G101—11）和 G901（12G901—1～3）等图集以及 GB 50010—2010《混凝土结构设计规范（2015 年版）》等相关规范为基础编写而成。本书共 9 个单元，分别详细地讲解了现浇混凝土结构施工图中的柱、梁、板、剪力墙、楼梯及基础的平法识图规则和标准配筋构造，并力求通过各类构件的钢筋设计（造价）长度和施工下料长度计算的大量案例使读者透彻全面地掌握平法结构施工图的识读，更为读者尽快适应建筑设计、施工、造价和监理等部门普遍应用平法技术的工作环境提供了极大的帮助。

本书为介绍平法技术和钢筋计算的基础性和普及性图书，可供结构设计人员、施工技术人员、工程监理人员、工程造价人员及其他对平法技术有兴趣的人士学习参考，可作为上述专业人员的培训教材，本书也可作为本科相关专业的教材。

图书在版编目（CIP）数据

混凝土结构平法施工图识读与钢筋计算/李晓红，杨莅滦主编. —2 版. —北京：科学出版社，2018.11

（"十三五"职业教育课程改革项目成果·工程造价专业系列规划教材）

ISBN 978-7-03-058359-8

Ⅰ. ①混… Ⅱ. ①李… ②杨… Ⅲ. ①混凝土结构-建筑制图-识图-职业教育-教材 ②钢筋混凝土结构-结构计算-职业教育-教材 Ⅳ. ①TU204 ②TU37

中国版本图书馆 CIP 数据核字（2018）第 167354 号

责任编辑：万瑞达 李 雪 / 责任校对：王万红
责任印制：吕春珉 / 封面设计：曹 来

科学出版社 出版
北京东黄城根北街 16 号
邮政编码：100717
http://www.sciencep.com

北京市京宇印刷厂 印刷

科学出版社发行 各地新华书店经销
*

2015 年 8 月第 一 版 开本：787×1092 1/16
2018 年 11 月第 二 版 印张：21 1/2
2021 年 9 月第七次印刷 字数：510 000

定价：49.00 元

（如有印装质量问题，我社负责调换〈北京京宇〉）

销售部电话 010-62136230 编辑部电话 010-62130874（VA03）

工程造价专业系列规划教材

编写指导委员会

第二版前言

本书第一版于 2015 年 8 月第一次出版。第一版教材以 G101（11G101—1～3、12G101—4、13G101—11）和 G901（12G901—1～3）等图集以及 GB 50010—2010《混凝土结构设计规范》等相关规范为基础，结合编者多年的设计院结构设计经验和平法教学实践提炼而成。

第二版教材是以新出版发行的 16G101—1～3 及 GB 50010—2010《混凝土结构设计规范（2015 年版）》为基础进行修订的。

较之 11G101，16G101 对制图规则和构造详图均做了补充完善和局部修正，变化之处详见本书的具体内容，此处不再赘述。现将 16G101 与 11G101 在主要形式上的变化归纳如下：

1）因为 GB18306—2015《中国地震动参数区划图》取消了不设防地区，均按抗震设计，所以 16G101 不存在非抗震情况。而 11G101 适用于非抗震和抗震。

2）11G101 中只有受拉钢筋基本锚固长度 l_{ab} 和 l_{abE} 表，16G101 中又增加了受拉钢筋锚固长度 l_a、l_{aE} 和搭接长度 l_l、l_{lE} 这 4 个表格，使工程应用更加方便。

3）钢筋弯折的弯弧内直径 D 按钢筋牌号和直径重新做了统一规定，使得钢筋长度计算有了明确的依据。

本书内容丰富，通俗浅显，解读准确到位，易学习，易掌握，易实施，能极大地促进读者对平法技术的理解，并提高其实际运用水平。

本书由山东城市建设职业学院李晓红、杨苌溙担任主编，由山东城市建设职业学院张瑜楠、山东财经大学周建丽、山东英才学院王静雅担任副主编，由四川建筑职业技术学院胡兴福担任主审。

由于各高校在平法课程的开展时间和课时安排上存在着不平衡，编者给出了教学内容和课时安排建议，各学校可根据自身的实际情况灵活选用其中的内容。

教学内容和课时安排

单 元	单 元 名 称	建 议 课 时
单元 1	平法概述	2
单元 2	平法施工图通用构造	2
单元 3	钢筋设计（造价）长度与下料长度计算	4
单元 4	柱平法施工图识读与钢筋计算	16
单元 5	梁平法施工图识读与钢筋计算	18
单元 6	板平法施工图识读与钢筋计算	8
单元 7	剪力墙平法施工图识读与钢筋计算	12

续表

单　元	单 元 名 称	建 议 课 时
单元 8	板式楼梯平法施工图识读与钢筋计算	4
单元 9	基础平法施工图识读与钢筋计算	6
合计课时		72

编者邮箱 LXhong0222@163.com，欢迎各位朋友联系交流。

编　者

2018 年 4 月

第一版前言

从 1996 年国家科委和建设部共同推广平法技术，到如今已近 20 年了。在这段时间中，我国建筑界的面貌发生了很大的变化，可以说建筑界没有人不知道平法。

然而从全国范围来看，推广平法工作的发展是不平衡的。一线及省会城市平法应用比较广泛，而各地市的城乡就相对薄弱一些。更大的问题还在于现在高等教育课程设置上，还没有把平法技术纳入建筑结构专业和工程造价专业的必修课。可喜的是，近年来全国越来越多的高校将平法识图列为正式课程。山东城市建设职业学院在 2009 年就将"混凝土结构平法识图"纳入正式课程，通过几年的教学实践得到了学生的认可，也收到了很好的社会效果。然而在教学过程中我有一个深刻体会，那就是如果不涉及钢筋计算就无法透彻理解 11G101 的平法识图规则和标准构造。为了使平法教学达到更好的效果，编写了《混凝土结构平法施工图识读与钢筋计算》一书。

本书以 G101（11G101—1、11G101—2、11G101—3、12G101—4、13G101—11）和 G901（12G901—1、12G901—2、12G901—3）以及 GB50010—2010《混凝土结构设计规范》等最新规范为基础，同时结合作者十几年的设计院结构设计经验和 7 年的平法学习心得以及 5 年的平法教学实践提炼而成。例如，本书将"剪力墙"作为第 7 单元放在"柱""梁"和"板"单元之后，这一小细节的调整正是作者在多年的平法教学中发现的最容易使读者接受的构件学习顺序。本书分 9 个单元，分别详细地讲解了现浇混凝土结构施工图中的柱、梁、板、剪力墙、楼梯及基础的平法识图规则和标准配筋构造，并通过各类构件的钢筋设计（造价）长度和施工下料长度计算的大量案例使读者能透彻全面的掌握平法结构施工图的识读，更为读者尽快适应建筑设计、施工、造价和监理部门普遍应用平法的工作环境提供了极大的帮助。

本书有以下 4 个特色：

1）本书是一本系统讲解钢筋设计（造价）长度和施工下料长度的实用书籍。

2）大量的混凝土结构标准配筋构造和现行最新规范条文的对接是本书的一个特色。

3）在各类构件上直接计算钢筋设计（造价）长度的过程和步骤是笔者在平法教学实践中摸索出来的一种实用方法。这种在（剖面或平面）图上直接计算钢筋设计（造价）长度的方法是本书的又一特色。

4）本书在单元 3 中详细讲解了钢筋施工下料长度计算的原理并将钢筋施工下料长度的练习穿插在后续单元大量的钢筋计算案例中，这一新颖的教学和练习一体化的形式是本书的另一特色。

本书由山东城市建设职业学院李晓红、赵庆辉担任主编，山东城市建设职业学院王莉娜、山东城乡规划设计研究院管晓、枣庄科技职业学院王艳担任副主编，四川建筑职业技术学院胡兴福担任主审。

　　开设混凝土结构平法施工图识读与钢筋计算课程是教学改革、课程改革的一种尝试，本书在结构、内容、形式等方面进行了大胆的探索和创新。由于水平所限，疏漏和不妥之处在所难免，希望广大读者给予批评指正，携手共同为促进平法教学在高校的普及和深化做出自己的一点儿微薄贡献。

　　由于各高校在平法课程的开展时间和课时安排上存在着不平衡，笔者给出了教学内容和课时安排建议，各学校可根据自身的实际情况灵活选用其中的内容。

教学内容和课时安排

单 元	单 元 名 称	课 时
单元 1	平法概述	2
单元 2	平法施工图通用构造	2
单元 3	钢筋设计长度和下料长度计算	4
单元 4	柱平法施工图识读与钢筋计算	16
单元 5	梁平法施工图识读与钢筋计算	18
单元 6	板平法施工图识读与钢筋计算	8
单元 7	剪力墙平法施工图识读与钢筋计算	12
单元 8	板式楼梯平法施工图识读与钢筋计算	4
单元 9	基础平法施工图识读与钢筋计算	6
	合计课时	72

　　编者邮箱 LXhong0222@163.com，欢迎各位朋友联系交流。

编　者
2015 年 6 月

目　　录

单元 1

平 法 概 述

教学目标与要求

教学目标 ☞

通过对本单元的学习，学生应能够：

1. 了解混凝土结构施工图平面整体设计的思路。
2. 熟悉 G101 系列平法图集的发展历程。
3. 了解平法的特点和实用效果。

教学要求 ☞

教学要点	知识要点	权重	自测分数
平法定义	学习平法的基本概念，掌握平法特点，了解平法诞生的背景	20%	
平法的基本理论	学习平法的系统构成，了解平法的基本理论	10%	
G101 系列平法图集的发展	了解平法历史上几件大事	60%	
平法的科学性	学习平法的地位、作用和意义	10%	

1.1 平法简介

1.1.1 平法定义

平法是"建筑结构施工图平面整体设计方法"的简称，为原中华人民共和国建设部批准发布的国家建筑标准设计图集，即 G101 系列平法图集，是国家重点推广的科技成果。从 1996 年第一本平法国标图集 96G101 出版发行至今，经过二十多年的推广和实践，平法技术被越来越多的建筑工程设计、施工、造价、监理等诸多领域的技术人员所认可和喜爱，在全国得到了广泛应用。

平法是把结构构件的尺寸和配筋等按照平面整体表示方法的制图规则，整体直接表达在各类构件的结构平面布置图上，再与 G101 系列国家建筑标准设计图集内相对应的各类构件的标准构造详图相配合，构成一套新型完整的结构设计图纸的方法。

平法结构施工图改变了传统的将各类结构构件从结构平面布置图中索引出来，再逐个绘制配筋详图的烦琐绘图表达方法，是建筑结构施工图设计绘图表达方式的重大改革。

平法定义可简单归纳为：平法施工图＋16G101＝一套完整的结构设计图纸。

平法定义包含两层含义：第一层含义，目前提到的"平法"是指工地上正在使用的"现浇混凝土结构施工图"；第二层含义，工地上的平法结构施工图必须与现行 G101 系列平法图集配合，才构成一套"完整"的结构设计图纸，即现行 G101 系列图集是施工人员必须与平法施工图配套使用的正式设计图纸，是目前工地上正在使用的"平法结构施工图"不可分割的一部分。

G101 系列平法图集中讲到的每个结构构件，均包括相应的制图规则和标准构造详图两部分内容。平法的制图规则指导人们看懂平法施工图上标注的数字和符号，它既是设计者完成柱、墙、梁等平法施工图的依据，也是施工、监理人员准确理解和实施平法施工图的依据。平法的标准构造详图编入了国内常用的且较为成熟的构造做法，如果要了解梁内的钢筋形状和尺寸，那就必须准确查阅 G101 图集中的相关的标准构造详图。

毋庸置疑，只有熟练掌握 G101 系列平法图集的相关内容，才能顺利并准确地读懂"平法结构施工图"。而识读"平法结构施工图"是土木工程，建筑工程技术，建筑工程造价、监理等专业的学生首先需要在学校掌握的基本技能之一。遗憾的是，在相当多的大中专院校的建筑工程技术、建筑工程管理、工程造价、工程监理、土木工程等专业课程中，有关"平法识图与钢筋计算"方面的内容明显不足。值得欣慰的是，近几年"平法识图与钢筋计算"的内容被越来越多开设土木大类专业的院校所重视。本书的编写就是想在推动平法教学方面做一些有益的尝试。

1.1.2 平法的诞生、形成与发展

平法的创始人是山东大学教授陈青来先生。

建筑结构施工图设计的发展，经历了三个时期：一是中华人民共和国成立初期至 20 世纪 90 年代末的详图法（又称配筋图法）；二是 20 世纪 80 年代初期至 90 年代初我国东南沿海开放城市广泛应用的梁表法；三是 20 世纪 90 年代至今已基本普及的平法。平法的发明及应用，从形式上替代了人工制图，优化了计算机辅助设计（CAD）技术，对提高结构设计效率起到了重大的作用。

计算机 CAD 软件的应用是设计技术手段的一次革命，虽然结构 CAD 的开发应用已日臻成熟，但在实际设计工作中的弊病也日益突出。主要表现在：①结构设计工作量庞大，其中 70%～80%用于绘图；②表达手法落后、烦琐，图纸量甚至比手工绘制还多，"错、漏、碰、缺"质量通病在所难免；③正常变更设计困难，可谓"牵一发而动全身"。通常实际工程项目设计过程中，建筑专业的调整和修改势必带来结构设计的相应改变，而使传统的框架、剪力墙结构的竖向表达方式变更的进行相当困难，甚至顾此失彼，形成新的"错、漏、碰、缺"。

平法的出现和发展，正是顺应了结构设计的发展和革新的客观需要。1995 年 8 月 8 日，一篇题为《结构设计的一次飞跃》的文章刊登在《中国建设报》头版显著位置，它标志着我国平法的正式诞生，此前它已经正式通过了中华人民共和国建设部的科技成果鉴定。而 1996 年 11 月，建设部批准《混凝土结构施工图平面整体表示方法制图规则和构造详图》（现浇混凝土框架、剪力墙、框架-剪力墙、框支剪力墙结构）为国家建筑标准设计图集 96G101，在批准之日向全国正式出版发行。

平法科技成果以国家建筑标准设计图集 96G101 的形式，且以如此令人惊叹的速度推向了全国建筑界，这标志着我国结构施工图设计正式进入了"平法时代"。截至 2017 年，平法通过二十多年的发展，现已成为我国结构设计、施工领域普遍应用的主导技术之一。

平法结构 CAD 设计软件随之开发，并逐步应用于结构设计实际工作中。与传统方法相比，平法可使图纸量减少 65%～80%；若以工程数量计，这相当于使绘图仪的寿命提高三四倍，同时设计质量通病也大幅度减少。以往施工中验收每层梁的钢筋时需反复查阅大量图纸，现在只要一张图就包括了一层甚至几层梁的设计数据，因此平法施工图深受设计、施工、监理及造价人员的欢迎。

1.2 平法的系统构成和基本理论

1.2.1 平法的系统构成

根据结构设计各阶段的工作形式和内容，我们将全部结构设计作为一个完整的主系统，该主系统由三个子系统构成（见图 1-2-1），即第一子系统为结构方案（结构体系）设计，第二子系统为结构计算分析，第三子系统为结构施工图设计。

$$
\text{主系统：结构设计}
\begin{cases}
\text{第一子系统：结构方案（结构体系）设计} \\
\text{第二子系统：结构计算分析} \\
\text{第三子系统：结构施工图设计}
\end{cases}
$$

图 1-2-1　结构设计系统构成

平法属于上述第三子系统的方法，即关于结构施工图设计子系统的方法。简单来讲，平法就是把结构设计的成果以"目前的平法图纸＋G101 图集"的方式呈现出来。

1.2.2　平法的基本理论

平法的基本理论为以结构设计者的知识产权归属为依据，将结构设计分为创造性设计内容与重复性设计内容两部分。由设计工程师采用数字化、符号化的平面整体表示方法制图规则完成创造性设计内容部分，重复性设计内容部分则采用标准构造设计。两部分为对应互补关系，合并构成完整的结构设计。

创造性与重复性设计内容的划分主要根据在结构设计主系统中各子系统的层次性、关联性、功能性和相对独立性的本构关系。

1.3　G101 系列平法图集的发展

1.3.1　G101 系列平法国标图集的创建和四次修版

G101 平法图集的出版发行和四次修版清晰地展现了平法的发展历程。

1）1995 年 7 月，平法通过了建设部科技成果鉴定，鉴定意见为：建筑结构平面整体设计方法是结构设计领域的一项有创造性的改革。该方法数倍提高了设计效率，提高了设计质量，大幅度降低了设计成本，达到了优质、高效、低消耗三项指标的要求，值得在全国推广。

2）1996 年 6 月，平法列为建设部一九九六年科技成果重点推广项目。

3）1996 年 9 月，平法被批准为"国家级科技成果重点推广计划"项目。

4）1996 年 11 月，建设部批准《混凝土结构施工图平面整体表示方法制图规则和构造详图》（现浇混凝土框架、剪力墙、框架-剪力墙、框支剪力墙结构）为国家建筑标准设计图集 96G101，在批准之日向全国出版发行。

5）1999 年 9 月，平法国家建筑标准设计 96G101 获全国第四届优秀工程建设标准设计金奖。

6）2000 年 7 月，平法国家建筑标准设计 96G101 修版为 00G101。

7）2003 年 1 月，平法国家建筑标准设计 00G101 依据国家 2000 系列混凝土结构新规范修版为 03G101—1《混凝土结构施工图平面整体表示方法制图规则和构造详图》（现浇混凝土框架、剪力墙、框架-剪力墙、框支剪力墙结构）。

8）2003 年 7 月，平法国家建筑标准设计 03G101—2《混凝土结构施工图平面整体表示方法制图规则和构造详图》（现浇混凝土板式楼梯）编制完成，经建设部批准向全国出版发行。

9）2004 年 2 月，平法国家建筑标准设计 04G101—3《混凝土结构施工图平面整体表示方法制图规则和构造详图》（筏形基础）编制完成，经建设部批准向全国出版发行。

10）2004 年 11 月，平法国家建筑标准设计 04G101—4《混凝土结构施工图平面整体表示方法制图规则和构造详图》（现浇混凝土楼面与屋面板）编制完成，经建设部批准向全国出版发行。

11）2006 年 9 月，平法国家建筑标准设计 06G101—6《混凝土结构施工图平面整体表示方法制图规则和构造详图》（独立基础、条形基础、桩基承台）编制完成，经建设部批准向全国发行。

12）2008 年 9 月，平法国家建筑标准设计 08G101—5《混凝土结构施工图平面整体表示方法制图规则和构造详图》（箱形基础和地下室结构）编制完成，经住房和城乡建设部批准向全国发行。

13）2008 年 12 月，平法国家建筑标准设计 08G101—11《G101 系列图集施工常见问题答疑图解》编制完成，经住房和城乡建设部批准向全国发行。

截至 2008 年，G101 系列平法图集已出版了 7 册（03G101—1、03G101—2、04G101—3、04G101—4、06G101—6、08G101—5 和 08G101—11），包括现浇混凝土结构的柱、墙、梁、板、楼梯、独基、条基、桩基承台、筏基、箱基和地下室结构的平法制图规则和标准配筋构造详图。

14）截至 2009 年，为了解决施工中的钢筋翻样计算和现场安装绑扎，从而实现设计构造与施工建造的有机结合，还出版了与 03～08G101 配套使用的 06～09G901 系列国家建筑标准设计图集 5 册（06G901—1、09G901—2、09G901—3、09G901—4、09G901—5）。06～09G901 系列国家建筑标准设计图集汇总见表 1-3-1。

表 1-3-1　06～09G901 系列国标图集汇总表

序　号	图　集　号	图　集　全　称	执行时间
1	06G901—1	混凝土结构施工钢筋排布规则与构造详图（现浇混凝土框架、剪力墙、框架-剪力墙）	2006.12.1
2	09G901—2	混凝土结构施工钢筋排布规则与构造详图（现浇混凝土框架、剪力墙、框架-剪力墙、框支剪力墙结构）	2009.6.1
3	09G901—3	混凝土结构施工钢筋排布规则与构造详图（筏形基础、箱形基础、地下室结构、独立基础、条形基础、桩基承台）	2009.6.1
4	09G901—4	混凝土结构施工钢筋排布规则与构造详图（现浇混凝土楼面与屋面板）	2009.9.1
5	09G901—5	混凝土结构施工钢筋排布规则与构造详图（现浇混凝土板式楼梯）	2009.6.1

15）截至 2012 年，国家依据 GB 50010—2010《混凝土结构设计规范》、GB 50011—2010《建筑抗震设计规范》、JGJ 3—2010《高层建筑混凝土结构技术规程》等最新规范，将 06G901—1、09G901—2、09G901—4 合并修版为 12G901—1，将 09G901—5 修版为 12G901—2，将 09G901—3 修版为 12G901—3。12G901 系列图集汇总见表 1-3-2。

表 1-3-2　12G901 系列国标图集汇总表

序　号	图 集 号	图集全称	执 行 时 间	替代图集号
1	12G901—1	混凝土结构施工钢筋排布规则与构造详图（现浇混凝土框架、剪力墙、梁、板）	2012.11.1	06G901—1、09G901—2、09G901—4
2	12G901—2	混凝土结构施工钢筋排布规则与构造详图（现浇混凝土板式楼梯）	2012.11.1	09G901—5
3	12G901—3	混凝土结构施工钢筋排布规则与构造详图（独立基础、条形基础、筏形基础、桩基承台）	2012.11.1	09G901—3

16）截至 2013 年，国家依据 GB 50010—2010《混凝土结构设计规范》、GB 50011—2010《建筑抗震设计规范》、JGJ 3—2010《高层建筑混凝土结构技术规程》等，将 03G101—1、04G101—4 合并修版为 11G101—1，将 03G101—2 修版为 11G101—2，将 04G101—3、08G101—5、06G101—6 合并修版为 11G101—3，将 08G101—11 修版为 13G101—11，新增加了 12G101—4。最新 11～13G101 系列国家建筑标准设计图集汇总见表 1-3-3。

表 1-3-3　11～13G101 系列国标图集汇总表

序　号	图 集 号	图集全称	执 行 时 间	替代图集号
1	11G101—1	《混凝土结构施工图平面整体表示方法制图规则和构造详图》（现浇混凝土框架、剪力墙、梁、板）	2011.9.1	03G101—1、04G101—4
2	11G101—2	《混凝土结构施工图平面整体表示方法制图规则和构造详图》（现浇混凝土板式楼梯）	2011.9.1	03G101—2
3	11G101—3	《混凝土结构施工图平面整体表示方法制图规则和构造详图》（独立基础、条形基础、筏形基础及桩基承台）	2011.9.1	04G101—3、08G101—5、06G101—6
4	12G101—4	《混凝土结构施工图平面整体表示方法制图规则和构造详图》（剪力墙边缘构件）	2013.2.1	新增加
5	13G101—11	G101 系列图集施工常见问题答疑图解	2013.9.1	08G101—11

17）截至 2017 年，国家依据 GB 50010—2010《混凝土结构设计规范（2015 年版）》、GB 50011—2010《建筑抗震设计规范》及 2016 年局部修订版、JGJ 3—2010《高层建筑混凝土结构技术规程》等新规范，将 11G101—1 修版为 16G101—1，将 11G101—2 修版为 16G101—2，将 11G101—3 修版为 16G101—3。实行日期均为 2016 年 9 月 1 日。

1.3.2　G101 系列平法图集修版原因

20 世纪 50 年代，"混凝土结构"被称为"钢筋混凝土结构"。后来之所以去掉"钢筋"两个字是为了与国际接轨，因为西方称为"Concrete Structure"（混凝土结构）。1966 年，我国颁布了 BJG 21—66《钢筋混凝土结构设计规范》。以后，1974 年、1989 年、2002 年、2010 年、2015 年曾数次修改颁发新规范，废止旧规范。GB 50010—2010《混凝土结构设计规范（2015 年版）》是目前执行的最新规范。

我们应该知道，G101 系列平法图集中的各种结构构件（柱、剪力墙、梁、板、各类基础、楼梯等）的标准配筋构造详图主要来自《混凝土结构设计规范》的相关内容。如果《混凝土结构设计规范》修版了，那么 G101 系列平法图集也应该随之修版，这也正是 1.3.1 节所介绍的 G101 系列平法图集四次修版的主要原因之一。另外，从 G101 系列平法国标图集的发展历程来看，经过二十多年的实践探索，"平法"新技术需要不断地补充、完善和发展，即边完善，边发展。

1.4　平法的科学性

在原建设部组织编撰的《建筑结构施工图平面整体设计方法》科研成果鉴定过程中，有关专家已经对平法的效果给予了客观和高度的评价，概括如下。

1. 够简单

平法采用标准化的设计制图规则，结构施工图表达数字化、符号化，单张图纸的信息量大且集中；构件分类明确，层次清晰，表达准确，设计效率成倍提高；平法使设计者易掌握全局，易调整，易修改，易校审，易控制设计质量；平法适应业主分阶段、分层按图施工的要求，也适应在主体结构开始施工后又进行大幅度调整的特殊情况。平法分结构层设计的图纸与水平逐层施工的顺序完全一致，对标准层可实现单张图纸施工，施工工程师对结构比较容易形成整体概念，有利于施工质量管理。

2. 易操作

平法采用标准化的构造详图，形象、直观，施工易懂、易操作；标准构造详图可集国内较成熟、可靠的常规节点构造之大成，集中分类归纳后编制成国家建筑标准设计图集供设计选用，可避免构造做法反复抄袭及伴生的设计失误，保证节点构造在设计与施工两方面均达到高质量。此外，对节点构造的研究、设计和施工实现专门化提出了更高的要求。

3. 低能耗

平法大幅度降低设计成本，降低设计消耗，节约自然资源。平法施工图是有序化、定量化的设计图纸，与其配套使用的标准设计图集可以重复使用；与传统方法相比，图纸量减少 70%左右，综合设计工日减少 2/3 以上，每十万平方米建筑面积的设计成本可降低约 30 万元，在节约人力资源的同时还节约了自然资源。

4. 高效率

平法大幅度提高设计效率，解放结构设计人员生产力。它的进一步推广和普及，已经使设计院的建筑设计与结构设计人员的比例发生明显改变，后者在数量上，在有些设计院仅为前者的 1/4～1/2，同时结构设计周期明显缩短，设计强度显著降低。

5. 改变用人结构

平法的应用影响了建筑结构领域的人才结构。设计单位对工民建专业大学毕业生的需求量相应减少,这为施工单位招聘结构人才留出了相当空间,专业院校毕业生人才就业分布趋向合理。随着时间的推移,大批土建高级技术人才必将对施工建设领域的科技进步产生积极作用。

6. 促进人才竞争

平法促进设计院内的人才竞争,促进结构设计水平的提高。

小　　结

本单元简单介绍了平法的基本定义、基本理论,其诞生、形成与发展;重点介绍了平法国标图集 G101 和 G901 的发展历程,使读者掌握最新平法图集的资料,为平法的学习奠定基础。

在对历史的简要回顾中,阐明了平法的科学性,从而对平法在建筑工程中的地位、作用和意义给予了应有的评价和客观的总结。

【复习思考题】

1. 什么是平法？平法包含哪两层含义？
2. 平法的创始人是谁？
3. 平法的基本理论是什么？
4. 简述 G101 系列平法图集的发展历程。
5. 学习最新的 12G901（表 1-3-2）系列图集。
6. 学习最新的 16G101 系列平法图集。
7. 简述平法的科学性。

单元

平法施工图通用构造

教学目标与要求

教学目标 ☞

通过对本单元的学习，学生应能够：

1. 了解平法施工图的总则。

2. 熟悉平法施工图设计总说明、适用范围及注意事项。

3. 掌握并能灵活选用通用标准构造。

教学要求 ☞

教学要点	知识要点	权重	自测分数
平法施工图总则	了解平法的定义、设计依据、适用范围、表达方法和出图顺序	10%	
混凝土结构的材料与结构体系	熟悉混凝土材料、结构体系和伸缩缝的最大间距	15%	
混凝土结构设计总说明	掌握结构设计总说明的基本内容及与平法相关的内容	15%	
平法施工图通用构造	掌握混凝土环境类别、纵向钢筋最小保护层厚度，钢筋的锚固、连接、分布、交叉、弯钩、弯折和箍筋、拉筋等构造规定和设计要求	60%	

2.1 平法施工图总则

2.1.1 平法的设计依据和适用范围

1. 平法的设计依据

平法的制图规则和标准构造详图必须符合国家现行的有关规范、规程和标准。对未包括在内的抗震构造详图，以及其他未尽事项，应在具体设计中由设计者另行设计。

平法的标准构造详图的设计依据如下：

1）GB 50010—2010《混凝土结构设计规范（2015 年版）》。

2）GB 50011—2010《建筑抗震设计规范》及 2016 年局部修订。

3）JGJ 3—2010《高层建筑混凝土结构技术规程》。

4）GB/T 50105—2010《建筑结构制图标准》。

5）GB 50007—2011《建筑地基基础设计规范》。

6）GB 50108—2008《地下工程防水技术规范》。

7）JGJ 94—2008《建筑桩基技术规范》。

8）GB 18306—2015《中国地震动参数区划图》。

2. 平法的适用范围

平法适用于各种类型的建筑结构。

2.1.2 平法施工图的表示方法和图纸顺序

平法的基本特点是在平面布置图上直接表示构件尺寸和配筋。其表示方法有三种：平面注写方式、列表注写方式和截面注写方式。其图纸顺序如下：①结构设计总说明；②基础及地下结构平法施工图；③柱和剪力墙平法施工图；④梁平法施工图；⑤板平法施工图；⑥楼梯及其他特殊构件平法施工图。这种顺序，形象地表达了现场真实的施工顺序，即结构设计总说明→底部支承结构（基础及地下结构）→竖向支承结构（柱和剪力墙）→水平支承结构（梁）→平面支承结构（板）→楼梯及其他特殊构件。

由于图纸顺序和施工组织顺序一致，所以便于施工技术人员理解、掌握和具体实施操作。

2.2 混凝土结构的材料与结构体系

2.2.1 混凝土结构的材料

混凝土构件是由钢筋和混凝土两种材料组合而成的。常见的混凝土结构基本构件有梁、柱、剪力墙、板、楼梯、各类型的基础等。

1. 钢筋

（1）钢筋的受力分类

混凝土构件中的钢筋按其作用可分为受力筋、架立筋、箍筋、分布筋和构造筋，分别介绍如下：

1）受力筋：主要承受拉力或压力的钢筋，配置于梁、柱、板等各种钢筋混凝土构件中。

2）架立筋：一般只在梁中使用，与受力筋、箍筋一起形成钢筋骨架，用以固定箍筋位置。

3）箍筋：多配置于梁、柱内，用以固定受力筋及承受剪应力。

4）分布筋：一般用于板内，与受力筋垂直，用以固定受力筋，并与受力筋一起构成钢筋网，将力均匀分布给受力筋。另外，还有抵抗热胀冷缩所引起的温度变形的作用。

5）构造筋：因构件在构造上的要求或施工安装需要而配置的钢筋。例如，板支座处的顶部所加的构造筋，属于前者；而预制板的吊环则属于后者。

（2）钢筋的种类和符号

钢筋可分为普通钢筋和预应力钢筋。

从外观看，普通钢筋有光圆钢筋和带肋钢筋之分，牌号有 HPB300、HRB335、HRB400、HRBF400、RRB400 和 HRB500、HRBF500 等。其中，HPB300 为热轧光圆钢筋，HRB335、HRB400、HRBF400 和 HRB500、HRBF500 为热轧带肋钢筋，而 RRB400 则为余热处理钢筋。

钢筋的牌号、符号、直径和强度详见表 2-2-1。

表 2-2-1　钢筋的牌号、符号、直径和强度

牌　号	符　号	公称直径 d/mm	屈服强度标准值 f_{yk}/MPa	极限强度标准值 f_{stk}/MPa
HPB300	Φ	6～14	300	420
HRB335	Φ	6～14	335	455
HRB400 HRBF400 RRB400	Φ Φ^F Φ^R	6～50	400	540
HRB500 HRBF500	Φ Φ^F	6～50	500	630

同一混凝土构件中，同一部位纵向受力的钢筋应该采用同一牌号。

预应力构件中常用的预应力钢筋（如钢绞线、钢丝等）可查阅有关资料，此处不再细述。

（3）施工中"钢筋代换"原则

在工程中由于材料供应等原因，往往需要对构件中的受力钢筋进行代换。钢筋代换

一般不可以简单地采用等面积代换或用大直径代换，特别是在有抗震设防要求的框架梁、柱、剪力墙的边缘构件等部位，当代换后的纵向钢筋总承载力设计值大于原设计纵向钢筋总承载力设计值时，会造成薄弱部位的转移，以及构件在有影响的部位发生混凝土的脆性破坏（混凝土压碎、剪切破坏等），对结构并不安全。

钢筋代换不是等面积代换，而应该是等强度代换，简称"等强代换"，应遵循以下原则：

1）当需要进行钢筋代换时，应办理设计变更文件。钢筋代换主要包括钢筋的品种、级别、规格、数量等的改变。

2）钢筋代换后的钢筋混凝土构件的纵向钢筋总承载力设计值应相等。

3）应满足最小配筋率、最大配筋率和钢筋间距等构造要求。

4）钢筋强度和直径改变后，应确保正常使用阶段的挠度和裂缝宽度在允许范围内。

2. 混凝土

混凝土由水、水泥、黄沙、石子等主要建筑材料按一定比例拌和及硬化而成。混凝土抗压强度高，其强度等级分为C15、C20、C25、C30、C35、C40、C45、C50、C55、C60、C65、C70、C75、C80共14个级别。数值越大，表示混凝土的抗压强度越高，混凝土的抗拉强度比抗压强度低得多，一般为抗压强度的1/20~1/10不等。

实际工程中的普通混凝土受弯构件，如梁、板等，多采用C20~C30；普通混凝土受压构件（如柱、剪力墙等）多采用C30~C40；预应力混凝土构件多采用C30~C65；高层建筑底层柱不低于C50，有的甚至为C100以上。

知识链接

GB 50010—2010《混凝土结构设计规范（2015年版）》第4.1.1条规定：混凝土强度等级应按立方体抗压强度标准值确定。立方体抗压强度标准值指按照标准方法制作、养护的边长为150mm的立方体试件，在28d或设计规定龄期以标准试验方法测得的具有95%保证率的抗压强度值。

C30——立方体抗压强度标准值为30N/mm²（MPa）的混凝土强度等级；
HPB300——强度等级为300MPa的热轧光圆钢筋；
HRB500——强度等级为500MPa的普通热轧带肋钢筋；
RRB400——强度等级为400MPa的余热处理带肋钢筋；
HRBF400——强度等级为400MPa的细晶粒热轧带肋钢筋；
HRB400E——强度等级为400MPa且有较高抗震性能的普通热轧带肋钢筋。

2.2.2 混凝土结构的结构体系和适用最大高度

混凝土结构包括素混凝土结构、钢筋混凝土结构、预应力混凝土结构和各种其他形式的加筋混凝土结构。

结构体系应根据建筑的抗震设防类别、抗震设防烈度、建筑高度、场地条件、地基、结构材料和施工等因素，经技术、经济和使用条件综合比较确定。

现浇钢筋混凝土房屋的结构类型和适用的最大高度应符合表 2-2-2 的要求。平面和竖向均不规则的结构，适用的最大高度宜适当降低。表中的"抗震墙"指结构抗侧力体系中的钢筋混凝土剪力墙，不包括只承担重力荷载的混凝土墙。

表 2-2-2　现浇钢筋混凝土房屋适用的最大高度　　　　单位：m

结　构　类　型		烈　　度				
		6	7	8（0.2g）	8（0.3g）	9
框架		60	50	40	35	24
框架-抗震墙		130	120	100	80	50
抗震墙		140	120	100	80	60
部分框支抗震墙		120	100	80	50	不应采用
筒体	框架-核心筒	150	130	100	90	70
	筒中筒	180	150	120	100	80
板柱-抗震墙		80	70	55	40	不应采用

注：1. 房屋高度指室外地面到主要屋面板板顶的高度（不包括局部突出屋顶部分）。

2. 框架-核心筒结构指周边稀柱框架与核心筒组成的结构。

3. 部分框支抗震墙结构指首层或底部两层为框支层的结构，不包括仅个别框支墙的情况。

4. 表中框架，不包括异形框架。

5. 板柱-抗震墙结构指板柱、框架和抗震墙组成抗侧力体系的结构。

6. 乙类建筑可按本地区抗震设防烈度确定其适用的最大高度。

7. 超过表内高度的房屋，应进行专门研究和论证，采取有效的加强措施。

2.3　混凝土结构设计总说明

2.3.1　结构设计总说明的基本内容

结构设计总说明通常包括以下五部分：①结构概述；②场区与地基；③基础结构；④地上主体结构；⑤设计、施工所依据的规范、规程和标准设计图集等。

图 2-3-1 所示为重庆某大学住宅楼的结构设计说明实例，供同学们参考学习。

结构设计说明

一、设计概况

1. 本工程为××市××大学××住宅楼工程，层数×层×月×日批准立项审批通过。
2. 根据××市建工局要求及住宅工程×日系住宅国家标准规定进行施工图设计。
3. 本工程建筑抗震设防类别为标准设防类，本工程建筑抗震设防烈度按现行《建筑抗震设计规范》的要求确定。本工程所在地区的抗震设防烈度为6度，抗震设计基本加速度值为0.05g，设计特征周期为0.35s。
4. 使用年限要求50年。楼面荷载标准值分别为：

公用部分：楼面活荷载2.0kN/m²；
46.200标高层楼面荷载2.5kN/m²；
51.800标高层楼面荷载1.5kN/m²；

设计使用年限为50年。

二、基础工程

1. 本工程基础设计依据为××地质勘察院提供的《×××大学××住宅楼工程地质勘察报告》。
2. 岩石天然单轴抗压强度标准值fa=1.0MPa，基础设计入中风化泥岩。
3. 垫层厚度≥800mm。
4. 钢筋保护层：基础底板C15，其他混凝土C30。
5. 基础垫层混凝土为C15，剪力墙混凝土为C30，基础梁混凝土为C20，基础混凝土为C30，其余均为C30。
6. 相应钢筋最大直径，梁、柱主筋为35d。
7. 基础柱插筋同柱，详见结构专业图。
8. 钢筋接连接见电气专业图纸，错位位置。
9. 浇注混凝土时，应将基础底面垃圾清理干净。

三、主体工程

1. 现浇混凝土结构各部位混凝土强度等级见下表采用：

标高/m	框架（支）柱	梁、板	楼梯
-4.200以下	C35	C30	C25
-4.200~35.000	C30	C30	C25
35.000以上	C25	C25	C25

2. 梁、柱混凝土强度等级不同时，应在节点区浇梁柱交界处进行浇捣。
3. 钢筋采用无机扎锚固，直径小于10mm时采用HPB235钢筋。
4. 用"Φ"表示，直径大于或等于12mm时进行钢筋接头，用"Φ"表示。
5. 受力钢筋的混凝土保护层厚度。梁、柱主筋为25mm，板、剪力墙为15mm。
6. 梁、柱钢筋的接头位置宜采用焊接接头连接错开，同截面搭接接头面积百分率不得超过50%，且不下部钢筋在接头位置处。上部钢筋不得同时超过1/8跨度范围。
7. 现浇板厚度为25d时均为搭接锚固与墙柱相连接处，墙柱均为C30以上。钢筋搭接长度36d，现浇板锚筋为6@250。
8. 除图中注明者外，现浇板的分布钢筋均为Φ6@250。
9. 除图中注明者外，梁侧构造钢筋均为2Φ12，拉筋Φ6，间距为搭接钢筋间距2倍且不大于42d，混凝土为C30以上。
10. 板底面钢筋，现浇混凝土板厚120混凝土层为200。

四、砌体工程

1. 填充墙采用加气混凝土砌块墙、轻质砌块墙及网格混凝土砌块砌筑。图集的相关内容图纸，墙体构造均选用图西056701。

2. 砌块与混凝土柱连接处接头处，挡墙转角和丁字处，搭接转角不小于600mm，沿墙每600mm设2Φ6拉结筋，锚筋伸入柱内长度不小于200mm，墙体长度不小于1000mm时沿墙全高设置。
3. 墙与墙交接处，这种砌筑层设100厚C15混凝土压顶。内墙2Φ6通长钢筋。
4. 卫生间、阳台墙体与钢筋混凝土墙，柱连接处设钢筋砖墙。
5. 厨房、厕所应采用配筋砌块填充墙，填充墙砌筑填墙预留孔洞及预埋件按建筑图示方向设置。

五、其他

1. 图中未注明各其他工种和埋件详见有关专业图纸。
2. 注图中构造节点详见国家标准图集，参见《混凝土结构施工图平面整体表示方法图集》(16G101—1)执行。
3. 注未图中构造详细的做法详见图集；详见结构各节点连接详图。

图纸目录

序号	图名	图号	备注
1	结构设计说明、图纸目录	G-1	
2	基础图	G-2	
3	二层梁板配筋图	G-3	
4	三层梁板配筋图	G-4	
5	屋面梁板配筋图	G-5	
6	楼、屋面梁平面配筋图	G-6	
7	-0.300~46.200墙柱平面图	G-7	
8	剪力墙配筋图	G-8	
9	剪力墙、局部大样、墙体连系梁平面配筋图等	G-9	
10	521~7号楼梯	G-10	
11	屋架配筋图	G-11	
12	楼梯详图	G-12	
13	剪力墙配筋节点详图	G-13	

×××设计院		工程名称	××××大学	设计号	0504
		工程项目	住宅楼	图别	结施
审核				图号	G-1
审定		图纸名称 结构设计说明		比例	
设计				日期	2014.10

图 2-3-1 重庆某大学住宅楼的结构设计说明实例

2.3.2 结构施工图中必须写明与平法施工图密切相关的内容

为了确保工程施工按照平法施工图的具体要求顺利实施，在具体工程施工图结构设计总说明或其他结构施工图纸中，必须写明下列与平法施工图密切相关的内容，以备施工人员及时查阅。

1）图集号：注明所选用平法标准图的图集号（如图集号为 16G101—1～3）。

2）使用年限：写明混凝土结构的设计使用年限。

3）抗震等级：进行抗震设计时，应写明抗震设防烈度及结构抗震等级；进行非抗震设计时，也应写明。丙类建筑（甲类、乙类、丙类建筑分别为现行国家标准 GB 50223—2008《建筑工程抗震设防分类标准》中特殊设防类、重点设防类、标准设防类建筑的简称）的抗震等级应按表 2-3-1 确定。

表 2-3-1 现浇钢筋混凝土房屋的抗震等级

结构类型		设防烈度									
		6		7			8			9	
框架结构	高度/m	≤24	>24	≤24		>24	≤24		>24	≤24	
	框架	四	三	三		二	二		一	一	
	大跨度框架	三		二			一				
框架-抗震墙结构	高度/m	≤60	>60	≤24	25～60	>60	≤24	25～60	>60	≤24	25～60
	框架	四	三	四	三	二	三	二	一	二	一
	抗震墙	三		三	二		二	一		一	
抗震墙结构	高度/m	≤80	>80	≤24	25～80	>80	≤24	25～80	>80	≤24	25～60
	剪力墙	四	三	四	三	二	三	二	一	二	一
部分框支抗震墙结构	高度/m	≤80	>80	≤24	25～80	>80	≤24	25～80			
	抗震墙 一般部位	四	三	四	三	二	三	二			
	抗震墙 加强部位	三	二	三	二	一	二	一			
	框支层框架	二		二			一				
框架-核心筒结构	框架	三		二			一				
	核心筒	二		二			一				
筒中筒结构	外筒	三		二			一				
	内筒	三		二			一				
板柱-抗震墙结构	高度/m	≤35	>35	≤35		>35	≤35		>35		
	框架、板柱的柱	三	二	二		二	二		一		
	抗震墙	二	二	二		二	二		一		

注：1. 建筑场地为 I 类时，除 6 度设防烈度外应允许按表内降低一度所对应的抗震等级采取抗震构造措施，但相应的计算要求不应降低。

2. 接近或等于高度分界时，应允许结合房屋不规则程度及场地、地基条件确定抗震等级。

3. 大跨度框架指跨度不小于 18m 的框架。

4. 表中框架结构不包括异形柱框架。

5. 房屋高度不大于 60m 的框架-核心筒结构按框架-剪力墙结构的要求设计时，应按表中框架-剪力墙结构确定抗震等级。

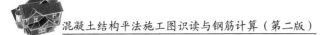

4）混凝土强度等级和钢筋级别：应写明柱、墙、梁等各类构件在不同部位所选用的混凝土的强度等级和钢筋级别，以确定相应纵向受拉钢筋的最小锚固长度及最小搭接长度等。当采用机械锚固形式时，设计者应指定机械锚固的具体形式、必要的构件尺寸及质量要求。

5）标准构造详图有多种选择：当标准构造详图有多种可选择的构造做法时，如框架顶层端节点的配筋构造，应写明在何部位选用何种构造做法；当未写明时，则为设计人员自动授权施工人员可以任选一种构造做法。

6）钢筋连接形式：写明柱（包括墙柱）纵筋、墙身分布筋、梁上部贯通筋在具体工程中需接长时所采用的连接形式及有关要求。必要时，尚应注明对接头的性能要求。

7）环境类别：对混凝土保护层厚度有特殊要求时，写明结构不同部位的柱、墙、梁构件所处的环境类别。

8）嵌固部位：设计人员必须注明上部结构嵌固部位的具体位置。

9）后浇带：设置后浇带时，注明后浇带的位置、浇筑时间和后浇混凝土的强度等级，以及其他特殊要求。

10）拉结钢筋：当柱、墙或梁与填充墙需要拉结时，其构造详图应由设计者根据墙体材料和规范要求选用相关国家建筑标准设计图集或自行绘制。

11）设计变更：当具体工程需要对本图集的标准构造详图作局部变更时，应注明变更的具体内容。

12）特殊要求：当具体工程中有特殊要求时，应在结构施工图中另加说明。例如，钢筋的混凝土保护层厚度、钢筋搭接和锚固长度等与相关的标准构造详图中的规定不一致时，应在结构施工图中特别注明；反之均需按相关的标准构造详图中的规定执行。

2.4 平法施工图通用构造解读

2.4.1 混凝土结构的环境类别

混凝土结构环境类别的划分是为了保证设计使用年限内钢筋混凝土结构构件的耐久性，不同环境对耐久性的要求也不同。混凝土结构应根据设计使用年限和环境类别进行耐久性设计。

混凝土结构环境类别指混凝土暴露表面所处的环境条件，设计应该注明，见表2-4-1。

表 2-4-1　混凝土结构的环境类别

环 境 类 别	条 件
一	室内干燥环境； 无侵蚀性静水浸没环境
二 a	室内潮湿环境； 非严寒和非寒冷地区的露天环境； 非严寒和非寒冷地区与无侵蚀性的水或土壤直接接触的环境； 严寒和寒冷地区的冰冻线以下与无侵蚀性的水或土壤直接接触的环境

续表

环 境 类 别	条　件
二 b	干湿交替环境； 水位频繁变动环境； 严寒和寒冷地区的露天环境； 严寒和寒冷地区冰冻线以上与无侵蚀性的水或土壤直接接触的环境
三 a	严寒和寒冷地区冬季水位变动区环境； 受除冰盐影响环境； 海风环境
三 b	盐渍土环境； 受除冰盐作用环境； 海岸环境
四	海水环境
五	受人为或自然的侵蚀性物质影响的环境

注：1. 非严寒和非寒冷地区与严寒和寒冷地区的区别主要在于有无冰冻及冻融循环现象。
　　2. 严寒地区是指最冷月平均温度≤-10℃，日平均温度≤-5℃的天数不少于145d的地区。
　　3. 寒冷地区是指最冷月平均温度为-10~0℃，日平均温度≤-5℃的天数为90~145d的地区。
　　4. 室内干燥环境是指构件处于常年干燥、低湿度的环境；室内潮湿环境是指构件表面经常处于结露或湿润状态的环境。
　　5. 干湿交替环境是指混凝土表面经常交替接触到大气和水的环境条件。
　　6. 受除冰盐影响环境是指受到除冰盐盐雾影响的环境；受除冰盐作用环境是指被除冰盐溶液溅射的环境以及使用除冰盐地区的洗车房、停车楼等建筑。
　　7. 海岸环境和海风环境宜根据当地情况，考虑主导风向及结构所处迎风、背风部位等因素的影响，由调查研究和工程经验确定。
　　8. 四类和五类环境中的混凝土结构，其耐久性要求应符合有关标准的规定。

2.4.2　混凝土保护层最小厚度

　　钢筋混凝土构件中的钢筋不允许外露，应做好钢筋的防锈、防火及防腐蚀等工作。从构造上看，自钢筋的外边缘至构件表面之间，应留有一定厚度的混凝土保护层。

　　钢筋混凝土保护层厚度，是指最外层钢筋外边缘至混凝土表面的距离。

　　钢筋的混凝土保护层的最小厚度，应根据混凝土结构的环境类别和构件类别来选取，见表2-4-2。

表 2-4-2　混凝土保护层最小厚度 c（≥C30）　　　　　单位：mm

环 境 类 别	板、墙	梁、柱
一	15	20
二 a	20	25
二 b	25	35
三 a	30	40
三 b	40	50

注：1. 表中混凝土保护层厚度适用于设计使用年限为50年的混凝土结构。当设计使用年限为100年时，一类环境中，最外层钢筋的保护层厚度不应小于表中数值的1.4倍；二、三类环境中，应采取专门的有效措施。
　　2. 构件中受力钢筋的保护层厚度不应小于钢筋的公称直径。
　　3. 混凝土强度等级不大于C25（≤C25）时，表中保护层厚度数值应增加5mm。
　　4. 基础底面钢筋的保护层厚度，有混凝土垫层时应从垫层顶面算起，且不应小于40mm。

◆ **知识链接**

GB 50010—2010《混凝土结构设计规范（2015 年版）》规定：

当有充分依据并采取下列措施时，可适当减小混凝土保护层的厚度。

1）构件表面有可靠的防护层；

2）采用工厂化生产的预制构件；

3）在混凝土中掺加阻锈剂或采用阴极保护处理等防锈措施；

4）当对地下室墙体采取可靠的建筑防水做法或防护措施时，与土层接触一侧钢筋的保护层厚度可适当减少，但不应小于 25mm。

当梁、柱、墙中纵向受力钢筋的保护层厚度大于 50mm 时，宜对保护层采取有效的构造措施。当在保护层内配置防裂、防剥落的钢筋网片时，网片钢筋的保护层厚度不应小于 25mm。

梁、柱、剪力墙和板的保护层厚度示意，见图 2-4-1。当保护层厚度大于 50mm 时配置防裂、防剥落的钢筋网片构造，查阅图集 13G101—11 第 19～20 页。

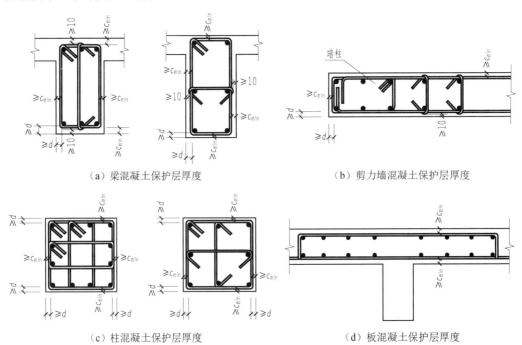

（a）梁混凝土保护层厚度　　　　　　（b）剪力墙混凝土保护层厚度

（c）柱混凝土保护层厚度　　　　　　（d）板混凝土保护层厚度

图 2-4-1　梁、柱、剪力墙和板的保护层厚度示意

注：书中涉及的图例，标高以 m 为单位，其余以 mm 为单位

"平法识图"的关键是学会计算钢筋的设计长度。而要解决这个问题，首先要知道构件的保护层最小厚度。如果设计师在具体的平法结构施工图中已给定各种结构构件的保护层最小厚度，就直接使用上述数据；否则，需要查表 2-4-2 求得。

查表 2-4-2 求构件的混凝土保护层最小厚度，注意不要漏掉表格下方的文字说明，这些文字说明和表 2-4-2 是不可分割的一个整体。本书中其余表格下方的注释意义也是如此。

查阅表 2-4-2 有几个因素需要考虑：环境类别、结构构件类别、设计使用年限、混凝土强度、受力钢筋的公称直径等。

【例 2-4-1】某办公楼工程为现浇钢筋混凝土框架结构，设计使用年限为 50 年，环境类别为一类，柱混凝土强度为 C35，梁混凝土强度为 C25。柱的受力纵筋公称直径为 32mm，梁的受力纵筋公称直径为 28mm，柱的箍筋直径为 8mm，梁的箍筋直径为 6mm，求：

（1）柱混凝土保护层最小厚度

（2）梁混凝土保护层最小厚度

解：（1）柱混凝土保护层最小厚度

1）根据一类环境类别和柱构件查表 2-4-2，得到柱混凝土保护层最小厚度为 20mm。

2）逐项比对表 2-4-2 下方的注 1～注 3。因为设计使用年限为 50 年及柱混凝土强度为 C35，则比较注 1 和注 3，发现步骤 1）查到的数值 20mm 不需调整。再比较注 2 发现，20mm 是不符合注 2 的要求的。因为柱受力纵筋保护层厚度 28mm（20mm + 8mm = 28mm）小于钢筋的公称直径 32mm，如果将查出的数据 20mm 调整为 24mm，这样就正好符合注 2 的要求了（24mm + 8mm = 32mm）。

3）得到柱混凝土保护层最小厚度 c_{min} = 24mm。

（2）梁混凝土保护层最小厚度

1）根据一类环境类别和梁构件查表 2-4-2，得到梁混凝土保护层最小厚度为 20mm。

2）逐项比对表 2-4-2 下方的注 1～注 3。因为设计使用年限为 50 年，比较注 1，发现步骤 1）查到的数值 20mm 不需调整。因为梁混凝土强度为 C25，则比较注 3，发现步骤 1）查到的数值 20mm 需调整到 25mm 才符合注 3 的要求。接着比较注 2 发现，25mm 是符合注 2 的要求的。因为梁受力钢筋保护层厚度 31mm（25mm + 6mm = 31mm）大于钢筋的公称直径 28mm。

3）得到梁保护层最小厚度 c_{min} = 25mm。

2.4.3 受拉钢筋的锚固和各种锚固长度

纵向受拉钢筋要实现可靠的锚固，必须使锚固达到"足强度"，而实现足强度锚固的必要条件，是使混凝土对钢筋产生足够高的锚固效应，实现足够高锚固效应的必要条件，是混凝土对钢筋的完全握裹。因此，为了使受拉钢筋在其进行锚固的节点之外的拉应力，能够达到抗拉设计强度值，必须对受拉钢筋实现有效、可靠的锚固。

钢筋锚固长度是指受力钢筋通过混凝土与钢筋的黏结作用，将所受力传递给混凝土所需的长度。实际工程中常用的有受拉钢筋的（非抗震）基本锚固长度 l_{ab}、抗震基本锚固长度 l_{abE}、（非抗震）锚固长度 l_a 和抗震锚固长度 l_{aE}，分别见表 2-4-3～表 2-4-6。

表 2-4-3　受拉钢筋的（非抗震）基本锚固长度 l_{ab}　　　单位：mm

钢筋种类	混凝土强度等级								
	C20	C25	C30	C35	C40	C45	C50	C55	≥C60
HPB300	39d	34d	30d	28d	25d	24d	23d	22d	21d
HRB35、HRBF335	38d	33d	29d	27d	25d	23d	22d	21d	21d
HRB400、HRBF400 HRB400	—	40d	35d	32d	29d	28d	27d	26d	25d
HRB500、HRBF500	—	48d	43d	39d	36d	34d	32d	31d	30d

表 2-4-4　受拉钢筋的抗震基本锚固长度 l_{abE}　　　单位：mm

钢筋种类		混凝土强度等级								
		C20	C25	C30	C35	C40	C45	C50	C55	≥C60
HPB300	一、二级	45d	39d	35d	32d	29d	28d	26d	25d	24d
	三级	41d	36d	32d	29d	26d	25d	24d	23d	22d
HRB335 HRBF335	一、二级	44d	38d	33d	31d	29d	26d	25d	24d	24d
	三级	40d	35d	31d	28d	26d	24d	23d	22d	22d
HRB400 HRBF400	一、二级	—	46d	40d	37d	33d	32d	31d	30d	29d
	三级	—	42d	37d	34d	30d	29d	28d	27d	26d
HRB500 HRBF500	一、二级	—	55d	49d	45d	41d	39d	37d	36d	35d
	三级	—	50d	45d	41d	38d	36d	34d	33d	32d

对表 2-4-3 和表 2-4-4 的说明如下：

1）四级抗震时，$l_{abE} = l_{ab}$。

2）当锚固钢筋的混凝土保护层厚度不大于 5d 时，锚固钢筋长度范围内应设置横向构造钢筋，其直径不应小于 d/4（d 为锚固钢筋的最大直径）；对梁、柱等构件间距不应大于 5d，对板、墙等构件间距不应大于 10d，且均不应大于 100mm（d 为锚固钢筋的最小直径）。

表 2-4-5　受拉钢筋的（非抗震）锚固长度 l_a　　　单位：mm

钢筋种类	混凝土强度等级																
	C20	C25		C30		C35		C40		C45		C50		C55		≥C60	
	d≤25	d≤25	d>25	d≤25	d>25	d≤25	d>25	d≤25	d>25	d≤25	d>25	d≤25	d>25	d≤25	d>25	d≤25	d>25
HPB300	39d	34d	—	30d	—	28d	—	25d	—	24d	—	23d	—	22d	—	21d	—
HRB335 HRBF335	38d	33d	—	29d	—	27d	—	25d	—	23d	—	22d	—	21d	—	21d	—
HRB400 HRBF400 RRB400	—	40d	44d	35d	39d	32d	35d	29d	32d	28d	31d	27d	30d	26d	29d	25d	28d

续表

钢筋种类	混凝土强度等级																
	C20	C25		C30		C35		C40		C45		C50		C55		≥C60	
	d≤25	d≤25	d>25	d≤25	d>25	d≤25	d>25	d≤25	d>25	d≤25	d>25	d≤25	d>25	d≤25	d>25	d≤25	d>25
HRB500 HRBF500	—	48d	53d	43d	47d	39d	43d	36d	40d	34d	37d	32d	35d	31d	34d	30d	33d

表2-4-6 受拉钢筋的抗震锚固长度 l_{aE} 单位：mm

钢筋种类及抗震等级		混凝土强度等级																
		C20	C25		C30		C35		C40		C45		C50		C55		≥C60	
		d≤25	d≤25	d>25	d≤25	d>25	d≤25	d>25	d≤25	d>25	d≤25	d>25	d≤25	d>25	d≤25	d>25	d≤25	d>25
HPB300	一、二级	45d	39d	—	35d	—	32d	—	29d	—	28d	—	26d	—	25d	—	24d	—
	三级	41d	36d	—	32d	—	29d	—	26d	—	25d	—	24d	—	23d	—	22d	—
HRB335 HRBF335	一、二级	44d	38d	—	33d	—	31d	—	29d	—	26d	—	25d	—	24d	—	24d	—
	三级	40d	35d	—	30d	—	28d	—	26d	—	24d	—	23d	—	22d	—	22d	—
HRB400 HRBF400	一、二级	—	46d	51d	40d	45d	37d	40d	33d	37d	32d	36d	31d	35d	30d	33d	29d	32d
	三级	—	42d	46d	37d	41d	34d	37d	30d	34d	29d	33d	28d	32d	27d	30d	26d	29d
HRB500、 HRBF500	一、二级	—	55d	61d	49d	54d	45d	49d	41d	46d	39d	43d	37d	40d	36d	39d	35d	38d
	三级	—	50d	56d	45d	49d	41d	45d	38d	42d	36d	39d	34d	37d	33d	36d	32d	35d

对表2-4-5和表2-4-6的说明如下：

1）当为环氧树脂涂层带肋钢筋时，表中数据尚应乘以1.25。

2）当纵向受拉钢筋在施工过程中易受扰动时，表中数据尚应乘以1.1。

3）当锚固长度范围内纵向受力钢筋周边保护层厚度为3d、5d（d为锚固钢筋的直径）时，表中数据可分别乘以0.8、0.7；中间时按内插值。

4）当纵向受拉普通钢筋锚固长度修正系数（注1～注3）多于一项时，可按连乘计算。

5）受拉钢筋的锚固长度 l_a、l_{aE} 计算值不应小于200mm。

6）四级抗震时，$l_{aE} = l_a$。

7）当锚固钢筋的混凝土保护层厚度不大于5d时，锚固钢筋长度范围内应设置横向构造钢筋，其直径不应小于d/4（d为锚固钢筋的最大直径）；对梁、柱等构件间距不应大于5d，对板、墙等构件间距不应大于10d（d为锚固钢筋的最小直径），且均不应大于100mm。

◆ **知识链接**

GB 50010—2010《混凝土结构设计规范（2015 年版）》规定：

混凝土结构中的纵向受压钢筋，当计算中充分利用其抗压强度时，锚固长度不应小于相应受拉锚固长度的 70%。

受压钢筋不应采用末端弯钩和一侧贴焊锚筋的锚固措施。

承受动力荷载的预制构件，应将纵向受力普通钢筋末端焊接在钢板或角钢上，钢板或角钢应可靠地锚固在混凝土中。钢板或角钢的尺寸应按计算确定，其厚度不宜小于 10mm。

其他构件中受力普通钢筋的末端也可通过焊接钢板或型钢实现锚固。

特别提示

表 2-4-3～表 2-4-6 的说明中均提出了当锚固钢筋的混凝土保护层厚度不大于 5d 时，在钢筋锚固长度范围内配置构造钢筋（箍筋或横向钢筋）的要求，以防止保护层混凝土劈裂时钢筋突然失锚。其中，对于构造钢筋的直径，根据最大锚固钢筋的直径确定；对于构造钢筋的间距，按最小锚固钢筋的直径取值。

锚固钢筋常因外围混凝土的纵向劈裂而削弱锚固作用，当混凝土保护层厚度较大时，握裹作用加强，锚固长度可以减短。经试验研究及可靠度分析，并根据工程实践经验，表 2-4-5 和表 2-4-6 的说明中提出，当保护层厚度大于锚固钢筋直径的 3 倍时，可乘以修正系数 0.80；保护层厚度大于锚固钢筋直径的 5 倍时，可乘以修正系数 0.70；中间情况用插值计算。

2.4.4 钢筋的连接方式和搭接长度

1. 钢筋的三种连接方式

纵向受力钢筋的连接方式分三种，分别是绑扎搭接、机械连接和焊接，见图 2-4-2。连接类型和质量应符合国家现行有关标准的规定。

混凝土结构中受力钢筋的连接接头宜设置在受力较小处。在同一根受力钢筋上宜少设接头。在结构的重要构件和关键传力部位，纵向受力钢筋不宜设置连接接头。

钢筋连接的三种形式各自适用于一定的工程条件。各种类型钢筋接头的传力性能（强度、变形、恢复力、破坏状态等）均不如直接传力的整根钢筋，任何形式的钢筋连接均会削弱其传力性能。因此钢筋连接的基本原则为：连接接头设置在受力较小处；限制钢筋在构件同一跨度或同一层高内的接头数量；避开结构的关键受力部位，如柱端、梁端的箍筋加密区，并限制接头面积百分率等。

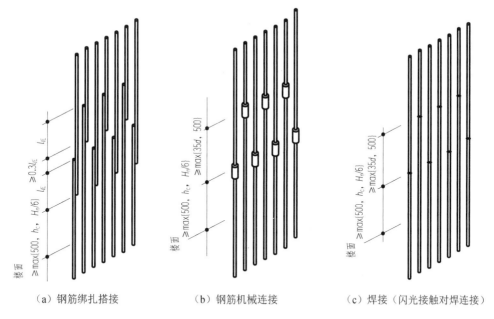

| （a）钢筋绑扎搭接 | （b）钢筋机械连接 | （c）焊接（闪光接触对焊连接） |

图 2-4-2　抗震框架柱纵向受力钢筋三种连接方式示意（分两批连接）

特别提示

GB 50010—2010《混凝土结构设计规范（2015 年版）》规定：轴心受拉及小偏心受拉杆件的纵向受力钢筋不得采用绑扎搭接；其他构件中的钢筋采用绑扎搭接时，受拉钢筋直径不宜大于 25mm，受压钢筋直径不宜大于 28mm。

2. 纵向受拉钢筋绑扎搭接长度

纵向受拉钢筋的（非抗震）搭接长度和抗震搭接长度分别见表 2-4-7 和表 2-4-8。

表 2-4-7　纵向受拉钢筋的（非抗震）搭接长度 l_l　　　　　单位：mm

钢筋种类及同一区段内搭接钢筋面积百分率		混凝土强度等级															
		C20	C25		C30		C35		C40		C45		C50		C55		C60
		$d\leqslant25$	$d\leqslant25$	$d>25$	$d\leqslant25$	$d>25$	$d\leqslant25$	$d>25$	$d\leqslant25$	$d>25$	$d\leqslant25$	$d>25$	$d\leqslant25$	$d>25$	$d\leqslant25$	$d>25$	$d\leqslant25$	$d>25$
HPB300	≤25%	47d	41d	—	36d	—	34d	—	30d	—	29d	—	28d	—	26d	—	25d	—
	50%	55d	48d	—	42d	—	39d	—	35d	—	34d	—	32d	—	31d	—	29d	—
	100%	62d	54d	—	48d	—	45d	—	40d	—	38d	—	37d	—	35d	—	34d	—
HRB335 HRBF335	≤25%	46d	40d	—	35d	—	32d	—	30d	—	28d	—	26d	—	25d	—	25d	—
	50%	53d	46d	—	41d	—	38d	—	35d	—	32d	—	31d	—	29d	—	29d	—
	100%	61d	53d	—	46d	—	43d	—	40d	—	37d	—	35d	—	34d	—	34d	—

续表

钢筋种类及同一区段内搭接钢筋面积百分率		混凝土强度等级															
		C20	C25		C30		C35		C40		C45		C50		C55		C60	
		d≤25	d≤25	d>25	d≤25	d>25	d≤25	d>25	d≤25	d>25	d≤25	d>25	d≤25	d>25	d≤25	d>25	d≤25	d>25
HRB400 HRBF400 RRB400	≤25%	—	48d	53d	42d	47d	38d	42d	35d	38d	34d	37d	32d	36d	31d	35d	30d	34d
	50%	—	56d	62d	49d	55d	45d	49d	41d	45d	39d	43d	38d	42d	36d	41d	35d	39d
	100%	—	64d	70d	56d	62d	51d	56d	46d	51d	45d	50d	43d	48d	42d	46d	40d	45d
HRB500 HRBF500	≤25%	—	58d	64d	52d	56d	47d	52d	43d	48d	41d	44d	38d	42d	37d	41d	36d	40d
	50%	—	67d	74d	60d	66d	55d	60d	50d	56d	48d	52d	45d	49d	43d	48d	42d	46d
	100%	—	77d	85d	69d	75d	62d	69d	58d	64d	54d	59d	51d	56d	50d	54d	48d	53d

注：1. 表中数值为纵向受拉钢筋绑扎搭接接头的搭接长度。

2. 两根不同直径钢筋搭接时，表中 d 取较细钢筋直径。

3. 当为环氧树脂涂层带肋钢筋时，表中数据尚应乘以 1.25。

4. 当纵向受拉钢筋在施工过程中易受扰动时，表中数据尚应乘以 1.1。

5. 当搭接长度范围内纵向力钢筋周边保护层厚度为 3d、5d（d 为搭接钢筋的直径）时，表中数据尚可分别乘以 0.8、0.7；中间时按内插值。

6. 当上述修正系数（注 3～注 5）多于一项时，可按连乘计算。

7. 任何情况下，搭接长度不应小于 300mm。

表 2-4-8　纵向受拉钢筋的抗震搭接长度 l_{lE}　　单位：mm

钢筋种类及同一区段内搭接钢筋面积百分率			混凝土强度等级															
			C20	C25		C30		C35		C40		C45		C50		C55		≥C60	
			d≤25	d≤25	d>25	d≤25	d>25	d≤25	d>25	d≤25	d>25	d≤25	d>25	d≤25	d>25	d≤25	d>25	d≤25	d>25
一、二级抗震等级	HPB300	≤25%	54d	47d	—	42d	—	38d	—	35d	—	34d	—	31d	—	30d	—	29d	—
		50%	63d	55d	—	49d	—	45d	—	41d	—	39d	—	36d	—	35d	—	34d	—
	HRB335 HRBF335	≤25%	53d	46d	—	40d	—	37d	—	35d	—	31d	—	30d	—	29d	—	29d	—
		50%	62d	53d	—	46d	—	43d	—	41d	—	36d	—	35d	—	34d	—	34d	—
	HRB400 HRBF400	≤25%	—	55d	61d	48d	54d	44d	48d	40d	44d	38d	43d	37d	42d	36d	40d	35d	38d
		50%	—	64d	71d	56d	63d	52d	56d	46d	52d	45d	50d	43d	49d	42d	46d	41d	45d
	HRB500 HRBF500	≤25%	—	66d	73d	59d	65d	54d	59d	49d	55d	47d	52d	44d	48d	43d	47d	42d	46d
		50%	—	77d	85d	69d	76d	63d	69d	57d	64d	55d	60d	52d	56d	50d	55d	49d	53d
三级抗震等级	HPB300	≤25%	49d	43d	—	38d	—	35d	—	31d	—	30d	—	29d	—	28d	—	26d	—
		50%	57d	50d	—	45d	—	41d	—	36d	—	35d	—	34d	—	32d	—	31d	—
	HRB335 HRBF335	≤25%	48d	42d	—	36d	—	34d	—	31d	—	29d	—	28d	—	26d	—	26d	—
		50%	56d	49d	—	42d	—	39d	—	36d	—	34d	—	32d	—	31d	—	31d	—

续表

钢筋种类及同一区段内搭接钢筋面积百分率		混凝土强度等级															
		C20	C25		C30		C35		C40		C45		C50		C55		≥C60
		$d\leqslant25$	$d\leqslant25$	$d>25$	$d\leqslant25$	$d>25$	$d\leqslant25$	$d>25$	$d\leqslant25$	$d>25$	$d\leqslant25$	$d>25$	$d\leqslant25$	$d>25$	$d\leqslant25$	$d>25$	$d\leqslant25$ $d>25$
三级抗震等级	HRB400 HRBF400 ≤25%	—	50d	55d	44d	49d	41d	44d	36d	41d	35d	40d	34d	38d	32d	36d	31d　35d
	50%	—	59d	64d	52d	57d	48d	52d	42d	48d	41d	46d	39d	45d	38d	42d	36d　41d
	HRB500 HRBF500 ≤25%	—	60d	67d	54d	59d	49d	54d	46d	50d	43d	47d	41d	44d	40d	43d	38d　42d
	50%	—	70d	78d	63d	69d	57d	63d	53d	59d	50d	55d	48d	52d	46d	50d	45d　49d

注：1. 表中数值为纵向受拉钢筋绑扎搭接接头的搭接长度。
　　2. 两根不同直径钢筋搭接时，表中 d 取较细钢筋直径。
　　3. 当为环氧树脂涂层带肋钢筋时，表中数据尚应乘以 1.25。
　　4. 当纵向受拉钢筋在施工过程中易受扰动时，表中数据尚应乘以 1.1。
　　5. 当搭接长度范围内纵向受力钢筋周边保护层厚度为 3d、5d（d 为搭接钢筋的直径）时，表中数据尚可分别乘以 0.8、0.7；中间时按内插值。
　　6. 当上述修正系数（注3～注5）多于一项时，可按连乘计算。
　　7. 任何情况下，搭接长度不应小于 300mm。
　　8. 四级抗震等级时，$l_{lE}=l_l$，详见 16G101—1 第 60 页。

2.4.5　钢筋的连接区段长度和接头面积百分率计算

1. 钢筋的同一连接区段长度

对于绑扎搭接，接头中点位于 1.3l_l 连接区段长度内的绑扎搭接接头，均属于"同一连接区段"；而对于机械连接，接头中心位于 35d 区段内或焊接连接点位于 35d 且≥500mm 区段内的接头，均属于"同一连接区段"。在同一连接区段内连接的纵向钢筋被视为同一批连接的钢筋，且无论是搭接、机械连接还是焊接接头面积的百分率，均为接头的纵向受力钢筋截面面积与全部纵向钢筋截面面积的比值（当直径相同时，图 2-4-3 所示的钢筋属于三个连接区段，即钢筋分三批进行连接，连接接头面积百分率分别为 25%、50%、25%）。

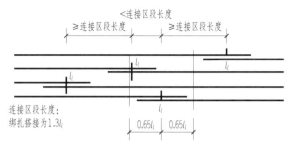

（a）同一连接区段内纵向受拉钢筋绑扎搭接接头

图 2-4-3　同一连接区段内纵向受拉钢筋绑扎搭接、机械连接与焊接接头

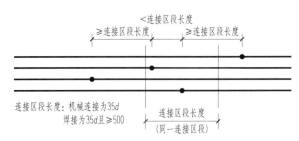

（b）同一连接区段内纵向受拉钢筋机械连接、焊接接头

图 2-4-3（续）

图 2-4-3 解读如下：

1）d 为相互连接的两根钢筋中较小直径；当同一构件内不同连接钢筋计算连接区段长度不同时取大值。

2）凡接头中点位于连接区段长度内，连接接头均属于同一连接区段。

3）同一连接区段内纵向钢筋搭接接头面积百分率，为该区段内有连接接头的纵向受力钢筋截面面积与全部纵向钢筋截面面积的比值（当直径相同时，图示钢筋连接接头面积百分率为 50%）。

4）当受拉钢筋直径＞25mm 及受压钢筋直径＞28mm 时，不宜采用绑扎搭接。

5）轴心受拉及小偏心受拉构件中纵向受力钢筋不应采用绑扎搭接。

6）纵向受力钢筋连接位置宜避开梁端、柱端箍筋加密区。如必须在此连接时，应采用机械连接或焊接。

7）机械连接和焊接接头的类型及质量应符合国家现行有关标准的规定。

2. 接头面积百分率计算

在同一连接区段内连接的纵向钢筋被视为"同一批"连接的钢筋，其无论是搭接、机械连接还是焊接接头面积百分率，均为同一批内的钢筋接头的纵向受力钢筋截面面积与全部纵向钢筋截面面积的比值。

（1）连接钢筋直径相同时的接头面积百分率计算

当钢筋直径相同时，接头面积百分率的计算比较简单。假设图 2-4-3 中所示的所有钢筋直径相同，那么所有接头分属于三个连接区段，即钢筋分三批进行连接，从左到右三批接头的面积百分率分别为 25%、50%、25%；图 2-4-2 所示为分两批连接的抗震框架柱纵向钢筋绑扎搭接、机械连接与焊接接头，两批接头的面积百分率均为 50%。

（2）绑扎搭接钢筋直径不同时的接头面积百分率计算

粗、细钢筋搭接时，按较细钢筋的直径计算搭接长度和接头面积百分率，见图 2-4-4。这是因为钢筋通过接头传力时，均按受力较小的细直径钢筋考虑承载受力，而粗直径钢筋往往有较大的余量。此原则对于其他连接方式同样适用。

同一构件的纵向受力钢筋直径不同时，各自的搭接长度也不同，此时搭接区段长度应取相邻搭接钢筋中较大的搭接长度计算，见图 2-4-5。

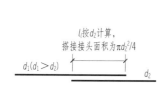

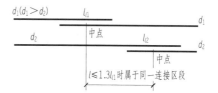

图 2-4-4　直径不同钢筋搭接接头面积　　　图 2-4-5　直径不同钢筋搭接连接区段长度计算

（3）机械连接和焊接钢筋直径不同时的接头面积百分率计算

无论是机械连接还是焊接，当钢筋直径不同时，接头面积百分率均按较小直径计算。同一构件的纵向受力钢筋直径不同时，此时连接区段长度按较大直径计算，见图 2-4-6。

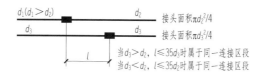

图 2-4-6　直径不同钢筋机械接头面积和连接区段长度计算（同样适用于焊接）

2.4.6　纵向受力钢筋搭接区箍筋构造

绑扎搭接钢筋在受力后的分离趋势及搭接区混凝土的纵向劈裂，尤其是受弯构件挠曲后的翘曲变形，要求对搭接连接区域有很强的约束。因此无论是抗震设计还是非抗震设计，在梁、柱类构件纵向受力钢筋（包括受扭纵筋）搭接长度范围内均应配置加密的箍筋，见图 2-4-7。

图 2-4-7 解读如下：

1）本图用于梁、柱类构件搭接区箍筋设置。

2）搭接区内箍筋直径不小于 $d/4$（d 为搭接钢筋最大直径），间距不应大于 100mm 及 $5d$（d 为搭接钢筋最小直径）。

3）当受压钢筋直径大于 25mm 时，尚应在搭接接头两个端面外 100mm 的范围内各设置两道箍筋，见图 2-4-7（a），如柱中的钢筋搭接。

特别提示

机械连接和焊接接头位于箍筋非加密区内时没有箍筋加密的构造要求。

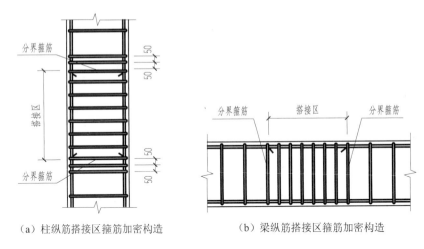

（a）柱纵筋搭接区箍筋加密构造　　　　　（b）梁纵筋搭接区箍筋加密构造

图 2-4-7　梁、柱类纵筋搭接区箍筋加密构造

2.4.7　纵向受拉钢筋弯钩与机械锚固形式

在具体工程中，当纵向受拉普通钢筋末端采用弯钩或机械锚固措施时，包括弯钩或锚固端头在内的锚固长度（投影长度）可取为基本锚固长度 l_{ab} 的 60%。弯钩与机械锚固形式（见图 2-4-8）常用方式有：钢筋末端做 90°和 135°弯钩；末端一侧和两侧贴焊锚筋；末端与钢板穿孔塞焊；末端带螺栓锚头等。弯钩和机械锚固的技术要求应符合表 2-4-9 的规定。

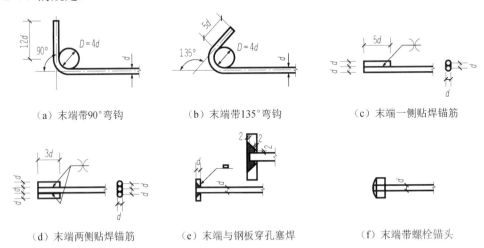

（a）末端带90°弯钩　　　　（b）末端带135°弯钩　　　　（c）末端一侧贴焊锚筋

（d）末端两侧贴焊锚筋　　（e）末端与钢板穿孔塞焊　　（f）末端带螺栓锚头

图 2-4-8　纵向受拉钢筋弯钩与机械锚固形式

图 2-4-8 解读如下：

1）当纵向受拉普通钢筋末端采用弯钩或机械锚固措施时，包括弯钩或锚固端头在内的锚固长度（投影长度）可取为基本锚固长度的 60%。

2）焊缝和螺纹长度应满足承载力的要求，螺栓锚头的规格应符合相关标准的要求。

3）螺栓锚头和焊接钢板的承压面积不应小于锚固钢筋截面积的 4 倍。

4）螺栓锚头和焊接锚板的钢筋净距小于 4d 时应考虑群锚效应的不利影响。

5）截面角部的弯钩和一侧贴焊锚筋的布筋方向宜向截面内侧置。

6）受压钢筋不应采用末端弯钩和一侧贴焊锚筋的锚固形式。

表 2-4-9　钢筋弯钩和机械锚固的形式和技术要求

锚 固 形 式	技 术 要 求
90° 弯钩	末端 90° 弯钩，弯钩内径 4d，弯后直径长度 12d
135° 弯钩	末端 135° 弯钩，弯钩内径 4d，弯后直径长度 5d
一侧贴焊锚筋	末端一侧贴焊长 5d 同直径钢筋
两侧贴焊锚筋	末端两侧贴焊长 3d 同直径钢筋
焊端锚板	末端与厚度 d 的锚板穿孔塞焊
螺栓锚头	末端旋入螺栓锚头

在钢筋末端配置弯钩和机械锚固是减小锚固长度的有效方式，其原理是利用受力钢筋端部锚头（弯钩、贴焊锚筋、焊接锚板或螺栓锚头）对混凝土的局部挤压作用加大锚固承载力。锚头对混凝土的局部挤压保证了钢筋不会发生锚固拔出破坏，但锚头前必须有一定的直段锚固长度，以控制锚固钢筋的滑移，使构件不致发生较大的裂缝和变形。因此对钢筋末端弯钩和机械锚固可以乘修正系数 0.6，有效地减小锚固长度。

2.4.8　梁、柱和剪力墙纵向钢筋间距

1. 梁纵向钢筋间距

1）梁的上下部位钢筋。如图 2-4-9（a）所示，梁上部纵向钢筋水平方向的净间距（钢筋外边缘之间的最小距离），不应小于 30mm 和 1.5d（d 为钢筋的最大直径），而梁下部纵向钢筋的水平方向的净间距，则不应小于 25mm 和 d。当梁的下部纵向钢筋配置多于两排时，两排以上钢筋水平方向的中距应比下面两排的中距增大一倍，且各排钢筋之间的净间距不应小于 25mm 和 d。

2）梁的侧面钢筋。如图 2-4-9（a）所示，当梁的腹板高度 $h_w \geq 450$mm 时，在梁的两个侧面应沿高度配置纵向构造钢筋，其间距 a 不宜大于 200mm。

2. 柱纵向钢筋间距

柱纵向钢筋间距如图 2-4-9（b）所示。柱中纵向受力钢筋的净间距不应小于 50mm。柱中纵向受力钢筋的中心距不应大于 300mm；抗震且截面尺寸大于 400mm 的柱，其中心距不宜大于 200mm。

3. 剪力墙分布钢筋间距

剪力墙分布钢筋间距如图 2-4-9（c）所示。混凝土剪力墙水平分布钢筋及竖向分布钢筋间距（中心距）不应大于 300mm。

特别提示

在进行梁内力及配筋计算时，需首先确定梁的计算截面尺寸。如图 2-4-9 所示，梁的计算高度 h_0 等于梁高度减掉 s，s 为梁底至梁下部纵向受拉钢筋合力点的距离。当梁下部纵向钢筋为一排时，s 取至钢筋中心位置；当梁下部纵筋为两排时，s 可近似取值为 65mm。

当设计注明梁侧面纵向钢筋为抗扭钢筋时，侧面纵向钢筋应均匀布置。

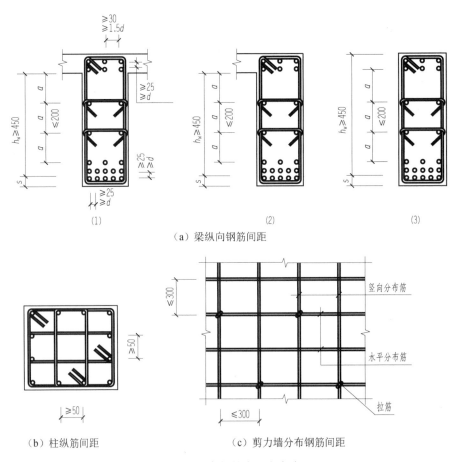

（a）梁纵向钢筋间距

（b）柱纵筋间距

（c）剪力墙分布钢筋间距

图 2-4-9　纵向钢筋水平方向净距

当梁的上、下部位纵筋并筋时，则间距有所不同，应按图 2-4-10 的规定执行。

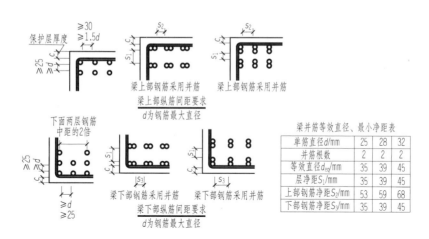

图 2-4-10 纵向钢筋水平方向净距

图 2-4-10 解读如下：

1）当采用本图未涉及的并筋形式时，由设计确定，并筋等效直径的概念可用于平法施工图中钢筋间距、混凝土保护层厚度、钢筋锚固长度等的计算中。

2）本图中拉筋弯钩构造做法采用何种形式由设计指定。

3）并筋连接接头宜按每根单筋错开计算，接头面积百分率应按同一连接区段内所有的单根钢筋计算。钢筋的搭接长度应按单筋分别计算。

4）机械连接套筒的横向净间距不宜小于 25mm。

2.4.9 封闭箍筋及拉筋弯钩构造

封闭箍筋及拉筋弯钩构造，见图 2-4-11。非抗震设计时，当构件受扭或柱中全部纵向受力钢筋的配筋率大于 3%，箍筋及拉筋弯钩平直段长度应为 10d。

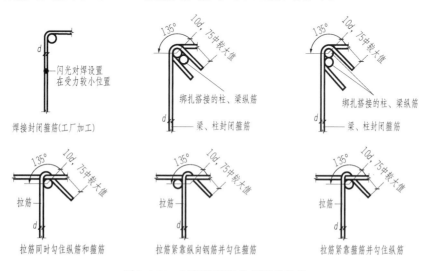

图 2-4-11 封闭箍筋及拉筋弯钩构造

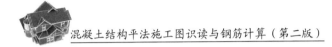
图 2-4-11 解读如下：

1）非框架梁以及不考虑地震作用的悬挑梁，箍筋及拉筋弯钩平直段长度可为 5d。

2）当构件受扭时，箍筋及拉筋弯钩平直段长度应为 10d。

2.4.10 钢筋弯折的弯弧内直径规定

钢筋弯折的弯弧内直径 D 见图 2-4-12。

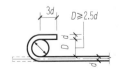

（a）光圆钢筋末端180°弯钩　　　　（b）光圆钢筋末端90°弯折

图 2-4-12 钢筋弯折的弯弧内直径 D

图 2-4-12 解读如下：

钢筋弯折的弯弧内直径 D 应符合下列规定：

1）光圆钢筋，不应小于钢筋直径的 2.5 倍。

2）335MPa 级、400MPa 级带肋钢筋，不应小于钢筋直径的 4 倍。

3）500MPa 级带肋钢筋，当直径 $d \leq 25mm$ 时，不应小于钢筋直径的 6 倍；当直径 $d > 25mm$ 时，不应小于钢筋直径的 7 倍。

4）位于框架结构顶层端节点处的梁上部纵向钢筋和柱外侧纵向钢筋，在节点角部弯折处，当直径 $d \leq 25mm$ 时，不应小于钢筋直径的 12 倍；当直径 $d > 25mm$ 时，不应小于钢筋直径的 16 倍。

箍筋弯折处尚不应小于纵向受力钢筋直径；箍筋弯折处纵向受力钢筋为搭接或并筋时，应按钢筋实际排布情况确定箍筋弯弧内直径。

2.4.11 螺旋箍筋构造

螺旋箍筋构造见图 2-4-13。

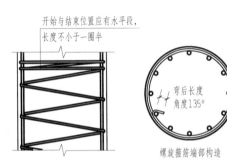

图 2-4-13 螺旋箍筋构造

图 2-4-13 解读如下:

1) 螺旋箍筋的开始与结束位置应有水平段, 长度不小于一圈半。

2) 内环定位筋焊接圆环间距为 1500mm, 直径不小于 12mm。

3) 圆柱环状箍筋搭接构造同螺旋箍筋。

2.4.12　剪力墙拉结筋构造

剪力墙分布钢筋的拉结, 宜同时勾住外侧水平及竖向分布钢筋。拉结筋两端的弯钩角度可同时为 135°, 也可采用一端 135°、另一端 90° 的形式, 见图 2-4-14。

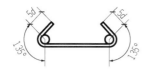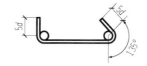

图 2-4-14　剪力墙拉结筋构造

小　结

本单元论述了平法的施工总则, 概括了钢筋混凝土结构材料、结构体系及适用的最大高度, 并在进一步介绍结构设计总说明之后, 全面、详细地阐述了平法的通用标准构造。

关于平法通用标准构造, 涵盖了从混凝土环境类别、混凝土保护层最小厚度到钢筋的锚固、连接、弯钩、弯折和箍筋、拉筋等构造规定和设计要求, 内容丰富、论述清晰, 对学生深入学习平法、全面掌握钢筋混凝土结构构造, 起着十分重要的作用。

【复习思考题】

1. 简述表 2-2-1 中钢筋的牌号和对应的符号。

2. 简述钢筋代换的原则。

3. 简述表 2-2-2 中混凝土结构的结构体系和适用最大高度。

4. 解释下列符号的含义: C40、HPB300、HRB500、RRB400、HRBF400、HRB400E。

5. 具体工程施工图中必须写明与平法施工图密切相关的内容有哪些?

6. 识读混凝土结构的环境类别, 见表 2-4-1。

7. 某工程为现浇混凝土框架结构, 设计使用年限为 50 年, 混凝土强度为 C30, 环境类别为一类, 柱的受力钢筋公称直径为 28mm, 梁的受力钢筋公称直径为 28mm, 柱的箍筋为 8mm, 梁的箍筋为 6mm, 求:

(1) 柱保护层最小厚度;

（2）梁保护层最小厚度。

8．识读受拉钢筋的基本锚固长度 l_{ab}、l_{abE}，见表 2-4-3 和表 2-4-4。

9．识读纵向受拉钢筋的锚固长度 l_a 和抗震锚固长度 l_{aE}，见表 2-4-5 和表 2-4-6。

10．某现浇混凝土框架结构中的柱在独立基础内的锚固，钢筋锚固区内保护层厚度大于 $5d$，抗震等级为四级，混凝土强度为 C30，钢筋级别 HRB335，受力纵筋直径 25mm，求：

（1）受力钢筋的非抗震锚固长度 l_{ab}；

（2）受力钢筋的抗震锚固长度 l_{aE}。

11．简述纵向受拉钢筋弯钩锚固与机械锚固形式。

12．钢筋的连接有几种形式？钢筋三种连接的连接区段长度分别是多少？

13．识读纵向受拉钢筋非抗震绑扎搭接长度 l_l，见表 2-4-7；识读抗震绑扎搭接长度 l_{lE}，见表 2-4-8。

14．识读梁、柱和剪力墙纵向钢筋间距，见图 2-4-9。

15．简述纵向受力钢筋搭接区箍筋加密构造规定。

16．识读封闭箍筋及拉筋弯钩构造，见图 2-4-11。

17．简述钢筋弯折的弯弧内直径 D 的规定。

18．识读螺旋箍筋和圆柱环状箍筋搭接构造，见图 2-4-13。

19．识读剪力墙拉结筋构造，见图 2-4-14。

单元 3

钢筋设计（造价）长度与下料长度计算

教学目标与要求

教学目标 ☞

通过对本单元的学习，学生应能够：

1. 掌握钢筋计算的原理和方法。
2. 熟练掌握箍筋和拉筋的设计（造价）长度和施工下料长度的计算。

教学要求 ☞

教学要点	知识要点	权重	自测分数
钢筋设计（造价）长度和下料长度	掌握钢筋的设计（造价）长度和下料长度	15%	
箍筋外皮设计（造价）尺寸计算	掌握箍筋外皮设计（造价）尺寸的计算原理和方法	40%	
拉筋外皮设计（造价）尺寸计算	掌握135°和180°拉筋外皮设计（造价）尺寸的计算原理和方法	35%	
HPB300级钢筋末端180°弯钩增加长度	掌握HPB300级钢筋末端180°弯钩增加长度	10%	

3.1 钢筋设计（造价）长度和下料长度

知识导读

本部分内容例题计算结果表明，钢筋的下料长度是根据设计（造价）长度计算出来的。钢筋翻样人员计算钢筋下料长度时必须要考虑节点处的钢筋排布构造，钢筋下料长度的计算是相对比较准确的（但不是唯一的）；而施工下料长度是根据钢筋的设计标注长度计算出来的，因此，计算钢筋的设计（造价）长度也是需要考虑钢筋排布构造的。

众所周知，工程造价专业的《建筑工程计量与计价》教材中钢筋工程量计算时，钢筋长度采用的就是设计（造价）长度。

目前，互联网上相关资料及工程造价专业的《建筑工程计量与计价》教材中有关钢筋长度的计算，有的还在采用平法前的计算方法。这似乎与当前的平法环境有点脱节。

本书后面单元中讲述的钢筋设计（造价）长度计算，统一标注外皮尺寸，并要符合 16G101 系列图集的标准构造要求，力求钢筋设计标注长度计算结果直接能用于施工下料长度的计算。

为了帮助学生消化、理解和掌握标准配筋构造，书中通过各种构件钢筋计算范例，阐明柱、梁、板、剪力墙、楼梯及基础等的钢筋长度计算的思路和方法。书中钢筋设计（造价）长度计算的方法和思路是编者在平法教学实践中经验的积累，希望能对读者有启发。

3.1.1 钢筋设计构造详图和施工排布构造详图

16G101 系列平法图集是与平法结构施工图配套使用的正式设计文件，图集中的构造详图即为"钢筋设计构造详图"。图 3-1-1（a）取自图集 16G101—1，为楼层框架梁上下纵筋在端支座的"弯锚"构造，此图就是钢筋设计构造详图。此图中未画出柱子外侧的纵筋，但有相应的文字"伸至柱外侧纵筋内侧，且$\geq 0.4l_{abE}$"来描述。

图 3-1-1（a）为抗震楼层框架梁端节点钢筋设计构造详图，所有的抗震楼层框架梁端节点的纵筋"弯锚"构造，都要套用这个详图来进行钢筋施工排布放样，这就显得有点难操作了；因为施工现场该节点处的钢筋较密集，符合设计构造详图 3-1-1（a）的钢筋排布也不是唯一的，可能同时有几种排布方案都是可行的。为了解决施工中的钢筋翻样计算和现场安装绑扎，国家出版了与 G101 配套使用的 G901 系列图集，G901 系列图集中的构造详图即为"钢筋施工排布构造详图"。图 3-1-1（b）、（c）、（d）就是取自图集 12G901—1，也是框架梁中间层端节点的"弯锚"构造，这三个图均是符合设计详图 3-1-1（a）并指导钢筋施工排布的三种构造详图。

从图 3-1-1 可直观地看到，四个图均为框架梁纵筋在端支座处的"弯锚"构造。16G101—1 中的钢筋设计构造详图 3-1-1（a），施工中可能出现三种钢筋排布构造。当弯折段未重叠时，可选择图 3-1-1（b）的构造；当弯折段重叠时，可选择图 3-1-1（c）或者（d）中任何一个构造。

总之，12G901 中的钢筋施工排布构造详图是符合 16G101 钢筋设计构造详图要求且考虑了现场钢筋排布躲让后的钢筋翻样排布构造。例如，图 3-1-1（b）、（c）和（d）所示框架梁纵筋在端支座内弯折锚固的竖向弯折段，如需与相交叉的另一方向框架梁纵向钢筋排布躲让时，可调整其伸入节点的水平段长度。水平段向柱外边方向调整时，最长可伸至紧靠柱箍筋内侧位置。弯折锚固的梁各排纵向钢筋均应满足弯折前水平投影长度不小于 $0.4l_{abE}$（$0.4l_{ab}$）的要求，并应在考虑排布躲让因素后，伸至能达到的最长位置处。

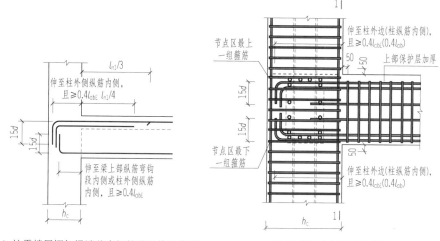

（a）抗震楼层框架梁端节点钢筋设计构造详图　　　（b）框架中间层端节点（一）
（梁纵筋在支座处弯锚，弯折段未重叠）

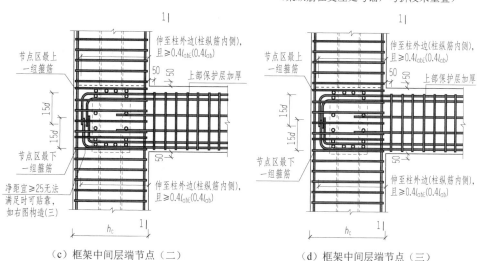

（c）框架中间层端节点（二）　　　　　　　（d）框架中间层端节点（三）
（梁纵筋在支座处弯锚，弯折段重叠，内外排不贴靠）　（梁纵筋在支座处弯锚，弯折段重叠，内外排贴靠）

图 3-1-1　钢筋设计构造详图和施工排布构造详图

3.1.2 钢筋的设计（造价）尺寸和施工（造价）下料尺寸

1. 钢筋设计（造价）长度

在平法结构施工图中，根据 16G101 图集中的标准配筋构造算出的钢筋尺寸标注在钢筋上，这个尺寸就是设计（造价）尺寸，见图 3-1-2。显然，设计（造价）尺寸是钢筋外轮廓水平方向的投影长度（水平直线段 $\overline{yz}+\overline{cd}$）和钢筋外轮廓竖直方向的投影长度（竖向直线段 $\overline{ab}+\overline{xy}$）之和，即该钢筋的设计（造价）总尺寸为 $\overline{ab}+\overline{xy}+\overline{yz}+\overline{cd}$。

2. 钢筋施工下料长度

钢筋施工下料长度的计算，是以"钢筋中心线的长度在加工变形以后是不改变的"为假定前提的。所以计算钢筋下料长度就是计算钢筋中心线的长度。图 3-1-2（a）中钢筋加工下料的总尺寸是 $\overline{ab}$（直线段）+ $\overparen{bc}$（弧线长）+ $\overline{cd}$（直线段）。

图 3-1-2（b）所示是平法结构施工图上 90°弯折处的钢筋（16G101 中钢筋弯折处标注的尺寸均为水平和竖向的正投影长度），它是沿着外皮 $\overline{xy}+\overline{yz}$ 衡量尺寸的；而图 3-1-2（c）所示弯曲处的钢筋，则是沿着钢筋的中和轴（钢筋被弯曲后既不伸长也不缩短的钢筋中心轴线）$\overparen{bc}$ 弧线的弧长衡量尺寸的。

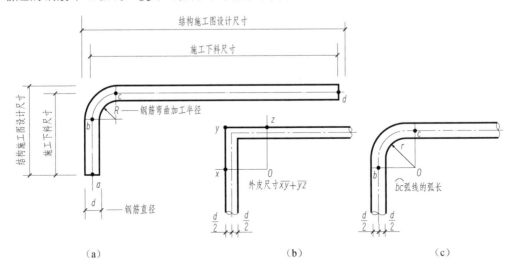

图 3-1-2　钢筋设计（造价）长度和施工下料长度示意

通过分析图 3-1-2，我们可以直观地看到，结构施工图的设计（造价）尺寸和施工加工下料尺寸完全不同。图 3-1-2 中钢筋的施工图设计（造价）总尺寸 $\overline{ab}+\overline{xy}+\overline{yz}+\overline{cd}$，减去钢筋加工下料的总尺寸 $\overline{ab}+\overparen{bc}$（弧线）+ $\overline{cd}$，实际上就是钢筋 90°弯曲处的外皮尺寸 $\overline{xy}+\overline{yz}$ 与 $\overparen{bc}$ 弧线的弧长之间的差值，通常被称为"外皮差值"，见表 3-1-1。

表 3-1-1　钢筋外皮差值

弯曲角度/(°)	$R=1.25d$	$R=1.75d$	$R=2d$	$R=2.5d$	$R=4d$	$R=6d$	$R=8d$
30	0.29d	0.296d	0.299d	0.305d	0.323d	0.348d	0.373d
45	0.49d	0.511d	0.522d	0.543d	0.608d	0.694d	0.78d
60	0.765d	0.819d	0.846d	0.9d	1.061d	1.276d	1.491d
90	1.751d	1.966d	2.073d	2.288d	2.931d	3.79d	4.648d
135	2.24d	2.477d	2.595d	2.831d	3.539d	4.484d	5.428d
180	3.502d	3.932d	4.146d	4.576d	—	—	—

注：1. 光圆钢筋弯曲角度 $R\geqslant1.25d$。

2. 335MPa 级、400MPa 级带肋钢筋的弯曲角度 $R\geqslant2d$。

3. 500MPa 级带肋钢筋 $d\leqslant25mm$ 时，$R\geqslant3d$；$d>25mm$ 时，$R\geqslant3.5d$。

4. 平法框架顶层边节点外侧主筋 $d\leqslant25mm$ 时，$R\geqslant6d$；$d>25mm$ 时，$R\geqslant8d$。

依据表 3-1-1 中的"外皮差值"，我们就可以根据结构施工图的钢筋设计（造价）尺寸来计算钢筋的设计（造价）长度和施工下料尺寸。

3. 根据钢筋的设计（造价）尺寸简图计算钢筋的设计（造价）长度和施工下料长度

【例 3-1-1】图 3-1-3 为平法结构施工图中的某钢筋设计（造价）尺寸简图。该钢筋牌号为 HRB400，直径 $d=22mm$，钢筋加工弯曲半径 $R=2d$。求该钢筋的造价长度及加工弯曲前所需切下的施工下料长度。

图 3-1-3　钢筋设计（造价）尺寸简图

解：（1）钢筋的造价长度

造价长度＝设计长度＝6350mm＋330mm＋330mm＝7010mm

（2）查表 3-1-1 求外皮差值

由图 3-1-3 可知，该钢筋弯钩为 90°，且有两个。根据弯曲半径 $R=2d$ 和弯曲角度 90° 查表 3-1-1，得到外皮差值为 2.073d。

（3）施工下料长度

施工下料长度＝造价长度－外皮差值＝7010mm－2.073×22mm×2≈6919mm

【例 3-1-2】图 3-1-4 为平法结构施工图中的某钢筋设计（造价）尺寸简图。该钢筋牌号为 HRB335，直径 $d=20mm$，钢筋加工弯曲半径 $R=2d$。求该钢筋的造价长度及加工弯曲前所需切下的施工下料长度。

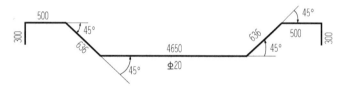

图 3-1-4　钢筋设计（造价）尺寸简图

解：（1）钢筋的造价长度

造价长度＝4650mm＋300mm×2＋500mm×2＋636mm×2＝7522mm

（2）查表 3-1-1 求外皮差值

由图 3-1-4 可知，该钢筋有 2 个 90°弯钩和 4 处 45°弯折。根据弯曲半径 $R=2d$ 和弯曲角度 90°查表 3-1-1，得到外皮差值为 $2.073d$；根据弯曲半径 $R=2d$ 和弯折角度 45°查表 3-1-1，得到外皮差值为 $0.522d$。

（3）施工下料长度

施工下料长度＝造价长度－外皮差值

$$＝7522mm－2.073×20mm×2－0.522×20mm×4≈7397mm$$

通过以上两个例题的计算可以看出，计算钢筋的造价长度和下料长度需要首先计算出钢筋的设计尺寸即造价尺寸，而根据平法施工图计算钢筋设计长度的方法和步骤将在单元 4～单元 9 中通过案例进行介绍。

4. 设计（造价）长度和施工下料长度比较

【**例 3-1-3**】图 3-1-5 所示为某单跨框架梁上部两根直径 20mm 的 HRB335 级通长筋在梁纵剖面图内的形状。①轴和②轴间的距离为 7200mm，①轴线和②轴线均偏向柱子的外侧且与柱外皮齐平，柱子沿梁纵向的边长均为 600mm；梁净跨尺寸为 6000mm。

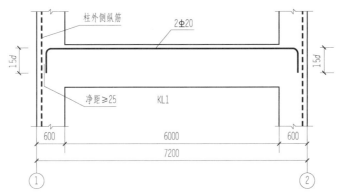

图 3-1-5　某单跨框架梁上部通长筋示意

已知柱保护层厚度为 20mm，柱子外侧纵筋直径为 22mm，柱箍筋直径为 8mm，通长筋竖向弯钩与柱外侧纵筋之间的净距为 25mm；$l_{abE}=l_{aE}=35d$；弯曲半径 $R=2d$。

下面通过计算图 3-1-5 中梁上部两根通长筋的长度，来比较一下钢筋设计（造价）长度和施工下料长度有什么不同之处。

首先因为 $l_{aE}=35d=35×20mm=700mm>$ 柱子边长 600mm，所以选择弯锚构造；梁端 90°弯钩的竖向设计（造价）尺寸为 $15d$，即 $15×20mm=300mm$。

（1）钢筋设计（造价）长度计算

根据设计构造图 3-1-1（a）或排布构造图 3-1-1（b）计算单根通长筋设计（造价）长度如下：

水平方向设计（造价）长度＝梁总长度－2 倍柱保护层－2 倍柱箍筋直径

$$-2\text{ 倍柱外侧纵筋直径}-2\text{ 倍钢筋间净距}$$
$$=7200\text{mm}-20\text{mm}\times2-8\text{mm}\times2-22\text{mm}\times2-25\text{mm}\times2$$
$$=7050\text{mm}$$

两根通长筋设计（造价）总长度$=(7050+300+300)\text{mm}\times2=7650\text{mm}\times2=15\ 300\text{mm}$

（2）施工下料长度计算

根据弯曲半径$R=2d$和弯曲角度为$90°$，查表 3-1-1 得到外皮差值为$2.073d$。

因此，两根通长筋施工下料长度$=(7650-2.073\times20\times2)\text{mm}\times2\approx15\ 134\text{mm}$。

表 3-1-2 为上述两根通长筋两种长度值的汇总表。

表 3-1-2　设计（造价）长度和施工下料长度值汇总表　　　　单位：mm

梁上部两根通长筋长度值比较	设计（造价）总长度	施工下料总长度
	15 300	15 134

3.2　箍筋外皮设计（造价）尺寸计算

知识导读

为了搞清楚钢筋弯折处长度计算的原理并减少后面章节中钢筋计算方面的篇幅，下面通过箍筋和拉筋的长度计算，讲解弯钩处钢筋长度计算的思路和方法。

前面讲到，混凝土保护层厚度的含义发生了变化，由原来的"箍筋内表面到混凝土表面的距离"变成目前的"箍筋外表面到混凝土表面的距离"。例如，某梁断面尺寸为B（宽）$\times H$（高），那么梁宽B减掉 2 倍的保护层厚度，刚好等于梁宽方向的箍筋内皮尺寸。所以实行平法以前，除了箍筋标注的是内皮尺寸，其余的钢筋均标注外皮尺寸。

3.2.1　计算外围箍筋的外皮设计（造价）尺寸

1. 外围箍筋弯钩的相关规定

外围箍筋简称外箍，16G101 图集中称为非复合箍筋。

根据知识导读中对混凝土保护层厚度的新含义，梁或柱的断面边长减掉 2 倍的保护层厚度，恰好等于箍筋的外皮尺寸。因此，我们需要摒弃"箍筋标注内皮尺寸"这种过时的做法，与时俱进。箍筋及其他所有钢筋的设计标注尺寸均统一标注"外皮尺寸"。

本书中计算钢筋长度方面采用的均是标注外皮尺寸。

特别提示

箍筋和拉筋的弯弧内直径不应小于箍筋直径的 4 倍，还应不小于纵向受力钢筋的直径。目前工地上的箍筋和拉筋的弯弧内半径，一般取 2.5 倍箍筋直径。箍筋和拉筋弯钩弯后平直部分长度：对非抗震结构，不应小于箍筋直径的 5 倍；对有抗震、抗扭等要求的结构，不应小于箍筋直径的 10 倍和 75mm 的较大值。

2. 外围箍筋外皮设计（造价）尺寸的标注

图 3-2-1（a）所示是已经加工完的绑扎在梁柱中的外围箍筋。图 3-2-1（b）所示是将图 3-2-1（a）中的弯钩展开后的图形，图中 L_1、L_2、L_3 及 L_4 标注的是箍筋的外皮设计（造价）尺寸。图 3-2-1（c）是图 3-2-1（a）所示箍筋的设计简图，并将算出的 L_1、L_2、L_3 及 L_4 的数值标注在箍筋四个框的外侧，代表箍筋外皮尺寸，这也是以前为了区分箍筋外皮尺寸和内皮尺寸所做的标注规定。因为本书箍筋全部采用的是外皮尺寸，所以 L_1、L_2、L_3 及 L_4 的数值标注在箍筋四个框的外侧或内侧，均表示为外皮尺寸。

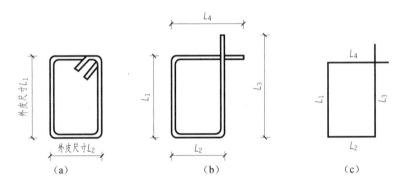

图 3-2-1　外围箍筋的外皮设计（造价）尺寸标注

3. 外围箍筋下料长度计算的思路

为了便于计算箍筋的下料长度，假想图 3-2-2（a）由两部分组成：图 3-2-2（b）和（c）。图 3-2-2（b）所示为一个闭合的矩形，但四个角是以 $R=2.5d$ 为半径的弯曲圆弧。图 3-2-2（c）所示为弯钩及其末尾直线部分。图 3-2-2（d）所示为图 3-2-2（c）的放大图。从放大图里可以看出图中有一个半圆和两个相等的直线，长度就是半圆的中心线的弧长，再加上两段相等的直线。

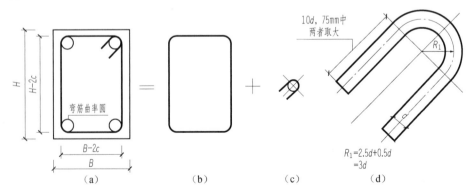

图 3-2-2　封闭箍筋下料长度计算原理图

对图 3-2-2（b）和（c）分别进行计算，加起来就是箍筋的下料长度。推导过程略，这里仅给大家提供一种计算箍筋下料长度的思路。

将图 3-2-1（c）中箍筋的 4 个外皮尺寸加起来，再减掉 3 个 90°的外皮差值，就是箍筋的下料长度。因此如何计算箍筋用作弯曲加工的外皮尺寸 L_1、L_2、L_3 及 L_4 就成为我们学习的关键。

4. 外围箍筋外皮尺寸 L_1、L_2、L_3 及 L_4 的计算原理和方法

图 3-2-3 和图 3-2-4 是放大了的箍筋上框、右框及其展开图，据此我们可以很容易地计算出箍筋上框 L_4 和右框 L_3 的数值。箍筋的四个框尺寸中，没有弯钩的左框 L_1 和下框 L_2 的外皮尺寸计算较简单，因为它们就是根据保护层 c 间的距离来标注的。

左框 L_1 和下框 L_2 的公式如下：

$$箍筋左框 L_1 = H - 2c \qquad (3\text{-}2\text{-}1)$$
$$箍筋下框 L_2 = B - 2c \qquad (3\text{-}2\text{-}2)$$

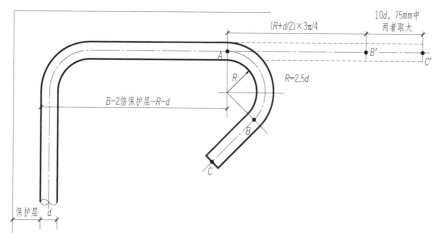

图 3-2-3　计算 L_4 的原理图

由图 3-2-3 可知，箍筋的上框（L_4）外皮尺寸由三部分组成：箍筋左框外皮到钢筋弯曲中心、135°弯曲钢筋中心线长度和钢筋末端直线段长度。

由图 3-2-4 可知，箍筋的右框（L_3）外皮尺寸也由三部分组成：箍筋下框外皮到钢筋弯曲中心、135°弯曲钢筋中心线长度和钢筋末端直线段长度。

由图 3-2-3 和图 3-2-4 得到右框 L_3 和上框 L_4 的外皮尺寸计算公式如下：

$$箍筋右框 L_3 = H - 2c - R - d + (R + d/2)3\pi/4 + 10d \quad (10d > 75) \qquad (3\text{-}2\text{-}3)$$
$$箍筋右框 L_3 = H - 2c - R - d + (R + d/2)3\pi/4 + 75 \quad (75 > 10d) \qquad (3\text{-}2\text{-}4)$$
$$箍筋上框 L_4 = B - 2c - R - d + (R + d/2)3\pi/4 + 10d \quad (10d > 75) \qquad (3\text{-}2\text{-}5)$$
$$箍筋上框 L_4 = B - 2c - R - d + (R + d/2)3\pi/4 + 75 \quad (75 > 10d) \qquad (3\text{-}2\text{-}6)$$

式中　c——保护层厚度；

　　　R——弯曲半径；

　　　d——箍筋直径；

　　　H——梁柱截面高度；

　　　B——梁柱截面宽度。

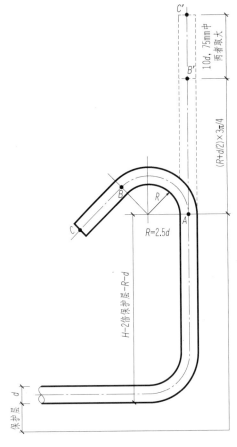

图 3-2-4　计算 L_3 的原理图

现在把式（3-2-3）～式（3-2-6）整理一下，简化为

$$箍筋右框\ L_3=H-2c+13.569d \qquad (10d>75) \qquad (3\text{-}2\text{-}3a)$$

$$箍筋右框\ L_3=H-2c+3.569d+75 \qquad (75>10d) \qquad (3\text{-}2\text{-}4a)$$

$$箍筋上框\ L_4=B-2c+13.569d \qquad (10d>75) \qquad (3\text{-}2\text{-}5a)$$

$$箍筋上框\ L_4=B-2c+3.569d+75 \qquad (75>10d) \qquad (3\text{-}2\text{-}6a)$$

为了更加直观和方便地观察，将式（3-2-3a）～式（3-2-6a）标注在箍筋的计算简图上，见图 3-2-5。

通过观察图 3-2-5 分析：在 $R=2.5d$ 不变的情况下，可以发现图 3-2-5（a）和（b）中的 L_1 与 L_3 之间的差值，以及 L_2 与 L_4 之间的差值分别为

$$L_3-L_1=L_4-L_2=13.569d \qquad (10d>75) \qquad (3\text{-}2\text{-}7)$$

$$L_3-L_1=L_4-L_2=3.569d+75 \qquad (75>10d) \qquad (3\text{-}2\text{-}8)$$

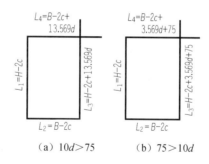

（a）$10d > 75$　　　　（b）$75 > 10d$

图 3-2-5　计算外皮尺寸 L_1、L_2、L_3 及 L_4 的箍筋计算简图（$R=2.5d$，$135°$ 弯钩）

这样，我们就可以事先令 $R=2.5d$，当 d 为不同数值时，列出表 3-2-1，以方便计算时直接查表使用。

表 3-2-1　箍筋外皮尺寸 L_3 比 L_1、L_4 比 L_2 多出的数值

d/mm	L_3 比 L_1 或者 L_4 比 L_2 多出的数值	L_3 比 L_1 或者 L_4 比 L_2 多出的数值/mm
6	$3.569d+75$	96
6.5		98
8		109
10	$13.569d$	136
12		163

注：本表适用于弯曲半径 $R=2.5d$，$135°$ 弯钩。

【例 3-2-1】已知某抗震框架结构的梁宽 $B=300$mm，梁高 $H=500$mm；保护层 $c=25$mm；箍筋直径 $d=8$mm，末端 $135°$ 弯钩；弯曲半径 $R=2.5d$。求出箍筋的外皮尺寸，并注写在箍筋简图上；同时求出它的下料尺寸，参见图 3-2-6（a）。

解法一： 直接套用公式来计算箍筋外皮尺寸 L_1、L_2、L_3 及 L_4

因为箍筋直径 $d=8$mm，弯曲半径 $R=2.5d$，而 $10d=10×8$mm$=80$mm>75mm，所以直接套用式（3-2-1）、式（3-2-2）、式（3-2-3a）和式（3-2-5a），得

（1）箍筋外皮尺寸

$L_1=H-2c=500$mm$-2×25$mm$=450$mm

$L_2=B-2c=300$mm$-2×25$mm$=250$mm

$L_3=H-2c+13.569d=500$mm-50mm$+13.569×8$mm$=558.6$mm$≈559$mm

$L_4=B-2c+13.569d=300$mm-50mm$+13.569×8$mm$=358.6$mm$≈359$mm

将以上计算结果标注在图 3-2-6（b）所示计算简图上。

（2）施工下料长度计算

查表 3-1-1，得到 $R=2.5d$ 时，$90°$ 弯钩外皮尺寸的差值为 $2.288d$，观察图 3-2-6（b），有 3 处 $90°$ 弯折。所以

该箍筋施工下料长度$=L_1+L_2+L_3+L_4-2.288d×3$

$=450$mm$+250$mm$+559$mm$+359$mm$-2.288×8$mm$×3$

$=1563$mm

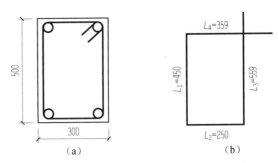

图 3-2-6　梁的断面和箍筋外皮尺寸简图

解法二：用查表 3-2-1 的方法来计算箍筋外皮尺寸

首先计算：

$L_1 = H - 2c = 500\text{mm} - 2 \times 25\text{mm} = 450\text{mm}$

$L_2 = B - 2c = 300\text{mm} - 2 \times 25\text{mm} = 250\text{mm}$

因为弯曲半径 $R = 2.5d$，查表 3-2-1 中箍筋直径 $d = 8\text{mm}$ 这一行，得到 L_3 比 L_1、L_4 比 L_2 多出的数值，均为 109mm。

接续计算：

$L_3 = L_1 + 109\text{mm} = 559\text{mm}$

$L_4 = L_2 + 109\text{mm} = 359\text{mm}$

该箍筋施工下料长度的解法及数值同解法一，此处略。

通过比较两种解法，显然解法二比解法一更简单些。

3.2.2　计算局部箍筋的设计标注尺寸

局部箍筋又称内部小套箍，简称内箍，它的设计标注尺寸是根据外围箍筋和局部箍筋之间的比例关系进行计算的。图 3-2-7 所示为柱横向局部箍筋计算原理图。

前面已经讲过，箍筋是标注外皮尺寸的。局部箍筋的外皮尺寸计算的前提是"纵筋的间隔必须是均匀的"。横向局部箍筋计算原理图 3-2-7 也是柱子的断面放大图。图中在纵筋的位置上画出了部分空心圆圈为代表，其余未画出，而用十字交叉线的交点代表纵筋位置。为了使图面更清晰，纵向的局部箍筋和箍筋弯钩均未画出，只画出了横向的局部箍筋详图。

按图 3-2-7 计算横向局部箍筋的设计标注尺寸，步骤如下：

1）外箍右框 h 边上下角筋中心线间的距离为

$$h - 2c - 2d_g - d_{zj}$$

2）外箍右框 h 边相邻纵筋中心线间的距离 j_h 为

$$j_h = (h - 2c - 2d_g - d_{zj})/\text{外箍 } h \text{ 边纵筋等间距的个数}$$

3）横向局部箍筋右框 h 边上下角筋中心线间的距离为

$$j_h \times \text{内箍 } h \text{ 边纵筋等间距的个数}$$

4）横向局部箍筋右框 h 边外皮尺寸为

$$j_h \times \text{内箍 } h \text{ 边纵筋等间距的个数} + d_{zz} + 2d_g$$

5）横向局部箍筋下框 b 边外皮尺寸为

$$b - 2c$$

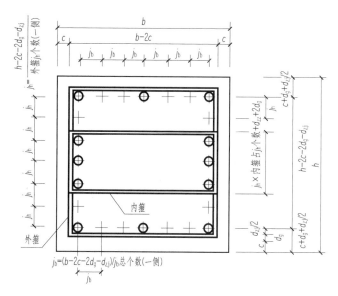

图 3-2-7 柱横向局部箍筋计算原理图

d_g—箍筋直径；d_{zj}—纵向受力钢筋角筋直径；d_{zz}—纵向受力钢筋相应一侧的中部钢筋直径；j_b—b 边一侧所有纵筋等间距数值；j_h—h 边一侧所有纵筋等间距数值；c—保护层厚度；b—柱宽；h—柱高

通过上面的计算步骤，得到了没有弯钩的 b 边和 h 边的外皮尺寸。再根据前面讲的外围箍筋的计算步骤，就很容易计算出带弯钩的 b 边和 h 边的外皮尺寸。这样我们也可以计算横向局部箍筋的施工下料尺寸了。

纵向的局部箍筋计算原理与横向的局部箍筋计算原理是相同的，不再赘述。

【例 3-2-2】如图 3-2-8 所示，柱截面内由三个箍筋（①外围箍筋、②竖向局部箍筋、③横向局部箍筋）组成 4×4 复合矩形箍筋。箍筋端钩 135°，弯曲半径 $R=2.5d$；保护层 $c=25\text{mm}$；箍筋的直径 $d=6\text{mm}$；纵向受力钢筋直径 $d_z=22\text{mm}$；柱子截面尺寸 $b×h=450\text{mm}×600\text{mm}$。求三个箍筋各自的 L_1、L_2、L_3、L_4 的外皮尺寸的数值和施工下料尺寸。

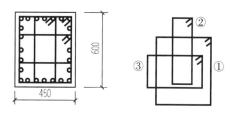

图 3-2-8 柱截面纵筋及箍筋示意

解：（1）计算外围箍筋①

由式（3-2-1）、式（3-2-2）、式（3-2-4a）和式（3-2-6a）得

$L_1=h-2c=600\text{mm}-50\text{mm}=550\text{mm}$

$L_2=b-2c=450\text{mm}-50\text{mm}=400\text{mm}$

$L_3=h-2c+3.569d+75\text{mm}=550\text{mm}+3.569×6\text{mm}+75\text{mm}≈646\text{mm}$

$L_4=b-2c+3.569d+75\text{mm}=400\text{mm}+3.569×6\text{mm}+75\text{mm}≈496\text{mm}$

查表 3-1-1，得到弯曲半径 $R=2.5d$ 时，90° 弯折的外皮尺寸的差值为 $2.288d$，所以施工下料尺寸为

$L_1+L_2+L_3+L_4-3×2.288d$

$≈550\text{mm}+400\text{mm}+646\text{mm}+496\text{mm}-41.18\text{mm}≈2051\text{mm}$

（2）计算竖向局部箍筋②

$L_1 = h - 2c = 600\text{mm} - 50\text{mm} = 550\text{mm}$

$L_2 = [(b - 2c - 2d_g - d_{zj})/\text{外箍 } b \text{ 边纵筋等间距的个数}]$

$\qquad \times \text{内箍 } b \text{ 边纵筋等间距的个数} + d_{zz} + 2d_g$

$\qquad = [(450 - 50 - 2 \times 6 - 22)/6]\text{mm} \times 2 + 22\text{mm} + 2 \times 6\text{mm}$

$\qquad = 156\text{mm}$

$L_3 = L_1 + 3.569d + 75\text{mm} = 550\text{mm} + 3.569 \times 6\text{mm} + 75\text{mm} \approx 646\text{mm}$

$L_4 = L_2 + 3.569d + 75\text{mm} = 156\text{mm} + 3.569 \times 6\text{mm} + 75\text{mm} \approx 252\text{mm}$

所以施工下料尺为

$\qquad L_1 + L_2 + L_3 + L_4 - 3 \times 2.288d$

$\approx 550\text{mm} + 156\text{mm} + 646\text{mm} + 252\text{mm} - 41.18\text{mm}$

$\approx 1563\text{mm}$

（3）计算横向局部箍筋③

计算过程参考竖向局部箍筋②，请读者自己计算，并将结果补充到表 3-2-2 中的空白处。将上面箍筋①和②的计算结果汇总到表 3-2-2 中。

表 3-2-2　箍筋①②③材料明细表汇总　　　　　　　　　单位：mm

钢筋编号	简　图	规　格	下料长度
①	496 / 550 / 646 / 400	Φ6	2051
②	252 / 550 / 646 / 156	Φ6	1563
③		Φ6	

3.3　拉筋外皮设计（造价）尺寸计算

知识导读

本部分内容重点讲解拉筋外皮尺寸计算的原理和思路，如果能够熟练掌握，即到施工现场计算钢筋的下料问题将会迎刃而解。

3.3.1　拉筋的样式和设计（造价）尺寸的标注方式

1. 拉筋的样式

拉筋在梁、柱构件中用来钩住纵向受力钢筋（固定纵向受力钢筋、防止位移），还经常遇到拉筋同时钩住箍筋的情况，见图 3-3-1。同时钩住箍筋的这种拉筋，其外皮尺寸长度比只钩住纵向受力钢筋的拉筋长两个拉筋直径。

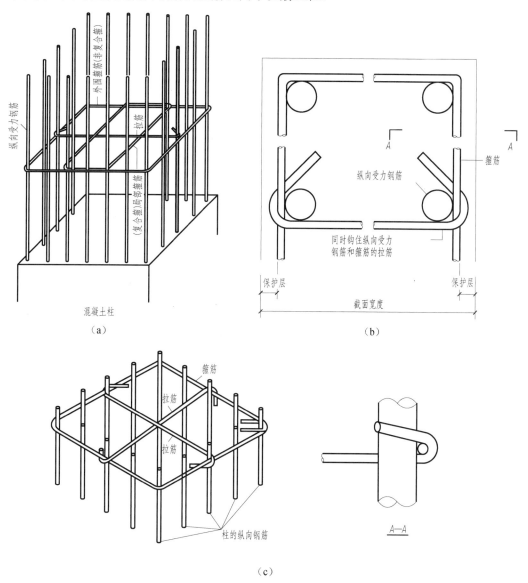

图 3-3-1　拉筋在构件中的位置和样式示意

拉筋的端钩有 90°、135° 和 180° 三种。两端端钩的角度可以相同，也可以不同。

两端端钩的方向可以同向，也可以不同向。拉筋的样式见图 3-3-2。

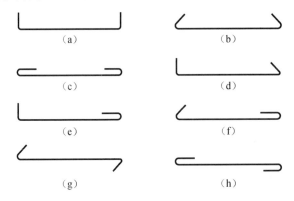

图 3-3-2 拉筋的样式

2. 拉筋设计（造价）尺寸 L_1 和 L_2 的标注方式

工地上拉筋较常用的样式见图 3-3-2（b）和（c）。图 3-3-3 所示为这两种拉筋的设计（造价）尺寸 L_1 和 L_2 的标注方式。这两种拉筋，除了标注整体外皮尺寸外，在拉筋两端弯钩处的上方标注下料长度的剩余部分，即这两种拉筋的施工下料长度＝L_1+2L_2。

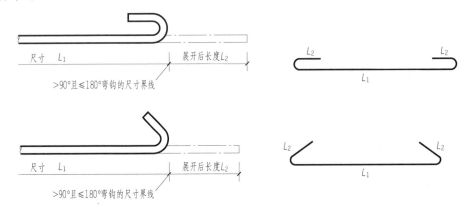

图 3-3-3 180° 和 135° 端钩的拉筋设计（造价）尺寸 L_1 和 L_2 的标注方式

3.3.2 计算拉筋设计标注尺寸

规范规定：拉筋弯钩的弯弧内直径不应小于拉筋直径的 4 倍，还应不小于纵向受力钢筋直径。据此规定，拉筋端钩的弯曲半径取目前工地上最常用的 2.5 倍的拉筋直径，即取 $R=2.5d$。

1. 135° 端钩的拉筋设计（造价）尺寸 L_1 和 L_2 的计算

假定拉筋只钩住纵向受力钢筋，见图 3-3-1（a）中的拉筋，设计（造价）尺寸 $L_1=$ 边长 $-2c$。假定拉筋同时钩住纵筋和箍筋，见图 3-3-1（b）和（c）中的拉筋，设计（造价）尺寸 $L_1=$ 边长 $-2c+2d_g$（d_g 为拉筋的直径）。

图 3-3-4（a）所示为图 3-3-4（b）的右端弯钩处的放大展开图，也是 135° 弯钩的拉筋计算 L_2 的原理图。从图中可看到：

$$L_2 = \overset{\frown}{AB}(弯弧中心线) + \overline{BC} - (R+d)$$

$$L_2 = (R+d/2)135° \times \pi/180° + 10d - (R+d) \quad (10d > 75) \tag{3-3-1}$$

$$L_2 = (R+d/2)135° \times \pi/180° + 75 - (R+d) \quad (75 > 10d) \tag{3-3-2}$$

当 $R=2.5d$ 时，把式（3-3-1）和式（3-3-2）整理一下，简化为

$$L_2 = 13.569d \quad (10d > 75) \tag{3-3-3}$$

$$L_2 = 3.569d + 75 \quad (75 > 10d) \tag{3-3-4}$$

这样，我们就可以事先令 $R=2.5d$，当 d 为不同数值时，列出表 3-3-1，以方便计算时直接查表使用。

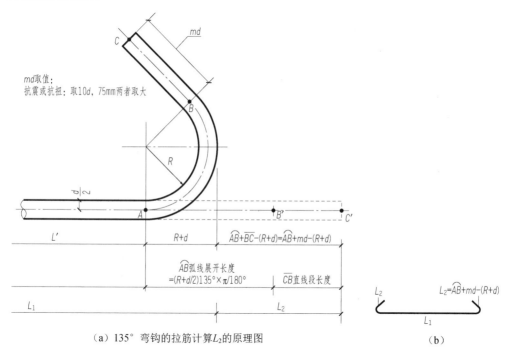

（a）135° 弯钩的拉筋计算 L_2 的原理图　　　　　　　　　　（b）

图 3-3-4　135° 弯钩的拉筋计算 L_2 的原理图和设计简图的标注

表 3-3-1　135° 弯钩的拉筋设计标注尺寸 L_2（外皮尺寸标注法且 $R=2.5d$）

d/mm	L_2 的数值公式	L_2/mm
6	3.569d+75	96
6.5		98
8		109
10	13.569d	136
12		163

【例 3-3-1】已知某抗震框架结构的柱子，柱宽 $b=500\text{mm}$，柱高 $h=550\text{mm}$；保护

层 $c=25\text{mm}$；外箍末端 135° 弯钩；拉筋直径 $d=8\text{mm}$，两端均 135° 弯钩；弯曲半径 $R=2.5d$。另拉筋只钩住纵筋，求与 b 边平行的拉筋外皮设计标注尺寸 L_1 和 L_2，并注写在拉筋计算简图上；同时求出它的下料长度。

解：（1）拉筋外皮设计标注尺寸 L_1 和 L_2

因为拉筋只钩住纵筋，所以首先计算与 b 边平行的拉筋外皮设计标注尺寸 L_1

$L_1=b-2c=500\text{mm}-2\times25\text{mm}=450\text{mm}$

接着，将拉筋直径 $d=8\text{mm}$，代入式（3-3-3）得

$L_2=13.569d=13.569\times8\text{mm}\approx109\text{mm}$

也可以根据拉筋直径 $d=8\text{mm}$，查表 3-3-1，直接得到 $L_2=109\text{mm}$，与用公式计算的结果相同，但后者简单一些。

画此拉筋的设计简图，并把算出的 L_1 和 L_2 具体数值标注在上面，见图 3-3-5。

图 3-3-5　拉筋的设计简图

（2）此拉筋的施工下料长度

施工下料长度 $=L_1+2L_2=450\text{mm}+2\times109\text{mm}$
　　　　　　　　　　$=668\text{mm}$

想一想，如果例 3-3-1 中的拉筋同时钩住纵筋和箍筋，其余条件不变。那么，计算结果有什么不同？（答案：L_2 不变，L_1 多出了 2 倍的拉筋直径，即 $L_1=450\text{mm}+2\times8\text{mm}=466\text{mm}$；同样施工下料长度也多出了 16mm，则下料长度 $=668\text{mm}+2\times8\text{mm}=684\text{mm}$。）

2. 180° 弯钩的拉筋设计（造价）尺寸 L_1 和 L_2 的计算

拉筋外皮设计（造价）尺寸 L_1 的计算同前，180° 弯钩的拉筋设计（造价）尺寸 L_2 的计算原理见图 3-3-6。

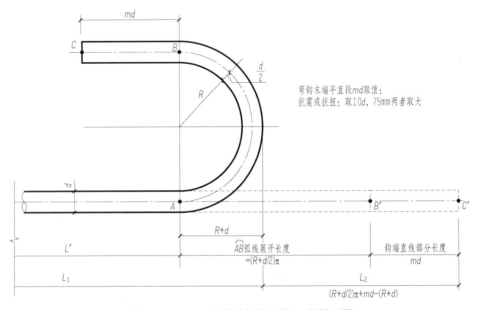

图 3-3-6　180° 弯钩的拉筋计算 L_2 的原理图

从图 3-3-6 可得

$$L_2 = \overset{\frown}{AB}\,(弯弧中心线) + \overline{BC} - (R+d)$$

$$L_2 = (R+d/2)\pi + 10d - (R+d) \qquad (10d > 75) \tag{3-3-5}$$

$$L_2 = (R+d/2)\pi + 75 - (R+d) \qquad (75 > 10d) \tag{3-3-6}$$

当 $R = 2.5d$ 时，把式（3-3-5）和式（3-3-6）整理一下，简化为

$$L_2 = 15.925d \qquad (10d > 75) \tag{3-3-7}$$

$$L_2 = 5.925d + 75 \qquad (75 > 10d) \tag{3-3-8}$$

这样，令 $R = 2.5d$，当 d 为不同数值时，列出表 3-3-2，以方便计算时直接查表使用。

表 3-3-2　180°弯钩的拉筋设计标注尺寸 L_2（外皮尺寸标注法且 $R = 2.5d$）

d/mm	L_2 的数值公式	L_2/mm
6	5.925d+75	111
6.5		114
8		127
10	15.925d	159
12		191

【例 3-3-2】已知某抗震框架梁，梁宽 $b = 300\text{mm}$，梁高 $h = 600\text{mm}$；保护层 $c = 30\text{mm}$；外箍末端 135°弯钩；拉筋直径 $d = 6\text{mm}$，两端均 180°弯钩；弯曲半径 $R = 2.5d$。另拉筋钩住纵筋和箍筋，求拉筋外皮设计标注尺寸 L_1 和 L_2，同时求出它的下料长度。

解：（1）拉筋外皮设计标注尺寸 L_1 和 L_2

因为拉筋钩住纵筋和箍筋，所以首先计算拉筋外皮设计标注尺寸 L_1

$$L_1 = b - 2c + 2d_g = 300\text{mm} - 2 \times 30\text{mm} + 2 \times 6\text{mm} = 252\text{mm}$$

接着，将拉筋直径 $d = 6\text{mm}$ 代入式（3-3-8）得

$$L_2 = 5.925d + 75\text{mm} \approx 111\text{mm}$$

也可以根据拉筋直径 $d = 6\text{mm}$，查表 3-3-2，直接得到 $L_2 = 111\text{mm}$，与用公式计算的结果相同，后者简单一些。

（2）该拉筋的施工下料长度

施工下料长度 $= L_1 + 2L_2 = 252\text{mm} + 2 \times 111\text{mm} = 474\text{mm}$

【例 3-3-3】设纵向受力钢筋直径为 d，加工 180°端部弯钩；$R = 1.25d$，钩末端直线部分为 $3d$，则在施工图上，L_2 的数值是多少？

解：将相关的已知数据代入图 3-3-6 的 L_2 公式中，则有

$$L_2 = (R+d/2)\pi + md - (R+d)$$
$$= (1.25d + 0.5d)\pi + 3d - (1.25d + d)$$
$$= 1.75d\pi + 3d - 2.25d$$
$$\approx 6.25d$$

HPB300 光圆钢筋弯曲加工后的 180°端部弯钩标注的尺寸就是大家都熟知的 $6.25d$。例 3-3-3 的计算过程就是"$6.25d$"的推导过程。

3.4 HPB300 级钢筋末端 180°弯钩增加长度

HPB300 级光圆钢筋，由于钢筋表面光滑，只靠摩阻力锚固，锚固强度很低，一旦发生滑移即被拔出。因此实际工程中 HPB300 级光圆钢筋若为受拉钢筋，其末端应该做 180°的弯钩；为受压钢筋时可不做弯钩。

HPB300 级钢筋末端 180°弯钩，其弯后平直段长度不应小于 $3d$，弯弧内直径 $2.5d$，180°弯钩需增加长度为 $6.25d$，见图 3-4-1。

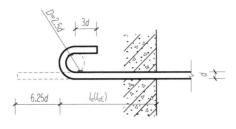

图 3-4-1 钢筋 180°弯钩增加长度示意

板中分布钢筋（不作为抗温度收缩钢筋使用），或者按构造详图已经设有≤15d 直钩时，可不再设 180°弯钩。

表 3-4-1 所示为不同直径 HPB300 级钢筋末端 180°弯钩增加长度实用表格。

表 3-4-1 180°弯钩增加长度实用表格   单位：mm

项　　目	钢 筋 直 径								
	6	8	10	12	14	16	18	20	22
弯弧内直径 2.5d	15	20	25	30	35	40	45	50	55
平直段长度 3d	18	24	30	36	42	48	54	60	66
弯钩增加长度 6.25d	38	50	63	75	88	100	113	125	138

【例 3-4-1】设纵向受力钢筋直径为 18mm，加工 180°端部弯钩；弯弧内半径 $R=1.25d$，钩末端直线部分为 $3d$，则在施工图上，L_2 的数值是多少？

解：根据受力钢筋直径为 18mm，直接查表 3-4-1 得到，弯钩增加长度 L_2 为 113mm。

特别提示

本单元中的表 3-1-1、表 3-2-1、表 3-3-1、表 3-3-2、表 3-4-1 对计算钢筋的下料长度，以及箍筋和拉筋等的弯钩增加值非常有用，在后面章节的计算中可直接使用这些表格。

小　结

本单元简单介绍了钢筋的设计（造价）长度和施工下料长度的不同；重点介绍了箍筋和拉筋设计标注尺寸和施工下料长度的计算原理。读者应掌握钢筋长度计算的方法并能灵活运用，为后续章节中的钢筋计算奠定基础。

【复习思考题】

1. 图集 11G101 和 12G901 中的构造图有什么不同？
2. 结构施工图中钢筋设计标注尺寸和施工下料尺寸有什么不同？

【识图与钢筋计算】

1. 计算钢筋材料明细，如表 1 中钢筋的设计（造价）长度和施工下料长度。

表 1　钢筋材料明细　　　　　　　　　单位：mm

编　号	钢筋简图	设计（造价）长度	施工下料长度	备　注
①	500　4980　460　45°　620　460			Φ16
②	500　6200　400			Φ18
③	6360　480			Φ16
④	410　460　抗震 135°弯钩 R=2.5d			Φ10
⑤	276　抗震 135°弯钩 R=2.5d			Φ6
⑥	8044			Φ22

2. 如图 1 所示，柱截面内由三个箍筋（①外围箍筋、②竖向局部箍筋、③横向局部箍筋）组成 8×8 复合矩形箍筋。箍筋端钩 135°，弯曲半径 R=2.5d；保护层 c=30mm；箍筋的直径 d=10mm；纵向受力钢筋直径 d_2=22mm；柱子截面尺寸 b×h=900mm×900mm。求三个箍筋各自的 L_1、L_2、L_3、L_4 的外皮尺寸的数值和施工下料尺寸。

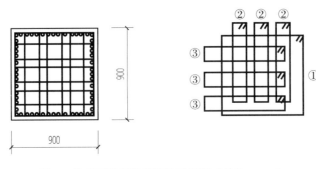

图 1　柱截面纵筋和箍筋的示意图（单位：mm）

3．已知某抗震框架梁，梁宽 $b=250\text{mm}$，梁高 $h=600\text{mm}$；保护层 $c=30\text{mm}$；外围箍筋末端 135° 弯钩；拉筋直径 $d=6\text{mm}$，一端设置 135° 弯钩，另一端设置 180° 弯钩；弯曲半径 $R=2.5d$。另拉筋钩住纵筋和箍筋，求拉筋外皮设计标注尺寸 L_1、L_2 和 L_3，同时求出它的下料长度。

4．设纵向受力钢筋直径为 16mm，加工 180° 端部弯钩；弯弧内半径 $R=1.25d$，钩末端直线部分为 $5d$，求在施工图上弯钩增加长度 L_2 的数值。

5．设纵向受力钢筋直径为 14mm，加工 180° 端部弯钩；弯弧内半径 $R=1.25d$，钩末端直线部分为 $3d$，求在施工图上弯钩增加长度 L_2 的数值。

单元 **4**

柱平法施工图识读与钢筋计算

教学目标与要求

教学目标

通过对本单元的学习，学生应能够：

1. 了解钢筋混凝土框架结构中的柱及柱内钢筋的分类。
2. 掌握并理解柱配筋构造及相应的平法制图规则。
3. 掌握框架柱钢筋计算的方法和步骤。

教学要求

教学要点	知识要点	权重	自测分数
柱及柱内钢筋分类	熟悉柱及柱内钢筋分类	15%	
柱平法施工图的注写方式	理解柱平法施工图的两种注写方式，熟悉并逐步掌握其注写内容的含义和阅读方法	25%	
框架柱的纵筋和箍筋构造	熟悉框架柱纵筋连接的区域确定，掌握其连接及锚固的构造方法；了解并掌握框架柱箍筋的各种复合方式及设置构造方式	40%	
框架柱的钢筋计算	掌握框架柱钢筋计算的方法和步骤	20%	

实例引导——柱平法施工图的识读

下图为某框架结构工程施工图，该图是柱平法施工图截面注写方式的典型示例。本单元将在学生所学制图知识和平法通用构造的基础上，围绕本图所表达的图形语言及截面注写数字和符号的含义，一步一步引领学生，正确识读和理解柱平法施工图。

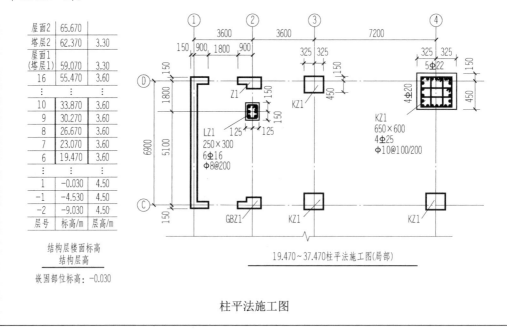

屋面2	65.670	
塔层2	62.370	3.30
屋面1（塔层1）	59.070	3.30
16	55.470	3.60
⋮	⋮	⋮
10	33.870	3.60
9	30.270	3.60
8	26.670	3.60
7	23.070	3.60
6	19.470	3.60
⋮	⋮	⋮
1	-0.030	4.50
-1	-4.530	4.50
-2	-9.030	4.50
层号	标高/m	层高/m

结构层楼面标高
结构层高

嵌固部位标高：-0.030

19.470～37.470柱平法施工图（局部）

柱平法施工图

4.1 柱及柱内钢筋的分类

4.1.1 平法施工图中柱的分类

1. 平法柱的分类

平法施工图将钢筋混凝土柱分成五类，并加以固定编号，分别为框架柱、转换柱、芯柱、梁上柱和剪力墙上柱，编号如表 4-1-1 所示。

表 4-1-1 平法柱的分类和编号

柱 类 型	代 号	序 号	备 注
转换柱	ZHZ	××	与框支梁构成框支结构，其上为剪力墙。框支梁承受上部剪力墙和楼板的荷载，见表后的注和图 4-1-1
框架柱	KZ	××	与框架梁刚性连接构成框架结构（图 4-1-3）
芯柱	XZ	××	设置在框架柱、转换柱等核心部位的暗柱，不能独立存在

柱 类 型	代 号	序 号	备 注
梁上柱	LZ	××	支承或悬挂在梁上的柱子
剪力墙上柱	QZ	××	生根在剪力墙顶部的柱子

注：剪力墙结构分为全部落地剪力墙结构和部分框支剪力墙结构。其中，部分框支剪力墙结构指首层或底部两层为框架和落地剪力墙组成的剪力墙结构。组成部分框支剪力墙底部框架的柱即转换柱，而组成部分框支剪力墙底部框架的梁即框支梁。

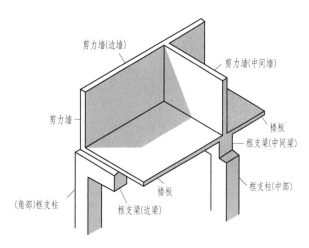

图 4-1-1 框支剪力墙结构混凝土模板局部立体示意

柱编号由类型代号和序号组成。类型代号的主要作用是指明所选用的标准构造详图。编号时，当柱的总高、分段截面尺寸和配筋均对应相同，仅分段截面与轴线的关系不同时，仍可将其编为同一柱号。

传统方法经常使用 Z1、Z2···对框架柱、排架柱等各类柱子进行编号。而在柱平法施工图中没有除表 4-1-1 以外的其他编号。如果出现规定以外的其他柱类型，应与结构设计工程师联系沟通，以确定其正确编号，施工人员不得随意编号。

2. 框架柱的分类

表 4-1-1 中的五种类型的柱子，以框架柱最常见。

框架柱的抗震等级可分为一级、二级、三级和四级。

根据所处的位置不同，框架柱又分为中柱、边柱和角柱三种，见图 4-1-2。从图中可以看出：边柱有一个外边缘，角柱有两个外边缘，而中柱没有外边缘。

对整根柱子来说，还可将框架柱从下往上分为底层、中间层和顶层。这样，任何位置任何楼层的框架柱都可以表达清楚，见图 4-1-3。图 4-1-3 中将框架柱细分为顶层角柱、顶层边柱、顶层中柱，中层角柱、中层边柱、中层中柱，底层角柱、底层边柱、底层中柱。其中，中间层可以赋予楼层号，如二层角柱、五层中柱等。

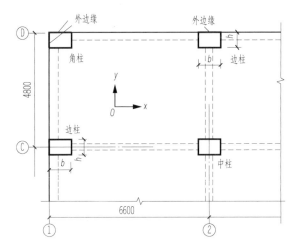

图 4-1-2　中柱、边柱和角柱平面示意

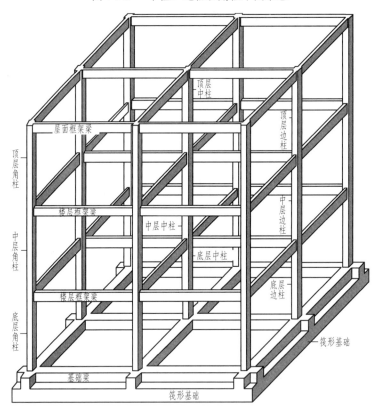

图 4-1-3　框架结构立体示意（均为框架柱）

4.1.2　平法施工图中柱截面的几何尺寸表达

1. 矩形柱表达方式

注写柱截面尺寸 $b×h$ 及与轴线相关的几何参数代号 b_1、b_2 和 h_1、h_2 的具体数值，

须对应各段柱分别注写。其中，$b=b_1+b_2$，$h=h_1+h_2$。

图 4-1-2 中柱截面尺寸 b 和 h 一般这样规定：与 x 轴平行的边长为 b，与 y 轴平行的边长为 h。

2.　圆柱表达方式

对于圆柱，改用在圆柱直径数字前加 d 表示。为表达简单，圆柱截面与轴线的关系也用 b_1、b_2、和 h_1、h_2 表示，并使 $d=b_1+b_2=h_1+h_2$。

4.1.3　柱内钢筋的分类

柱内配置两种钢筋：纵向钢筋（简称纵筋）和横向钢筋（又称箍筋）两种，见图 4-1-4。

1.　柱纵筋

纵筋分布在柱子的周边，紧贴箍筋内侧。纵筋有受力（受拉或受压）钢筋和构造钢筋之分。受力钢筋是根据柱子的受力情况经荷载组合计算而得的，构造钢筋是根据 GB 50010—2010《混凝土结构设计规范（2015 年版）》中对柱纵筋的相关规定来设置的。

全部纵筋直径可以只有一种，也可以有两种或三种，但最多不能超过三种，图 4-1-5 为配有两种和三种纵筋直径的框架柱截面示意。从图可以看出，对称配筋的矩形柱纵筋配置规律如下：

规律 1：柱子外围箍筋的四个角上的纵筋（简称角筋）直径必须相同（角筋直径相同）；

规律 2：上下两个 b 边的中部筋数量和直径必须相同（b 边中部筋对称）；

规律 3：左右两个 h 边的中部筋数量和直径必须相同（h 边中部筋对称）。

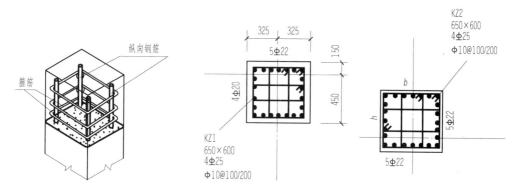

图 4-1-4　柱内纵筋和箍筋示意　　　　　图 4-1-5　两种和三种纵筋直径的框架柱截面配筋

如果已知 b 边一侧的纵筋有 i 根，h 边一侧的纵筋有 j 根，根据以上的三个规律，柱子全部的纵筋总计有多少根呢？

i 和 j 的含义见图 4-1-6。

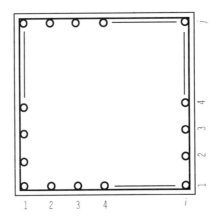

图 4-1-6　i 和 j 的含义

由于角筋既属于 b 边又同时属于 h 边，将四个边的根数相加后，四根角筋重复计算了两遍。所以，柱截面的全部纵筋根数计算公式如下：

$$柱截面纵筋总数 = 2(i+j) - 4 \qquad (4\text{-}1\text{-}1)$$

【例 4-1-1】已知某边柱截面中钢筋分布为 $i=7$，$j=6$。求：

（1）边柱截面钢筋总数；

（2）b 边两侧的中部筋根数。

解：（1）边柱截面钢筋总数

直接套用式（4-1-1），得

$$
\begin{aligned}
边柱截面钢筋总数 &= 2(i+j) - 4 \\
&= 2 \times (7+6) - 4 \\
&= 22
\end{aligned}
$$

（2）b 边两侧的中部筋根数

$$b \text{ 边两侧的中部筋根数} = (i-2) \times 2 = (7-2) \times 2 = 10$$

2. 柱箍筋

（1）柱箍筋的类型

柱箍筋根据形状可分为矩形箍和圆形箍，根据肢数不同可分为普通箍（又称非复合箍）和复合箍。因此有普通矩形箍、复合矩形箍、普通圆形箍、复合圆形箍等叫法。

普通矩形（或圆形）箍指单个矩形（或圆形）箍筋，复合矩形（或圆形）箍指单个矩形（或圆形）箍筋内附加有矩形、多边形、圆形箍筋或拉筋。

还有一种圆柱环状箍筋称为螺旋箍，指单个螺旋箍筋，仅用于圆形柱；复合螺旋箍是指由螺旋箍筋与矩形、多边形、圆形箍筋或拉筋组成的箍筋。

如图 4-1-7 所示，类型 2 为普通矩形箍，类型 1、3、4、5 均为复合矩形箍，类型 6 为圆形箍筋，类型 7 为复合圆形箍筋。

（2）矩形箍筋的复合方式

图 4-1-7 中箍筋类型 1 为复合矩形箍 $m \times n$，m 和 n 均为 $\geqslant 3$ 的自然数，其中，m 为

竖向的箍筋肢数，n 为水平方向的箍筋肢数。

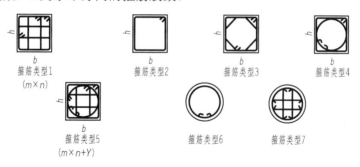

图 4-1-7　箍筋类型示意

例如，5×4 肢箍表示竖向的箍筋肢数为 5 肢，水平方向的箍筋肢数为 4 肢。

常见矩形箍筋的复合方式见图 4-1-8。框架柱矩形箍筋的复合方式同样适用于芯柱。更多内容参见平法图集 16G101—1 第 70 页。

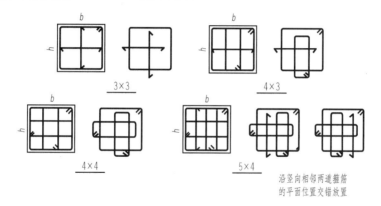

图 4-1-8　常见矩形箍筋的复合方式

（3）柱截面复合箍筋的施工排布构造

施工操作过程中，复合箍筋的排布和绑扎等构造，见图 4-1-9。

复合箍筋的施工排布原则如下：

1）柱纵筋、复合箍筋排布应遵循对称均匀原则。

2）箍筋转角处必须有纵筋，见图 4-1-10。

3）抗震设防时，箍筋对纵筋应满足"至少隔一拉一"（图 4-1-10）的要求，即至少每隔一根纵筋应在两个方向有箍筋或拉筋约束。

4）柱封闭箍筋（外围封闭大箍与内封闭小箍）弯钩位置应沿柱竖向按顺时针方向（或逆时针方向）顺序排布。

5）柱复合箍筋应采用截面周边外围封闭大箍加内封闭小箍的组合方式（大箍套小箍），内部复合箍筋的相邻两肢形成一个内封闭小箍，当复合箍筋的肢数为单数时，设一个单肢箍。沿外封闭箍筋的周边，箍筋局部重叠不宜多于两层。

6）若在同一组内，复合箍筋各肢位置不能满足对称性要求（如 5×5 肢箍和 5×4 肢箍），钢筋绑扎时，沿柱竖向相邻两组箍筋位置应交错对称排布。

7）柱内部复合箍筋采用拉筋时，拉筋需同时钩住纵筋和外封闭箍筋。

8）柱截面内部水平方向复合小箍筋应紧靠外围封闭箍筋下侧（或上侧）绑扎，竖向复合小箍筋应紧靠外围封闭箍筋上侧（或下侧）绑扎。

9）框架柱箍筋加密区内的箍筋肢距：一级抗震等级，不宜大于 200mm；二、三级抗震等级，不宜大于 250mm；四级抗震等级，不宜大于 300mm。

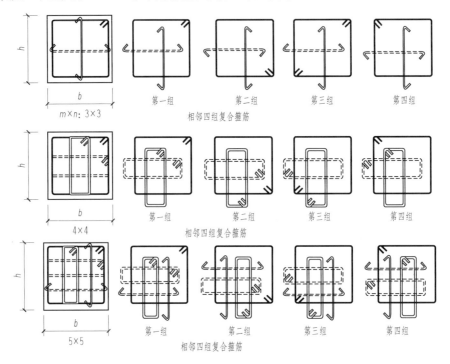

图 4-1-9　柱截面复合箍筋的施工排布构造

根据复合箍筋施工排布原则第二条"箍筋转角处必须有纵筋"和第三条"至少隔一拉一"的要求，图 4-1-10（a）中的 3×3 肢箍最少摆放 8 根纵筋，最多能摆放 16 根纵筋；4×4 肢箍最少摆放 12 根纵筋，最多能摆放 24 根纵筋；5×4 肢箍最少摆放 14 根纵筋，最多能摆放 28 根纵筋。

复合箍筋施工排布原则第三条，抗震设计的箍筋对纵筋应满足"至少隔一拉一"的要求。"至少隔一拉一"的含义为"被拉住的两根相邻纵筋之间可以不摆放纵筋，需要摆放时，最多能摆放一根"。图 4-1-10（b）的截面短边均为隔一拉一，截面长边被拉住的两根相邻纵筋之间是没有钢筋的，所以满足此要求。

观察图 4-1-10（c），发现截面长边靠右侧有"隔二拉一"现象，其余纵筋全部被拉住，所以不满足"至少隔一拉一"的要求。同时可看到，图 4-1-10（c）也不满足排布原则第一条"箍筋排布对称均匀"的原则。如果将竖向的小套箍向右移动一个纵筋的间距,它便同时符合了排布原则第一条和第三条。

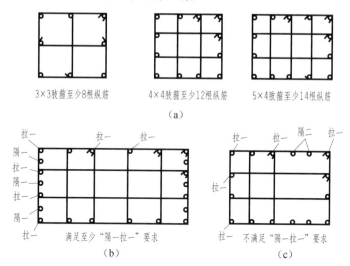

3×3肢箍至少8根纵筋　　4×4肢箍至少12根纵筋　　5×4肢箍至少14根纵筋

(a)

满足至少"隔一拉一"要求　　　不满足"隔一拉一"要求

(b)　　　　　　　　　(c)

图 4-1-10　柱截面复合箍筋的部分设置原则示意

4.2　柱传统施工图与平法施工图对比

知识导读

从图 4-2-1 和图 4-2-2 的对比来看,如果工程中柱子数量过多,使用传统制图方式绘制柱子的配筋施工图,就会使图纸数量庞大,不仅浪费纸张,而且施工员翻看施工蓝图时会很困难。显然平法表达方式简单明确、清晰而且直观。

本节我们将重点对两种表达方式进行对比。

4.2.1　柱传统施工图的表达方式

图 4-2-1 所示为柱子配筋的传统制图表达方式。柱子的截面是在柱子的立面图上通过截面剖切符号而绘制出来的。

传统框架施工图绘制通常有两种方式,一是整榀出图,二是梁柱拆开分别出图。前者需在结构平面图上对每一榀框架进行编号,如 KJ-1、KJ-2、KJ-3…,随后把梁柱配筋画在一起,整榀出图;后者则直接对每一根柱子进行编号,如 KZ1、KZ2、KZ3…,然后梁柱分开绘制出图。无论哪种方式,均需对应每一榀中的柱或拆开以后的柱子,依照编号顺序逐个绘制配筋详图,这样整个框架施工图出图量不仅大而且相当烦琐。

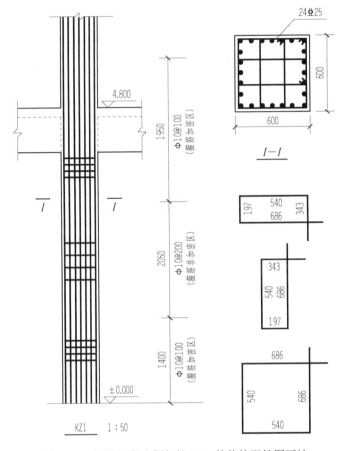

图 4-2-1 钢筋混凝土框架柱 KZ1 的传统配筋图画法

4.2.2 柱平法施工图的表达方式

柱平法施工图是在柱平面布置图上采用列表注写或截面注写的方式表达的。图 4-2-2 所示为柱平法施工图（截面注写方式）制图的表达方法。

混凝土结构施工图的"平面整体表示方法制图规则"对传统的制图表达方法进行了有规则的简化。在平法制图规则中，表达柱子的模板尺寸和钢筋配置时，在柱子的结构平面图中尽量在最左排或最下排（即空间最前排）的柱子中选择一根作为典型，且放大画出柱子的"施工详图"。在柱子的结构平面图中，每根柱子都要编号，相同编号的柱子只画一根放大的柱配筋详图。这个"施工详图"的尺寸和钢筋标注等，与传统的制图表达方法大不相同。

如图 4-2-2 所示，左下角就是放大画出的柱子 KZ1。首先表示有柱子的定位尺寸，即柱子的边缘到柱子轴线间的尺寸。

对于柱子的标注引线，可从柱子的任何轮廓线处引出。如果柱子的纵筋直径不是一种，而是两种或三种，如图 4-1-5 所示，采用平法标注比传统绘图优势更加明显。

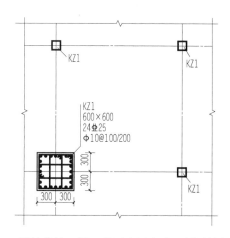

图 4-2-2　平法柱施工图（截面注写方式）制图的表达方法

4.3　柱平法识图规则解读

知识导读

　　通过 4.2 节柱子传统制图和平法制图的比较可以看到，整套传统结构施工图包含了柱子、梁、板等结构构件的配筋、钢筋构造、材料等所有信息。虽然烦琐，图纸数量较多，但施工人员拿到这样的图纸，看懂后就可以开始施工了。平法的图纸表达简洁，图纸数量相对较少，但看懂图纸后，却没法着手开始施工。原因是平法施工图纸中没有钢筋构造图，这部分钢筋构造在国家标准设计图集 16G101 内。因此，要拿到平法施工图进行施工，就必须掌握国家标准设计图集 16G101 中的钢筋标准构造。所以本节主要讲述柱平法识图规则，4.4 节重点讲述柱子的标准钢筋构造。这两节内容全部学会以后，便能真正地识读平法施工图。

　　柱平法识图规则能够指导我们看懂平法图纸上除了钢筋构造之外的其他内容。

　　柱平法施工图是在柱平面布置图上采用列表注写或截面注写的方式表达的。柱平面布置图可采用适当比例单独绘制，也可与剪力墙平面布置图合并绘制。

　　下面分别讲述柱子列表注写和截面注写施工图中所包含的内容。

4.3.1　柱平法施工图的列表注写方式

　　图 4-3-1 所示为柱平法施工图列表注写方式的示例。

　　列表注写方式是在柱平面布置图上对所有柱子进行编号，在相同编号的柱中选择一个或几个截面标注几何参数代号；在柱表中注写柱号、柱段起止标高、截面几何尺寸与配筋等的具体数值，并配以箍筋类型图的方式。

　　柱平法施工图列表注写方式包括柱平面布置图、柱箍筋类型、结构层楼面标高（简称结构标高）及结构层高表和柱表四部分。下面以图 4-3-1 为例分别讲述这四部分所包含的内容。

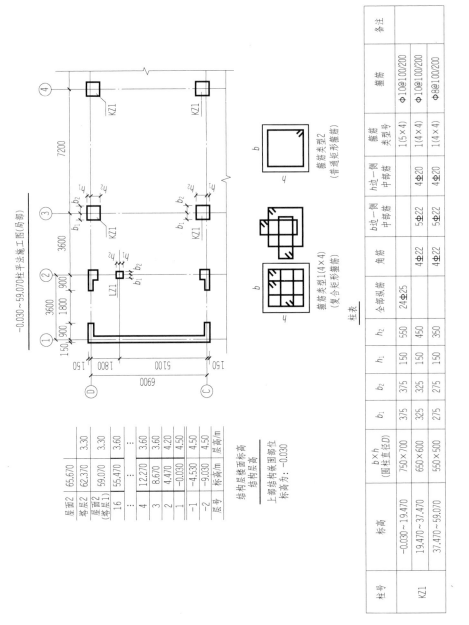

图 4-3-1　柱平法施工图列表注写方式示例

1. 柱平面布置图

柱平面布置图中包含的内容如下：

1）柱的编号：如 1 号框架柱 KZ1，1 号梁上柱 LZ1 等。

2）柱的截面尺寸代号：如 h_1、h_2、b_1、b_2，其中 $h=h_1+h_2$，$b=b_1+b_2$。

3）柱子的定位：如③轴线和 D 轴线相交处的边柱 KZ1，③轴线和 C 轴线相交处的中柱 KZ1 等。③轴线与柱中心线重合，D 轴线与柱中心线不重合。

2. 柱箍筋类型

在施工图中，柱的断面图有不同的类型，其中重点表示箍筋的形状特征，读图时应弄清某编号的柱采用哪一种箍筋类型。例如，本图中有类型 1 复合矩形箍筋和类型 2 普通矩形箍筋两种。

为了防止施工人员在读图时弄混 b 和 h 的方向，需要在箍筋类型上标注 b 和 h。

3. 结构标高及结构层高表

平法施工图中必须有结构标高及结构层高表。它能有效帮助人们快速地建立起整个建筑的立体轮廓图。表中包含的内容如下：

1）嵌固部位的标高：如表的下方注明了上部结构嵌固部位的标高为 −0.030m。

2）层数：如本建筑地下 2 层，地上 16 层。

3）结构标高：如 1 层的结构标高为 −0.030m，3 层的结构标高为 8.670m，16 层的结构标高为 55.470m 等。

4）结构层高：表中的层高这一列数据是根据上一层的结构标高减去本层的结构标高所得的。例如，3 层的结构标高 8.670m 减去 2 层的结构标高 4.470m，等于 2 层的层高 4.2m，与表中标注的 2 层结构层高数值是一致的。直接查找 16 层的结构层高为 3.6m。

4. 柱表

柱表中包含的内容为所有柱子的编号、分段起止标高及对应的截面尺寸、纵筋和箍筋的具体数值。下面以柱表中的 KZ1 为例来解读表中所包含的内容。

1）柱标高：柱号后第 1 列，表示 KZ1 分 3 段及各段对应的起止标高。

KZ1 从 −0.030～59.070m 分 3 个标高段。−0.030～19.470m 为第 1 个标高段，19.470～37.470m 为第 2 个标高段，37.470～59.070m 为第 3 个标高段。

柱子的分段依据：柱截面变化处必须分段；钢筋直径或数量变化处也必须分段。

2）柱截面尺寸：柱号后第 2～6 列，表示各柱段对应的截面几何尺寸 h_1、h_2、b_1、b_2，以及 $b×h$ 的具体数值。

柱第 1 个标高段对应的断面为 750mm×700mm。b 方向中心线与轴线重合，左右都为 375mm。h 方向偏心，h_1 为 150mm，h_2 为 550mm。第 2 个标高段对应的柱断面为 650mm×600mm。b 方向中心线与轴线重合，左右都为 325mm。h 方向偏心，h_1 为 150mm，

h_2 为 450mm。第 3 个标高段，柱的断面为 550mm×500mm。b 方向中心线与轴线重合，左右都为 275mm。h 方向偏心，h_1 为 150mm，h_2 为 350mm。

3）柱纵筋：柱号后第 7～10 列，表示各柱段对应的柱纵筋的具体数值。注写时，柱号后第 7 列和柱号后第 8～10 列不能同时填写。

柱第 1 个标高段对应的是全部纵筋为 24 根直径 25mm 的 HRB335 级钢筋。柱平法识图规则规定：仅在纵筋直径相同，各边根数也相同时，才能将纵筋写在"全部纵筋"这一列中。因此，纵筋 24Φ25 在截面内的分布为柱子四个边纵筋根数应相同，均为 7 根。

柱第 2 个标高段，"全部纵筋"这一列空白，纵筋填写在柱号后的第 8～10 列。表示柱的角筋（四个大角的钢筋简称角筋）为 4 根直径 22mm 的 HRB335 级钢筋。b 边一侧中部筋为 5 根直径 22mm 的 HRB335 级钢筋，即 b 边两侧中部筋为 10 根直径为 22mm 的 HRB335 级钢筋。h 边一侧中部筋为 4 根直径 20mm 的 HRB335 级钢筋，即 h 边两侧中部筋为 8 根直径为 20mm 的 HRB335 级钢筋。故柱在第 2 个标高段的纵筋合计为 14 根直径 22mm 和 8 根直径 20mm 的 HRB335 级钢筋。

柱第 3 个标高段的纵筋与第 2 个标高段相同。

4）柱箍筋：柱号后第 11 和 12 列，表示各柱段对应箍筋类型及具体数值。

柱第 1 个标高段的箍筋选用类型号 1，肢数为 5×4，表示箍筋竖向肢数为 5 肢，水平方向肢数为 4 肢。箍筋的具体数值为 Φ10@100/200，表示箍筋牌号为 HPB300，直径为 10mm，加密区的箍筋间距为 100mm，非加密区的箍筋间距为 200mm。

柱第 2 个标高段的箍筋也选用类型号 1，但肢数为 4×4。表示箍筋两个方向的肢数均为 4 肢。箍筋的具体数值为 Φ10@100/200，与第 1 个标高段一致。

柱第 3 个标高段的箍筋也选用类型号 1，肢数为 4×4。箍筋的具体数值为 Φ8@100/200，表示箍筋牌号为 HPB300，直径为 8mm，加密区的箍筋间距为 100mm，非加密区的箍筋间距为 200mm。

【例 4-3-1】如果箍筋的具体数值标注为 Φ10@100，解释其含义。

答：Φ10@100 表示沿着柱子全高范围内均为直径为 10mm，间距为 100mm 的 HPB300 级箍筋。

【例 4-3-2】如果箍筋的具体数值标注为 Φ8@100/250（Φ10@100），解释其含义。

答：Φ8@100/250（Φ10@100）表示柱子箍筋为 HPB300 级钢筋，直径为 8mm，加密区间距为 100mm，非加密区间距为 250mm。框架节点核心区箍筋为 HPB300 级钢筋，直径为 10mm，间距为 100mm。

【例 4-3-3】如果箍筋的具体数值标注为 L，Φ12@100/200，解释其含义。

答：L，Φ12@100/200 表示采用螺旋箍筋，HPB300 级钢筋，直径为 12mm，加密区间距为 100mm，非加密区间距为 200mm。

4.3.2 柱平法施工图的截面注写方式

图 4-3-2 所示为柱平法施工图截面注写方式的示例。图纸的名称为"19.470～37.470 柱平法施工图"，即 6～10 层柱平法施工图。仔细观察发现，图 4-3-2 和图 4-3-1 属于同

一个工程，只不过图 4-3-2 表达的是图 4-3-1 中柱的第二个标高段的内容。可见，柱平法施工图列表注写方式的图纸数量比截面注写方式要少。

层号	标高/m	层高/m
屋面2	65.670	
塔层2	62.370	3.30
屋面1（塔层1）	59.070	3.30
16	55.470	3.60
15	51.870	3.60
14	48.270	3.60
13	44.670	3.60
12	41.070	3.60
11	37.470	3.60
10	33.870	3.60
9	30.270	3.60
8	26.670	3.60
7	23.070	3.60
6	19.470	3.60
5	15.870	3.60
4	12.270	3.60
3	8.670	3.60
2	4.470	3.60
1	-0.030	4.50
-1	-4.530	4.50
-2	-9.030	4.50

结构层楼面标高
结构层高

上部结构嵌固部位
标高为 -0.030

图 4-3-2　柱平法施工图截面注写方式的示例

截面注写方式是在柱平面布置图上对所有柱子进行编号，在相同编号的柱中选择一个原位放大，并在放大的图上直接注写截面尺寸和配筋具体数值来表达柱平法施工图。这种绘图方式称为"双比例法"绘图。双比例法指轴网采用一种比例，柱截面轮廓在原位采用另一种比例适当放大绘制的方法。

柱平法施工图截面注写还应该包括结构标高和层高表，还应注明上部结构嵌固部位的位置。

在截面注写方式中，在柱的分段截面尺寸和配筋均相同，仅分段截面与轴线的关系不同时，可将其编为同一柱号。但此时应在未画配筋的柱截面上注写该柱截面与轴线关系的具体尺寸。

柱平法施工图截面注写方式图纸中应包括柱平面布置图和结构标高及层高表两部分。下面以图 4-3-2 为例分别讲述这两部分所包含哪些内容。

1. 柱平面布置图

柱平面布置图中包含的内容如下：

1）柱子的定位：如④轴线和Ⓓ轴线相交处的边柱 KZ1，④轴线与柱中心线重合，

Ⓓ轴线与柱中心线不重合。

2）柱放大截面配筋图上直接引注的四项内容。

① 框架柱的编号：同列表注写方式，如第一行的 KZ1。

② 框架柱的截面尺寸：同列表注写方式，如第二行的 650×600。

③ 框架柱的角筋：如第三行的 4Φ25。

④ 箍筋的具体数值：如 Φ10@100/200。箍筋的肢数虽然未标注，但在截面图上已清楚地画出来了，为 4×4 肢箍。

3）中部筋：包括柱 b 边一侧和 h 边一侧两种，标注中写的数量只是 b 边一侧和 h 边一侧不包括角筋的钢筋数量。对称配筋的矩形截面柱可仅注写一侧中部筋，对称边可省略不注。例如，在放大的柱截面上方注写着 5Φ22，表示 b 边一侧中部筋为 5Φ22，下方与上方对称，省略不写；在左方注写着 4Φ20，表示 h 边一侧中部筋为 4Φ20，右方与左方对称，省略不写。

4）柱高：可以注写为该柱段的起止层数，如 6～10 层；也可以注写为该柱段的起止标高，如"19.470～37.470"，表示该柱段的下端标高为 19.470m，上端标高为 37.470m。其他柱段的施工图见另外图纸。

2. 结构标高及层高表

结构标高及层高表中包含的内容有嵌固部位标高、层数、结构标高和结构层高。与列表注写方式相同，不再赘述。

综上所述，柱平法施工图截面注写方式与列表注写方式大致相同。不同的是在施工平面布置图中同一编号的柱选出一根作为代表，在原位置上按比例放大到能清楚表示轴线位置和详尽的配筋为止，它代替了柱平法施工图列表注写方式的截面类型和柱表；另外一个不同是截面注写方式需要每个柱段均绘制一张柱平法施工图，而列表注写方式不用。

巩 固 训 练

在掌握柱平法施工图制图规则的情况下，需要通过大量的练习才能熟练正确地识读柱平法施工图。下面提供的两个实例供同学们根据本单元所学内容在老师的指导下根据识图规则进行平法识图训练。

图 4-3-3 所示为某建筑 5～11 层柱平法施工图截面注写示例。

图 4-3-4 所示为某建筑 1～16 层柱平法施工图列表注写示例。

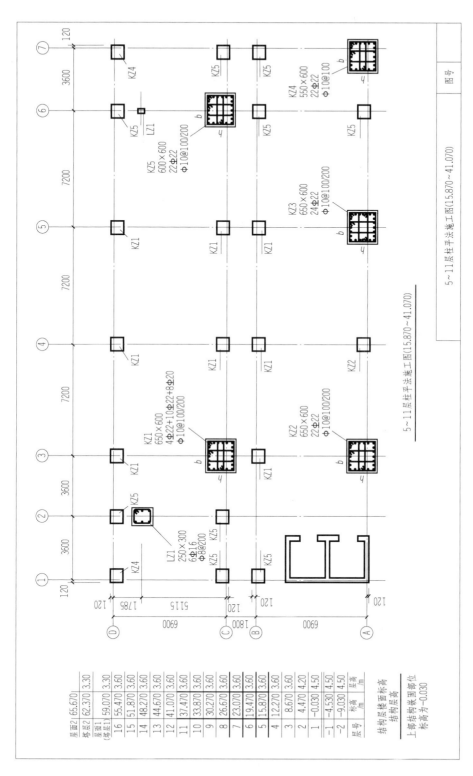

图 4-3-3 某建筑 5～11 层柱平法施工图截面注写示例

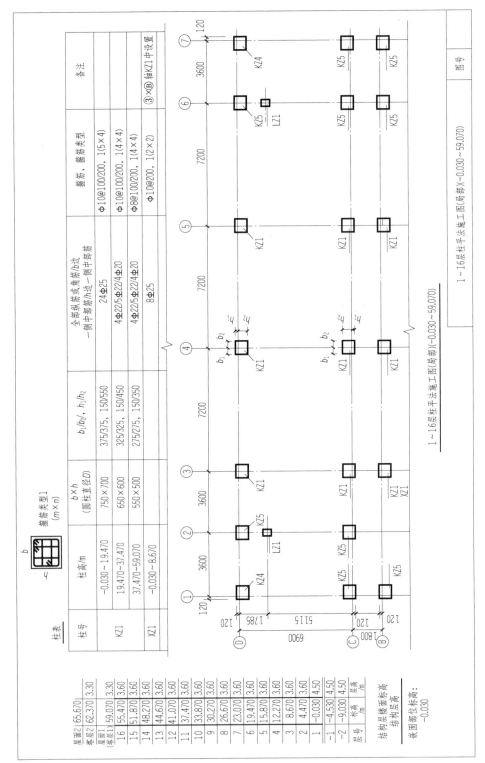

图 4-3-4　某建筑 1～16 层柱平法施工图列表注写示例

4.4   柱纵筋标准配筋构造解读

知识导读

　　框架柱的钢筋构造包括纵筋构造和箍筋构造两部分。其中纵筋构造又可分为柱顶、柱身和柱根（嵌固部位）纵筋构造。更详细的分类见图 4-4-1。本节主要讲述柱纵筋构造，4.5 节重点讲述箍筋构造。这两节内容掌握后，我们就可以完整地进行整根柱子的钢筋设计长度计算，进而进行钢筋施工下料长度的计算。

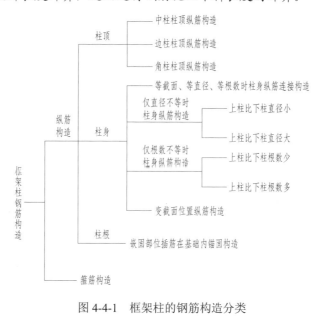

图 4-4-1   框架柱的钢筋构造分类

4.4.1   柱插筋的锚固构造解读

1. 柱插筋在基础内的锚固构造解读

　　框架柱不但是框架梁的支座，同时它又是建筑结构体系中非常重要的竖向承重构件，建筑物上部的全部荷载，最终都将通过它传递给基础，基础承受由柱子传下来的荷载并接力传递给地基。与框架柱关联的构件除了梁，还有基础。基础是框架柱的支座。基础和柱子一旦失效，将危及整个建筑物的安全。可见，保证柱子与基础之间的可靠锚固是非常重要的。

　　框架柱（KZ）插筋在基础内的锚固构造分四种，见图 4-4-2。

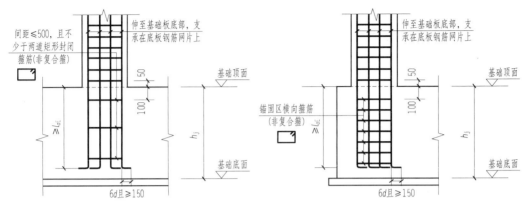

（a）保护层厚度＞5d；基础高度满足直锚　　　　（b）保护层厚度≤5d；基础高度满足直锚

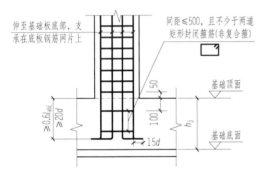
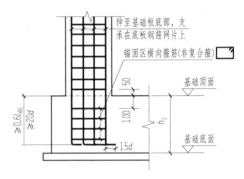

（c）保护层厚度＞5d；基础高度不满足直锚　　　　（d）保护层厚度≤5d；基础高度不满足直锚

图 4-4-2　柱插筋在基础内的锚固构造

图 4-4-2 解读如下：

1）图中标注的 d 均指插筋直径，h_j 为基础的高度。带基础梁的基础，h_j 为基础梁顶面至基础梁底面的高度，当柱两侧基础梁标高不同时取较低标高。

2）当柱插筋部分保护层厚度不一致情况下（如部分位于板中，部分位于梁内），保护层厚度≤5d 的部位应设置锚固区横向箍筋（非复合箍筋）。

3）四种锚固构造的插筋均需伸到基础底部并支在基础底板的钢筋网上；插筋底部均做成 90°的弯钩，弯钩水平段的投影长度为 15d（当 h_j＜l_{aE} 时）或 6d 且≥150（当 h_j≥l_{aE} 时）。当 h_j＜l_{aE} 时，插筋在基础内锚固的垂直段投影长度还应满足≥$0.6l_{abE}$ 且≥20d 的要求。

4）柱插筋在基础高度范围内均需设置非复合箍，且基顶往下第一道非复合箍筋距基顶的尺寸规定为 100mm。当柱外侧插筋保护层厚度＞5d 时，设置间距≤500mm 且不少于两道非复合箍；当柱外侧插筋保护层厚度≤5d 时，非复合箍的设置应满足直径≥d/4（d 为插筋最大直径），间距≤5d（d 为纵筋最小直径且≤100 的要求）。

5）当柱为轴心受压或小偏心受压，独立基础、条形基础高度≥1200mm 时，或当柱为大偏心受压，独立基础、条形基础高度≥1400mm 时，可仅将柱四角插筋伸至底板钢筋网上（伸至底板钢筋网上的柱插筋之间间距不应大于 1000mm），剩余钢筋满足锚

固长度 l_{aE} 要求且底部不需要弯钩。

插筋在基础内锚固的垂直段投影长度的计算，需要考虑基础保护层厚度和基础底板两向钢筋的直径。图 4-4-3 为插筋在基础内锚固的垂直段投影长度计算的原理图。

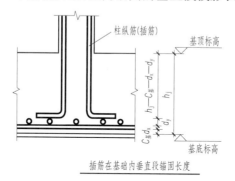

图 4-4-3　插筋在基础内锚固的垂直段投影长度计算原理

h_j—基础高度；$C_基$—基础钢筋保护层厚度；d_x、d_y—基础底板 x 向、y 向钢筋直径

2. 柱插筋在梁内的锚固构造解读

柱插筋在梁内的锚固构造指梁上柱（LZ）的插筋锚固构造。梁上柱（LZ）常在楼梯间能见到，如生根在框架梁上承托层间平台梁的小柱子，见图 4-4-4。

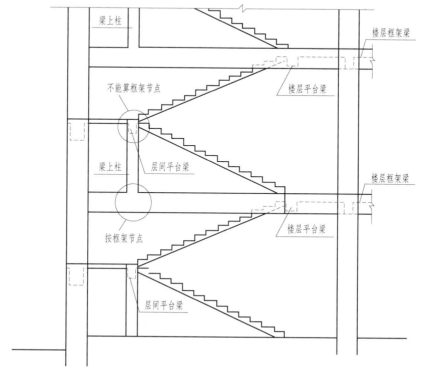

图 4-4-4　设置在楼梯间的梁上柱（LZ）

图 4-4-4 中的梁上柱（LZ）的上端柱子纵筋锚固可按构造柱处理，不能按框架节点处理。其下端插筋锚固构造，见图 4-4-5。

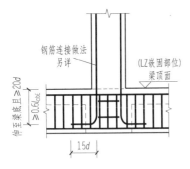

图 4-4-5 梁上柱（LZ）插筋锚固构造

图 4-4-5 解读如下：

1）无论梁高多少，插筋均采用 90° 弯锚形式并伸至梁底。弯钩水平投影长度取 15d，梁内竖向的锚固投影长度均必须满足 $\geqslant 0.6 l_{abE}$ 且 $\geqslant 20d$ 的要求。

2）梁上起柱，在梁高范围内设两道柱子箍筋。

3）梁上柱（LZ）的柱根嵌固部位在梁顶标高处。

4）梁上起柱时，应在与该梁垂直的方向上设置交叉梁，以平衡柱脚在该方向的弯矩。

5）框架梁上起柱，应尽量设计成梁的宽度大于柱宽度。当梁的宽度小于柱宽度时，梁应设置水平腋把柱底包住。

3. 柱插筋在剪力墙内的锚固构造

剪力墙上起柱（QZ），其插筋在剪力墙内的锚固构造有两种，一种是柱与墙重叠一层的锚固方式，另一种是插筋锚固在墙顶的方式，见图 4-4-6。

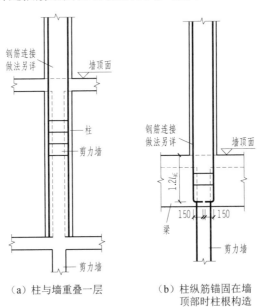

（a）柱与墙重叠一层　　（b）柱纵筋锚固在墙顶部时柱根构造

图 4-4-6 剪力墙上柱 QZ 纵筋锚固构造

图 4-4-6 解读如下：

1）QZ 的嵌固部位在剪力墙顶面。

2）剪力墙上起柱，在墙顶面标高以下锚固范围内的柱箍筋按上柱非加密区箍筋要求配置。

3）墙上起柱（柱纵筋锚固在墙顶部）时，墙的平面外方向应设置梁，以平衡柱脚在该方向的弯矩。

4）QZ 嵌固部位以上的柱纵筋连接构造与框架柱的纵筋连接构造相同。

4.4.2 柱身纵筋标准配筋构造解读

特别提示

因为钢筋的定尺长度多为 9m 或 12m，再加上施工技术等方面的原因，整体浇筑的混凝土结构一般不能连续浇筑，而沿高度方向留设施工缝。所以实际工程中，整根框架柱是以每层为一个柱段进行分段施工的。

1. 框架柱的地震力弯矩图和纵筋的非连接区

实际工程中，柱多为偏心受压构件。受地震力作用时，框架结构要承受往复水平地震力作用。地震作用对框架柱产生的作用效应主要为在柱身产生弯矩和剪力，见图4-4-7。

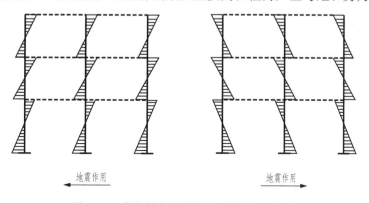

图 4-4-7 框架柱在地震作用下的弯矩图示意

由图 4-4-7 可见，框架柱弯矩的反弯点通常在每层柱的中部，显然弯矩反弯点附近的内力较小，在此范围进行连接符合 GB 50010—2010《混凝土结构设计规范（2015 年版）》规定的"受力钢筋连接应在内力较小处"的原则。由此规定框架柱梁节点附近为柱纵向受力钢筋的非连接区，非连接区示意见图4-4-8。

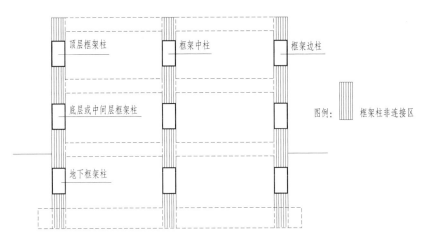

图 4-4-8　框架柱纵筋的非连接区示意

非连接区以外为框架柱的允许连接区。

> **特别提示**
>
> "允许连接区"并不意味着必须连接，当钢筋定尺长度满足两层要求，施工工艺也能保证钢筋稳定时，即可将柱纵筋伸至上一层连接区进行连接。总之，"避开柱梁节点非连接区"和"连接区内能通则通"是抗震框架柱纵向钢筋连接的两个要素。

2. 框架柱身纵筋的连接构造解读

在实际施工中，通常受到诸多因素的制约而不得不将钢筋在某些位置截断，而后再进行接长。例如，变形钢筋的定尺长度一般为 9m 或 12m，再加上高度方向上各柱段纵筋的直径有可能不同，以及施工条件的限制等，导致柱纵向钢筋总长度范围内不可避免会有接头存在。

前面讲过，钢筋的连接可分为绑扎搭接、机械连接和焊接三种。设计图纸中钢筋的连接方式均应予以注明。

当嵌固部位和基础顶标高一致时，框架柱（KZ）的纵筋连接构造见图 4-4-9；嵌固部位和基础顶标高不一致（即有地下室）时，框架柱（KZ）的纵筋连接构造见图 4-4-10。因为三种连接方式的纵筋非连接区是一致的，所以图 4-4-9 和图 4-4-10 中省略了绑扎搭接的情况。

图 4-4-9 和图 4-4-10 解读如下：

1）本图适用于上下柱等截面、等根数、等直径的情况。其他情况见图 4-4-12～图 4-4-14。

2）图中 H_{c1} 为一层柱高，H_{c2} 为二层柱高；H_{c-1} 为地下一层柱高，H_{c-2} 为地下二层柱高；H_{n1} 为一层柱净高，H_{n2} 为二层柱净高；H_{n-1} 为地下一层柱净高，H_{n-2} 为地下二层柱净高；

h_{b2} 为二层楼面梁高，h_{b3} 为三层楼面梁高；h_{b1} 为一层地面梁高，h_{b-1} 为地下一层楼面梁高。

3）柱嵌固部位非连接区为 $\geq H_{ni}/3$；其余所有柱端非连接区为 $\geq H_{ni}/6$、$\geq h_c$、$\geq 500mm$ "三控" 高度值，即三个条件同时满足，所以应在三个控制值中取大值。H_{ni} 为非连接区所在楼层的柱净高代表值，h_c 为柱截面长边尺寸（圆柱为截面直径）。例如，图 4-4-9 和图 4-4-10 中的嵌固部位处的 "$\geq H_{ni}/3$" 应为 "$\geq H_{n1}/3$"，其余类同。

4）柱相邻纵筋连接接头要相互错开。同一截面内钢筋接头面积百分率不宜大于 50%。

5）框架柱纵向钢筋应贯穿中间层节点，不应在中间各层节点内截断，钢筋接头必须设在节点区以外。

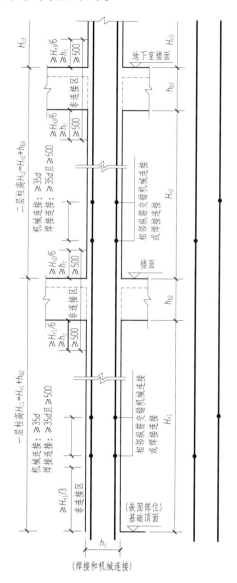

图 4-4-9　KZ 柱身纵筋连接构造

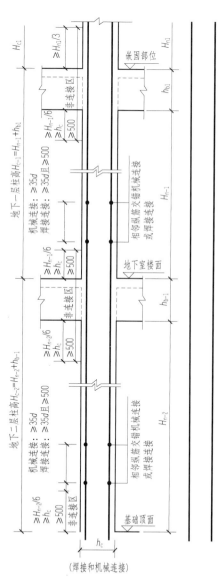

图 4-4-10　地下室 KZ 柱身纵筋连接构造

框架柱（KZ）身纵筋的连接构造，其实就是计算出纵筋的连接区和非连接区。显然非连接区内是不允许有钢筋接头的。从理论上来讲，接头可在连接区内的任何位置，而实际工程中接头位置的确定通常以尽量节省钢筋为原则。从这一点来讲，施工现场由施工员手算的下料单的钢筋长度不是唯一数值，而是根据实际情况可有一个变动范围的。另外，在柱顶节点区等特殊部位，若梁柱钢筋较多时，会造成钢筋密集的交错在一起，绑扎位置很是复杂。正是由于以上两方面原因及其他原因的存在，虽然与G101配套已研发出平法钢筋下料软件G101.CAC，但目前施工现场的施工钢筋下料的工作大多还是手工来完成的。

为了更直观地表达抗震框架柱纵筋的连接位置，参见图4-4-11。当某层连接区的高度不满足纵筋分两批搭接所需要的高度时，应改用机械连接和焊接连接。当框架柱纵筋直径 $d > 25$mm 时，不宜采用绑扎搭接接头。

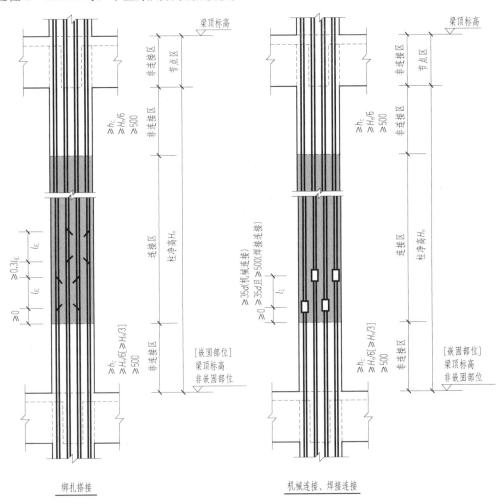

图 4-4-11　框架柱（KZ）纵筋连接位置示意

3. 框架柱（KZ）纵筋上、下层配量不同时的连接构造

1）框架柱（KZ）上层纵筋根数增加时的连接构造，见图4-4-12。

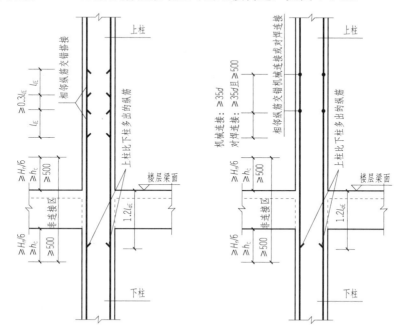

图 4-4-12 框架柱（KZ）上层纵筋根数增加时的连接构造

图 4-4-12 解读如下：

上层柱增加的纵筋向下锚入柱梁节点内，从梁顶面向下锚固长度为 $1.2l_{aE}$。

2）框架柱（KZ）上层纵筋直径大于下层时的连接构造，见图4-4-13。

图 4-4-13 解读如下：

上层大直径纵筋要往下穿越非连接区与下层较小直径纵筋在下柱连接区上端进行连接。

3）框架柱（KZ）上层纵筋根数减少的连接构造，见图4-4-14。

图 4-4-14 解读如下：

下层柱多出的纵筋向上锚入柱梁节点内，从梁底面向上锚固长度为 $1.2l_{aE}$。当不同直径钢筋采用对焊连接时，应将较粗钢筋端头按1:6斜度磨至较小直径。

4）框架柱（KZ）上层纵筋直径小于下层时的连接构造，参见图4-4-9～图4-4-11。

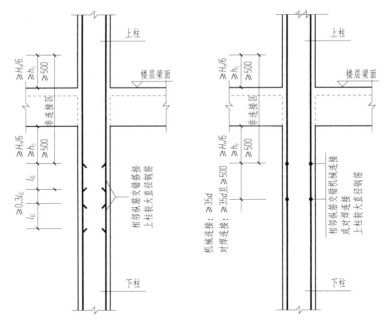

图 4-4-13 框架柱（KZ）上层纵筋直径大于下层的连接构造

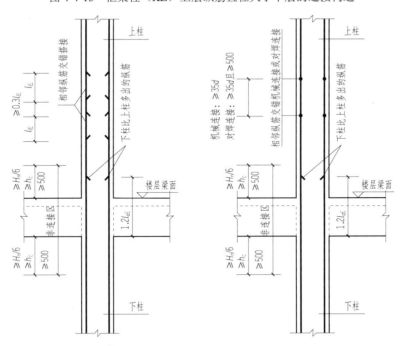

图 4-4-14 框架柱（KZ）上层纵筋根数减少的连接构造

4. 框架柱（KZ）变截面位置纵筋连接构造解读

框架柱（KZ）上、下层变截面时，纵向钢筋的连接构造见图 4-4-15。图中 h_b 为框架梁的截面高度。

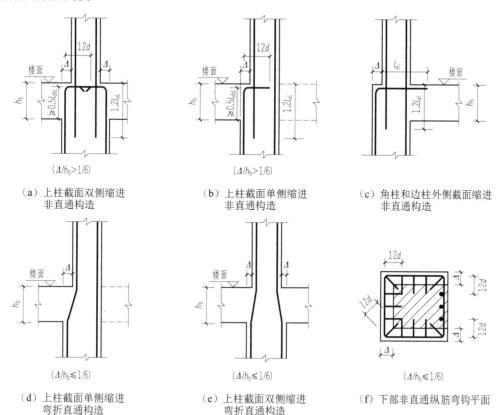

（a）上柱截面双侧缩进　　　（b）上柱截面单侧缩进　　　（c）角柱和边柱外侧截面缩进
　　　非直通构造　　　　　　　　　　非直通构造　　　　　　　　　　非直通构造

（d）上柱截面单侧缩进　　　（e）上柱截面双侧缩进　　　（f）下部非直通纵筋弯钩平面
　　　弯折直通构造　　　　　　　　　弯折直通构造

图 4-4-15　框架柱（KZ）变截面位置纵向钢筋构造

图 4-4-15 解读如下：

1）纵筋在变截面处的梁柱节点核芯区内分非直通［图（a）～图（c）］和弯折直通［图（d）和图（e）］两种构造。

2）非直通构造解读如下：

图（a）和图（b）：当 $\Delta/h_b > 1/6$ 时，下柱纵筋伸至梁顶向柱内 90° 弯锚；弯钩垂直段的投影长度 $\geqslant 0.5 l_{abE}$，弯钩水平段的投影长度为 $12d$。上柱纵筋向下直锚，长度为 $1.2 l_{aE}$。

图（c）：角柱和边柱外侧边向内缩进，Δ 无论是多少数值，下柱纵筋均须伸至梁顶向柱内 90° 弯锚；弯钩水平段的投影长度为 Δ 加上 l_{aE}，再减去柱保护层厚度。上柱外侧边纵筋向下直锚长度仍为 $1.2 l_{aE}$。

3）弯折直通构造解读：

图（d）和图（e）：当 $\Delta/h_b \leqslant 1/6$ 时，下柱纵筋在梁高 h_b 范围内弯折直通到上柱纵筋的相应位置。

特别提示

图 4-4-15 取自图集 16G101—1 第 68 页，有五个构造图。所有柱子变截面处纵筋都要套用这五个构造图，这就需要正确地理解图集传给我们的意思。图（a）、图（b）、图（d）和图（e）分别是上柱双侧缩进和单侧缩进的弯折直通和非直通构造。这种分类相对较复杂似乎包括了所有情况，其实不然。例如，上柱双侧缩进，其中一侧直通，另一侧非直通的情况并不在其中。

巩 固 训 练

为了更好地解读图集 16G101—1 第 68 页"柱变截面位置纵筋构造"，下面从另一个角度来解读，并对这五个构造进行了简化，见图 4-4-16。

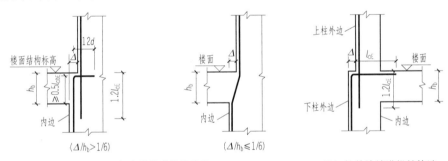

（a）柱内边缩进纵筋构造　　　　　　　　（b）柱外边缩进纵筋构造

图 4-4-16　框架柱（KZ）变截面位置纵筋构造简化图形

在本单元的 4.1.1 节讲过，我们根据柱的位置不同，将柱分为角柱、边柱和中柱，见图 4-1-2。同时还观察到：边柱有一个外边缘，角柱有两个外边缘，而中柱没有外边缘。根据这个特点，我们将柱子的四个边框简单定义为"外边"和"内边"。"内边"有框架梁拉结，而"外边"正是室外的这一侧，是没有框架梁拉结的。

图 4-4-16 的解读与图 4-4-15 的解读一致。

通过对图 4-4-16 的解读，认真思考下会产生些疑问。例如，图 4-4-15（a）和图（b）所示非直通弯锚是否可直锚？若可以直锚，垂直段长度是多少？弯锚水平段是否可以朝柱外弯？图 4-4-15（c）所示角柱和边柱外侧截面缩进非直通构造中，弯锚的垂直段是否有最小值的要求？……请读者自行寻求答案。

4.4.3　柱顶纵筋标准配筋构造解读

框架边柱、角柱和中柱，其在柱顶处纵向钢筋的构造是不同的。

1. 框架柱（KZ）中柱柱顶纵筋构造

框架柱（KZ）中柱柱顶纵筋构造分 A、B、C、D 四种做法，见图 4-4-17。设计未注明采用哪种构造时，施工人员应根据实际情况按各种做法所要求的条件正确选用。

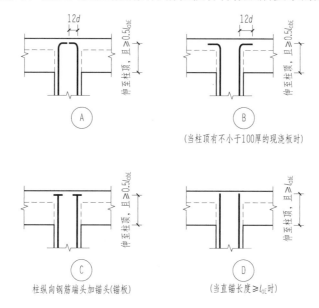

图 4-4-17　框架柱（KZ）中柱柱顶纵筋构造

图 4-4-17 解读如下：

1）当 h_b－柱保护层厚度$\geq l_{aE}$ 时，纵筋采用 D 直锚构造。纵筋伸至柱顶混凝土保护层位置即可。

2）当 h_b－柱保护层厚度$< l_{aE}$ 时，纵筋可采用 A 弯向柱内的弯锚构造；当顶层现浇板厚度$\geq 100mm$ 时，还可选用 B 弯向柱外的弯锚构造。A 和 B 构造的弯钩水平段的投影长度均为 $12d$，垂直段要求伸至柱顶，且垂直段的投影长度$\geq 0.5 l_{abE}$。

3）当 h_b－柱保护层厚度$< l_{aE}$ 时，还可选用 C 端头加锚板的锚固方式。要求伸至柱顶，且垂直段的投影长度$\geq 0.5 l_{abE}$。

4）中柱柱顶的四种构造，施工人员应根据各种做法所要求的条件正确选用。

> **特别提示**
>
> 在任何情况下，柱头纵筋无论是否弯折都必须伸到柱顶。

2. 框架柱（KZ）边柱和角柱柱顶纵筋构造

框架柱（KZ）边柱和角柱柱顶纵筋构造（可简称为"顶梁边柱"构造），见图 4-4-18 中的 A、B、C、D、E。

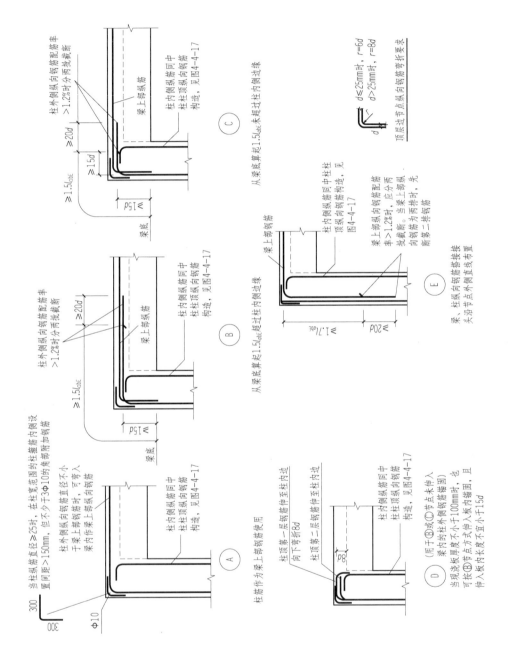

图 4-4-18 框架柱（KZ）边柱和角柱柱顶纵向钢筋构造

图中五个构造做法图可分成三种类型。其中，A 是柱外侧纵筋弯入梁内作梁上部筋的构造做法，B、C 类型是柱外侧筋伸至梁顶部再向梁内延伸与梁上部纵筋搭接的构造做法（可简称为"柱插梁"），而 E 是梁上部筋伸至柱外侧再向下延伸与柱外侧筋搭接的构造做法（可简称为"梁插柱"）。

图 4-4-18 解读如下：

1)"柱插梁"构造：

① 节点 A、B、C、D 应相互配合使用。节点 D 仅用于未伸入梁内的柱外侧纵筋锚固，不应单独使用；伸入梁内的柱外侧纵筋不宜少于柱外侧全部纵筋面积的 65%。可选择 B+D 或 C+D 或 A+B+D 或 A+C+D 的做法。

② 节点 A 是柱外侧纵筋直径不小于梁上部纵筋时，可弯入梁内作梁上部纵筋。

③ 节点 B、C 是梁上部纵筋伸至柱外侧纵筋内侧，弯钩伸至梁底标高处，且弯钩竖向投影长度均应 $\geq 15d$；同时，柱外侧纵筋向上伸至梁上部纵筋处，水平弯折向梁内延伸；柱纵筋自梁底算起，与梁上部纵筋弯折搭接总长度为 $\geq 1.5l_{abE}$。当 $1.5l_{abE}$ 值超过柱内侧边缘时，相当于节点 B，第一批柱纵筋截断点位于节点外；当 $1.5l_{abE}$ 值未超过柱内侧边缘时，相当于节点 C，第一批柱纵筋截断点位于节点内，要求此时柱纵筋至少应有水平段，且水平段的投影长度应 $\geq 15d$。

④ 在节点 B、C 中，柱外侧纵筋配筋率 >1.2% 时，要求分两批截断钢筋，第二批截断点与第一批间的距离 $\geq 20d$。这种情况极少见。

2)"梁插柱"构造：

① 节点 E 是梁上部纵筋伸至柱外侧纵筋内侧竖直向下弯折，竖直段与柱外侧纵筋搭接总长度为 $\geq 1.7l_{abE}$；同时柱外侧纵筋向上伸至柱顶，且垂直弯折 $12d$。

② 在节点 E 中，梁上部纵筋配筋率 >1.2% 时，要求分两批截断钢筋，第二批截断点与第一批间的距离 $\geq 20d$。

③ 可选择 E 或 A+E 的做法。

3)当柱纵筋直径 $\geq 25mm$ 时，在柱宽范围的柱箍筋内侧设置间距 >150mm，但不少于 3φ10mm 的角部附加钢筋。

4)设计未注明采用哪种构造时，施工人员应根据实际情况按各种做法所要求的条件正确选用。

3. 芯柱（XZ）纵向钢筋配置、连接和锚固构造

芯柱是根据结构需要加强了的竖向钢筋混凝土构件。具体来说，沿着框架柱、框支柱或剪力墙柱的一定高度范围内，在其截面核心部位按构造要求配置了附加纵向钢筋及箍筋，从而形成了一个内部加强区。

芯柱应设置在框架柱的截面中心部位，芯柱的最小截面尺寸按图 4-4-19 的规定来最终确定，而配置的纵筋和箍筋由设计给定。当设计采用不同做法时，应另行注明。

芯柱定位随柱走，不需要注写其与轴线的几何关系。

芯柱纵向钢筋的连接及锚固与框架柱的要求相同，且纵向钢筋应在芯柱的上下楼层中可靠锚固。芯柱箍筋应单独设置，构造要求与框架柱相同。

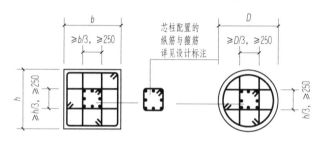

图 4-4-19 芯柱（XZ）的配筋构造

4.5 柱箍筋标准构造解读

知识导读

本节内容我们主要学习框架柱（KZ）箍筋加密区范围及箍筋沿纵向的排布构造两部分内容。通过本节内容的学习，需要掌握框架柱（KZ）哪些部位需要加密，哪些部位不需要加密等内容。

4.5.1 框架柱（KZ）的箍筋标注

框架柱（KZ）的箍筋，在施工图上需要注明钢筋的级别、直径、加密区间距和非加密区间距。例如，φ8@100/200，表示直径 8mm 的 HPB300 级箍筋，加密区间距为100mm，非加密区间距为200mm。

4.5.2 框架柱（KZ）箍筋的加密区范围和箍筋沿纵向的排布构造

为实现"强节点"的结构设计目标，保证结构的安全度要求，抗震各类柱要求在每层柱净高上端和下端一定范围内箍筋必须按要求加密，此范围连同节点区域合称为柱的箍筋加密区；每层柱子的中段，箍筋不需要加密的区域称为箍筋非加密区。

一般情况下，除具体工程设计标注有全高加密箍筋的柱之外，箍筋应按图 4-5-1 所示加密区范围进行加密。此图同样适用于 QZ、LZ 箍筋的加密区范围。

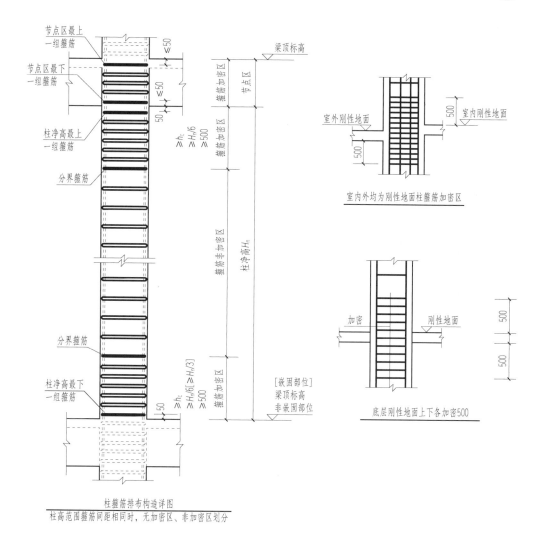

图 4-5-1 框架柱（KZ）箍筋的加密区范围和柱箍筋沿柱纵向排布构造详图

图 4-5-1 解读如下：

1）柱的箍筋加密范围为：柱端取 500mm、截面较大边长（或圆柱直径）、柱净高的 1/6 三者的最大值。

2）在嵌固部位的柱下端≥柱净高的 1/3 范围进行箍筋加密。

3）当有刚性地面（见知识链接）时，除柱端箍筋加密区外还应在刚性地面上、下各 500mm 的高度范围内加密箍筋。当边柱遇室内、外均为刚性地面时，加密范围取各自上下的 500mm。当边柱仅一侧有刚性地面时，也应按此要求设置加密区。

4）梁柱节点区域取梁高范围进行箍筋加密。

5）当柱纵筋采用搭接连接时，应在柱纵筋搭接长度范围内均按≤5d（d 为搭接钢

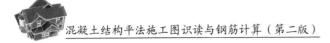
筋较小直径）及≤100mm 的间距加密箍筋。一般按设计标注的箍筋加密间距施工即可。

6）加密区箍筋不需要重叠设置，按加密箍筋要求合并设置。

7）柱净高范围最下一组箍筋距底部梁顶 50mm，最上一组箍筋距顶部梁底 50mm。

8）节点区最下、最上一组箍筋距节点区梁顶、梁底不大于 50mm，当顶层柱顶和梁顶标高相同时，节点区最上一组箍筋距梁顶不大于 150mm。节点区内部箍筋间距依据设计要求并综合考虑节点区梁纵向钢筋位置排布设置。

特别提示

按规范要求必须全高进行箍筋加密（见知识链接）的柱，通常需要由设计人员进行注明。

知识链接

根据现行抗震规范第 6.3.9 条和其他规定，柱的箍筋加密范围总结如下：

1）柱端，取截面较大边长（圆柱直径）、柱净高的 1/6、500mm 三者的最大值；

2）嵌固部位柱的下端≥柱净高的 1/3；

3）刚性地面上下各 500mm；

4）梁柱节点区域取梁高范围进行箍筋加密；

5）纵筋绑扎搭接区域，箍筋需要按要求加密；

6）剪跨比 λ≤2 的柱、因设置填充墙等形成的柱净高与柱截面高度之比不大于 4 的短柱、转换柱、一级和二级框架的角柱，箍筋沿柱全高加密。

如何理解"刚性"地面？

刚性地面指无框架梁的建筑地面，其平面内的刚度比较大，在水平力作用下，平面内变形很小，通常为现浇混凝土地面，会对混凝土柱产生约束；其他硬质地面达到一定厚度也属于刚性地面，如石材地面、沥青混凝土地面及有一定基层厚度的地砖地面等。震害表明，在此范围内未对柱做箍筋加密构造措施，使框架柱根部产生了剪切破坏。

4.5.3 柱箍筋加密区的高度选用表

为便于施工时确定柱箍筋加密区的高度，可按表 4-5-1（抗震框架柱和小墙肢箍筋加密区高度选用表）直接查用。

表 4-5-1　抗震框架柱和小墙肢箍筋加密区高度选用表　　　单位：mm

柱净高 H_n	柱截面长边尺寸 h_c 或圆柱直径 D																		
	400	450	500	550	600	650	700	750	800	850	900	950	1000	1050	1100	1150	1200	1250	1300
1500																			
1800	500																		
2100	500	500	500																
2400	500	500	500	550															
2700	500	500	500	550	600	650													
3000	500	500	500	550	600	650	700												
3300	550	550	550	550	600	650	700	750	800										
3600	600	600	600	600	600	650	700	750	800	850									
3900	650	650	650	650	650	650	700	750	800	850	900	950							
4200	700	700	700	700	700	700	700	750	800	850	900	950	1000						
4500	750	750	750	750	750	750	750	750	800	850	900	950	1000	1050	1100				
4800	800	800	800	800	800	800	800	800	800	850	900	950	1000	1050	1100	1150			
5100	850	850	850	850	850	850	850	850	850	850	900	950	1000	1050	1100	1150	1200	1250	
5400	900	900	900	900	900	900	900	900	900	900	900	950	1000	1050	1100	1150	1200	1250	1300
5700	950	950	950	950	950	950	950	950	950	950	950	950	1000	1050	1100	1150	1200	1250	1300
6000	1000	1000	1000	1000	1000	1000	1000	1000	1000	1000	1000	1000	1000	1050	1100	1150	1200	1250	1300
6300	1050	1050	1050	1050	1050	1050	1050	1050	1050	1050	1050	1050	1050	1050	1100	1150	1200	1250	1300
6600	1100	1100	1100	1100	1100	1100	1100	1100	1100	1100	1100	1100	1100	1100	1100	1150	1200	1250	1300
6900	1150	1150	1150	1150	1150	1150	1150	1150	1150	1150	1150	1150	1150	1150	1150	1150	1200	1250	1300
7200	1200	1200	1200	1200	1200	1200	1200	1200	1200	1200	1200	1200	1200	1200	1200	1200	1200	1250	1300

表内区域标注：500 区域；$H_n/6$ 区域；柱长边尺寸区域；箍筋全高加密区域。

注：1. 表内数值未包括框架嵌固部位柱根部箍筋加密区范围（$H_n/3$）。

2. 柱净高（包括因嵌砌填充墙等形成的柱净高）与柱截面长边尺寸（圆柱为截面直径）的比值 $H_n/h_c \leqslant 4$ 时，箍筋沿柱全高加密。

3. 小墙肢即墙肢长度不大于墙厚 4 倍的剪力墙。矩形小墙肢的厚度不大于 300 时，箍筋全高加密。

4.6 框架柱（KZ）平法施工图识读与钢筋计算

知识导读

本节将通过对框架中柱 KZ3、框架边柱 KZ8 平法施工图的识读，讲述绘制框架柱的纵向剖面配筋图的步骤和方法；通过对基础、柱顶、非连接区等关键部位钢筋长度的计算，来巩固、理解并最终能熟练掌握刚学过的框架柱（KZ）纵筋和箍筋构造；通过计算该柱各种钢筋的造价总长度，进一步了解柱纵筋沿着高度方向的钢筋直径、根数、截面等的变化情况；通过进行施工下料方面的钢筋计算，使我们对该柱钢筋有深刻而全方位的掌握，最终达到正确识读柱平法施工图和准确计算钢筋长度的目的。

4.6.1 中柱、边柱和角柱柱顶钢筋立体图

1. 向梁筋、远梁筋和向边筋介绍

框架柱中的钢筋，按位置可区分为顶层钢筋、中层钢筋和底层钢筋。规范规定相邻纵筋接头要相互错开，即同类钢筋需要长短交错排列摆放。因此，又有长筋和短筋之分。柱顶层钢筋根据它所弯向的方向不同，又分为向梁筋（就近弯向梁的一侧或内边钢筋弯向柱外）、向边筋（弯向远离的外边一侧或者从内边弯向外边的钢筋）和远梁筋（弯向远离那一侧的梁）。位于柱角处的向梁筋称为角部向梁筋，位于非角部的向梁筋称为中部向梁筋。其他以此类推。向梁筋、远梁筋和向边筋见图 4-6-1～图 4-6-3。

2. 中柱柱顶的钢筋立体图

图 4-6-1 是中柱柱顶的钢筋立体图。柱中长筋和短筋是人为确定的，但是长、短各半和长短相间却是固定不变的。顶筋的长和短表现在钢筋的下端。

仔细观察不难发现，柱的截面宽度比梁的截面宽度通常要宽。这时顶部的向梁筋，梁中容纳不下，剩下的可插入板中。

中柱顶筋类别划分的目的是讲解各类钢筋的部位摆放。对于加工及其尺寸来说，只有两种：长向梁筋和短向梁筋。

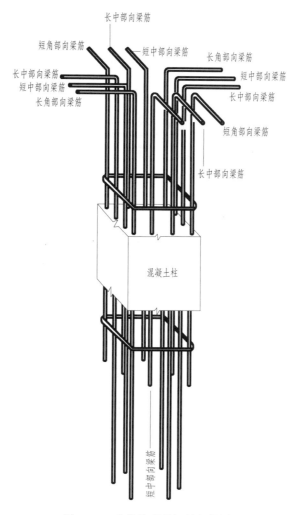

图 4-6-1   中柱柱顶的钢筋立体图

3. 边柱柱顶的钢筋立体图

图 4-6-2 是边柱柱顶的钢筋立体图。与中柱相比，由于边柱有一个侧面是外边缘，边柱中的钢筋种类多了远梁筋和向边筋。远梁筋和向梁筋摆放在上部第一排，而向边筋放在第二排。

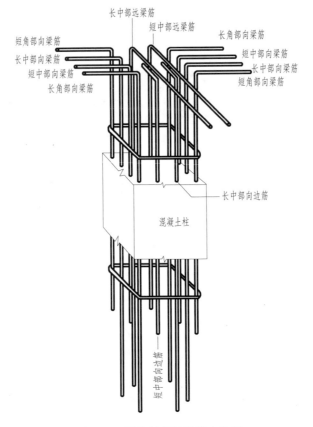

图 4-6-2 边柱柱顶的钢筋立体图

特别提示

远梁筋是从柱子的外侧向里侧弯折，而且位于最上排；向边筋，则是从柱子里侧向外侧弯折，属于第二排。图 4-6-2 中远梁筋和向边筋各两根。

4. 角柱柱顶的钢筋立体图

图 4-6-3 是角柱柱顶的钢筋立体图。由于角柱中的钢筋弯折方向复杂，安放层次又多，所以应特别注意。角柱两侧有外边缘，位于外边缘的钢筋都分别向自己的里侧方向弯折。这样，两侧外边缘的钢筋，一侧安放在最上一排，另一侧安放在第二排。剩下的两个里侧钢筋分别顺势安放在第三排和第四排。

角柱顶筋中的弯筋分为四层，因而二、三、四排筋竖向要分别缩短，见图 4-6-4。

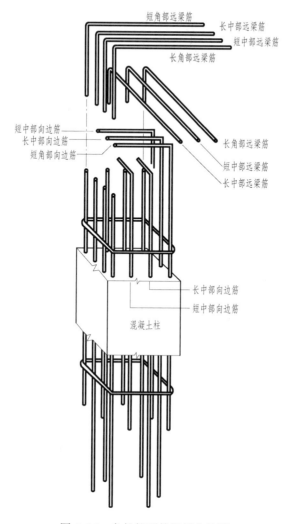

图 4-6-3　角柱柱顶的钢筋立体图

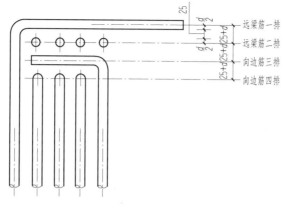

图 4-6-4　角柱柱顶的钢筋立体图

4.6.2　框架中柱（KZ3）平法施工图识读与钢筋计算

1. 框架中柱（KZ3）平法施工图识读

某钢筋混凝土框架结构科教楼工程的柱平法施工图采用截面注写方式绘制，规定柱子纵筋采用焊接连接。以其中较简单且比较典型的中柱（KZ3）为例，将与其有关系的信息找出来，汇总成工程信息表（表4-6-1）。中柱（KZ3）的平法施工图见图4-6-5，试计算柱子钢筋并绘制钢筋材料明细表。

表4-6-1　中柱（KZ3）工程信息

层　号	结构标高/m	结构层高/m	梁截面高度/mm X向/Y向	
屋面	10.750	—	600/600	环境类别：一类
3	7.150	3.6	600/600	抗震等级：四级
2	3.550	3.6	600/600	混凝土：C30
1	−0.050	3.6	—	现浇板厚：100mm
基顶	−1.050	1	—	柱下独基底板双向钢筋直径均为12mm。
基底	−1.650	0.6	—	没有其他特殊锚固条件

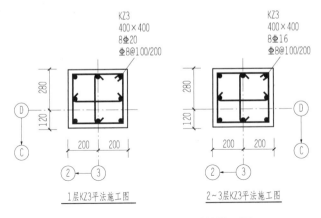

图4-6-5　中柱（KZ3）平法施工图

图4-6-5解读如下：

中柱（KZ3）位于D轴和③轴相交处，总共3层。层高、结构标高、抗震等级等信息见表4-6-1；柱子为等截面柱，尺寸为400mm×400mm；1层纵筋为8根直径20mm的HRB400级钢筋，2、3层纵筋为8根直径16mm的HRB400级钢筋；箍筋为直径8mm的HRB400级钢筋，加密区间距为100mm，非加密区间距为200mm的3×3肢箍。

2.　绘制中柱（KZ3）的纵向剖面配筋图的步骤和方法

绘制中柱（KZ3）纵向剖面配筋图的步骤如下：

（1）初步绘制中柱（KZ3）纵向剖面的模板图

根据表 4-6-1 中的层数、层高、各层楼面的结构标高、基顶和基底标高、楼面梁高度、现浇板厚度等，初步画出中柱（KZ3）纵向剖面的模板图，见图 4-6-6。图中左侧有三道尺寸线：最外侧的尺寸线标注各层层高和基础高度；中间尺寸线标注各层柱的净高和各层楼面梁的高度；内侧尺寸线主要标注纵筋的连接区和非连接区高度，这同时也是箍筋加密区和非加密区的高度。

（2）计算柱净高的上、下端箍筋加密区高度

本步骤需要对照图 4-5-1 进行计算。

1 层柱上端：$\max(H_n/6, h_c, 500)=\max(4000/6, 400, 500)\approx 667$，实取 750mm。

解释：图 4-5-1 的解读第（7）条说，柱净高范围最下一组箍筋距底部梁顶 50mm，最上一组箍筋距顶部梁底 50mm；从题中又知道箍筋的加密区间距为整数 100mm。根据工地实际情况，取值 750mm，以此类推。

1 层柱下端：$H_{n1}/3=4000/3\approx 1333$，实取 1350 mm。

2、3 层柱上、下端：$\max(3000/6, 400, 500)=500$，实取 550mm。

（3）初步绘制中柱（KZ3）的纵筋

将算出的箍筋加密区数值补充到图 4-6-6 中，并根据图 4-6-5 柱平法施工图，初步绘制纵筋。往模板图中粗绘纵筋时，钢筋变直径处可先不予考虑，见图 4-6-7。图中，纵筋柱顶构造及其在基础内的锚固构造要通过相关计算来确定，在不熟悉或不确定的情况下可先不绘制。因此，图中画成了虚线。

解释：计算纵筋的造价长度时，纵筋直径不变化的楼层焊接接头的位置不影响钢筋长度的计算；而钢筋直径变化处，焊接接头的位置却影响钢筋长度的计算。若要进行钢筋的施工下料计算，无论纵筋和截面是否变化，通常会在每个楼层的连接区有纵筋接头，接头位置以尽量节省钢筋为原则来设置。

（4）关键部位和关键数据的计算

1）计算各层焊接接头的连接区段长度。

计算焊接接头的连接区段长度就是计算两批交错摆放的长筋和短筋接头之间的距离。

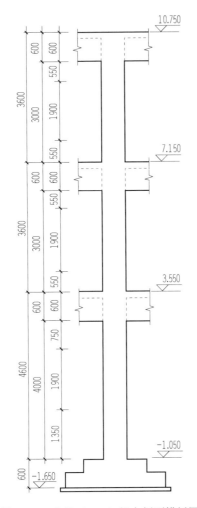

图 4-6-6　中柱（KZ3）纵向剖面模板图

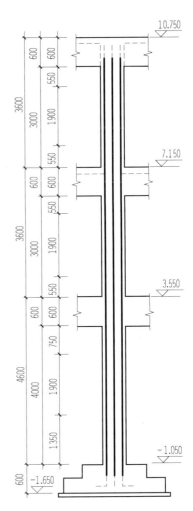

图 4-6-7　粗绘中柱（KZ3）纵向剖面配筋图

1 层：只有直径为 20mm 一种钢筋进行连接，则有

$\max(35d，500)=\max(35\times20，500)=\max(700，500)=700\text{mm}$

2 层：钢筋直径为 16mm，与下层直径为 20mm 的钢筋连接，则有

$\max(35d，500)=\max(35\times16，500)=\max(560，500)=560\text{mm}$

3 层：只有直径为 16mm 一种钢筋进行连接，则有

$\max(35d，500)=\max(35\times16，500)=\max(560，500)=560\text{mm}$

将计算出的连接区段数据补充到图 4-6-7 中。为了尽量节省钢筋，将每层短筋的截断位置定在连接区的最下端位置，见图 4-6-8。

解释： 不同直径的钢筋连接，连接区长度计算时，d 取较小值；同一截面内连接区长度不同时，取较大值。因此，二层直径 20mm 和 16mm 的钢筋连接，d 取 16mm 计算连接区长度。

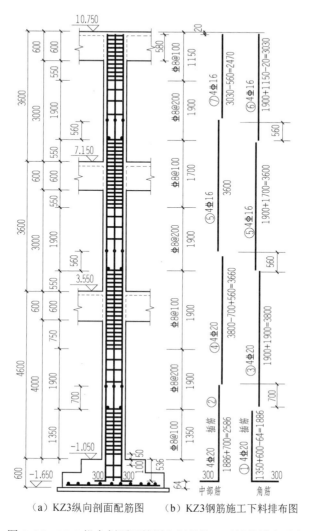

（a）KZ3纵向剖面配筋图　　（b）KZ3钢筋施工下料排布图

图 4-6-8　KZ3 纵向剖面配筋图和钢筋施工下料的排布示意

2）柱插筋在基础内的锚固计算。

本步骤需要对照图 4-4-2 进行计算。

首先，根据混凝土强度 C30、四级抗震等级、HRB400 级钢筋、钢筋直径 20mm、一类环境类别及无特殊锚固等条件查表 2-4-4 和表 2-4-3，得到：$l_{abE}=l_{ab}=35d$；然后查表 2-4-6 和表 2-4-5，得到 $l_{aE}=l_a=35d$；最后，查表 2-4-2，得到柱的混凝土保护层最小厚度 $c=20mm$，基础底板钢筋的混凝土保护层最小厚度为 40mm。

计算 $l_{aE}=35d=35×20mm=700mm>600mm$（基础厚度）。所以选用图 4-4-2 中的构造（二），将插筋向下延伸弯折并支在基础底板的钢筋网上，弯钩水平段的投影长度为 $15d=15×20mm=300mm$。

最后，还要验算插筋在基础内的垂直投影长度是否满足 $≥0.6l_{abE}$ 且 $≥20d$ 的要求。

插筋在基础内的垂直投影长度＝h_j－基础保护层－基础底板的两向钢筋直径

$$＝(600－40－12－12)mm＝536mm$$

插筋垂直投影长度 536mm ≥ $0.6l_{abE}$＝$0.6×35×20mm＝420mm$ 同时 ≥ $20d＝20×20mm＝400mm$，因此满足要求。

3）基础内非复合箍筋道数计算。

对照图 4-4-2 构造（二），基础内的非复合箍有这样的要求：间距≤500mm，且不少于两道箍筋；基础内最上一道箍筋距离基顶标高为 100mm。

因为基础厚度 600mm－100mm－64mm＝336mm＜规定数值 500mm，所以基础内设置上、下 2 道非复合箍筋即可。

将 2 道非复合箍筋补充绘制到图 4-6-8 中。

4）柱顶钢筋的锚固计算。

本步骤需要对照图 4-4-17 进行计算。

首先，计算柱顶钢筋的抗震锚固长度，验算采用图 4-4-17 的哪种构造。

因为 $l_{aE}＝35d＝35×16mm＝560mm$＜h_b－柱保护层＝600mm－20mm＝580mm，所以选用图 4-4-17 中的 D 直锚构造，将钢筋伸到柱顶即可。

根据计算的结果，将柱插筋和柱顶钢筋补充绘制完整，并将相关数据标注在图 4-6-8 上。

（5）绘制 KZ3 上部结构的箍筋并计算箍筋道数

本步骤需要对照图 4-5-1 进行计算。

1）通过上面的计算和补充绘图，在图 4-6-8 的右侧再补画一道尺寸线，主要标注箍筋的加密区、非加密区高度，以及箍筋的具体数值。这道尺寸线为计算箍筋道数和下一步绘制柱子的施工钢筋截断点位置做准备。

2）计算 KZ3 从基顶到柱顶的箍筋道数 N。

N＝箍筋加密区高度/加密间距＋箍筋非加密区高度/非加密间距＋1

$$＝(1350－50)÷100＋1900÷200＋1900÷100＋1900÷200＋1700÷100＋1900÷200$$
$$＋(1150－150)÷100＋1$$
$$＝13＋10(不是 9.5)＋19＋10(不是 9.5)＋17＋10(不是 9.5)＋10＋1$$
$$＝90$$

解释：上式中的每个"商"，其意义是柱箍筋在加密区或非加密区的间隔数目。所以每个商的数值要取整数，小数只入不舍。

上式是根据图 4-6-8 右侧那道尺寸线，先从下往上计算箍筋的间隔数目，最后加上 1 得出箍筋总道数 N。

算出上部结构柱的箍筋总数，别忘记前面已计算出的两道基础内的非复合箍。两者汇总后，填到后面的钢筋材料明细表 4-6-2 中。

3. 计算 KZ3 不同直径钢筋的造价总长度

纵筋直径不变化的楼层，焊接接头的位置不影响钢筋长度的计算；钢筋直径变化的楼层，焊接接头的位置影响钢筋长度的计算。另外我们知道，柱中长筋和短筋是人为确定的，但是长、短各半和长短相间却是固定不变的。基础插筋的长和短，表现在钢筋的上端；顶筋的长和短，表现在钢筋的下端。

计算 KZ3 不同直径钢筋的造价总长度需要对照图 4-6-8 左侧的纵向剖面配筋图来进行。

对于 1 层直径为 20mm 的钢筋总长度 $L(20)$ 计算如下：

$L(20) = (4600 + 600 - 64 + 550)\text{mm} \times 8 + 560\text{mm} \times 4 + 300\text{mm} \times 8 = 50128\text{mm}$

对于 2、3 层直径为 16mm 的钢筋总长度 $L(16)$ 计算如下：

$L(16) = (3600 \times 2 - 550 - 560 - 20)\text{mm} \times 8 + 560\text{mm} \times 4 = 50800\text{mm}$

4. 绘制 KZ3 钢筋施工下料的排布示意图

通过第 3 个步骤的造价长度计算，只要知道了钢筋直径变化处（第 2 层）的长、短筋断点位置，就能够完成对 KZ3 钢筋造价总长度的计算，而不需要知道钢筋直径不变处（第 1 层和第 3 层）的长、短筋断点位置。

如果要胜任钢筋翻样下料的工作，就需要学会手工完成指导钢筋施工下料的钢筋材料明细表。要想完成此表，就需要绘制施工下料的钢筋排布示意图，图 4-6-8 中的右侧钢筋便是。此种绘制方式是编者根据多年设计和平法教学经验总结出来的。读者在不熟练的情况下，建议可将柱子的周边纵筋顺次展开来绘制下料钢筋排布图。

绘制钢筋下料排布图的步骤简述如下：

1）定出每层的长、短筋断点位置。

2）将每层的钢筋均从长、短筋断点位置处断开。遵照长、短各半和长短相间的原则，画出纵筋施工下料的纵向排布示意图，并在图上标注钢筋的根数和直径。

3）KZ3 仅钢筋直径在第 2 层变小了。此时，从下往上画或倒过来画都是可以的。如果柱子的钢筋根数变化了，而且又是边柱或角柱，可以先从柱顶着手绘制。特别要注意钢筋根数变化后的长、短筋断点位置。

4）在图上直接计算每层断开的钢筋竖直方向的投影长度，将计算过程和数值标注在钢筋旁边，同时要标注顶层弯钩和插筋弯钩的水平方向的投影长度。

5）根据钢筋的直径、长度、形状变化情况，从下往上顺次对钢筋进行编号。

5. 绘制 KZ3 钢筋材料明细表

通过前面绘制纵筋排布图和对钢筋进行编号的过程，我们对纵筋在柱内的情况比较清楚了。按图 4-6-8 右侧纵筋排布图上的编号，依次把所有钢筋汇总到钢筋材料明细表 4-6-2 中。因为箍筋较简单，没有单独绘制，编号见表 4-6-2；若箍筋较复杂，就需要单独绘制复合箍筋分离图并编号。

表 4-6-2　KZ3 钢筋材料明细表　　　　　　　　　　　　单位：mm

编号	钢筋简图	规　格	设计长度	下料长度	数　量
①	300 | 1886	Φ20	2186	2145	4
②	300 | 2586	Φ20	2886	2845	4
③	3800	Φ20	3800	3800	4
④	3660	Φ20	3660	3660	4
⑤	3660	Φ16	3600	3600	8
⑥	3030	Φ16	3030	3030	4
⑦	2470	Φ16	2470	2470	4
⑧	469 / 360 469 / 360	Φ8	1658	1603	92
⑨	109 109 / 376	Φ8	594	594	180

（1）计算①号、②号钢筋的下料长度

①号钢筋下料长度＝2186mm－2.073mm×20mm≈2145mm

②号钢筋下料长度＝2886mm－2.073mm×20mm≈2845mm

解释： 根据图集 16G101—1 的规定，柱子纵筋弯弧内半径 $R \geqslant 2d$，本教材取 $R=2d$，箍筋拉筋取 $R=25d$，以后不再赘述。所以查表 3-1-1，得到 90°弯钩的外皮差值为 2.073d。后面遇到此种情况，以此类推，不再赘述。

（2）计算箍筋的 L_1、L_2、L_3 和 L_4

$L_1=L_2=$400mm－20mm×2＝360mm；查表 3-2-1，$L_3=L_4=$360mm＋109mm＝469mm。

箍筋的设计长度＝$L_1+L_2+L_3+L_4=$1658mm

箍筋的施工下料长度＝1658mm－2.288×8mm×3≈1603mm

解释： 根据工地实际情况，箍筋和拉筋弯弧内半径取 $R=2.5d$，所以查表 3-1-1，得到弧度为 90°弯钩的外皮差值为 2.288d。后面遇到此种情况，以此类推，不再赘述。

（3）计算拉筋的标注尺寸（拉筋同时拉住纵筋和箍筋）

$L_1=$400mm－20mm×2＋8mm×2＝376mm

查表 3-2-1 得到，$L_2=$109mm。

拉筋的施工下料长度＝$L_1+2L_2=$376mm＋2×109mm＝594mm

汇总表 4-6-2 中直径 20mm 和 16mm 钢筋的造价长度如下：

$L(20)=(2186＋2886＋3800＋3660)$mm×4＝50128mm

$L(16)＝3600mm×8＋(3030＋2470)mm×4＝50800mm$

$L(20)$ 和 $L(16)$ 的造价长度计算与前面第 3 个步骤的计算结果刚好吻合。

箍筋总长度＝1658mm×92＝152536mm

拉筋总长度＝594mm×180＝106920mm

求钢筋总质量的公式如下：

$$钢筋总长度（m）×单根钢筋理论质量（kg/m）＝钢筋总质量$$

可见，有了钢筋总长度，读者可查阅附录得到单根钢筋理论质量（kg/m），二者相乘很容易得到钢筋总质量，这也就是造价专业求钢筋造价用到的数据。

4.6.3 框架边柱（KZ8）平法施工图识读与钢筋计算

1. 框架边柱（KZ8）平法施工图识读

某办公楼工程的柱平法施工图是采用截面注写方式绘制的，规定柱子纵筋采用焊接。抽取其中较复杂的边柱（KZ8）为例，将与其有关系的信息找出来，汇总成工程信息表 4-6-3，图 4-6-9 为边柱（KZ8）的平法施工图。

表 4-6-3　边柱（KZ8）工程信息

层　　号	结构标高/m	结构层高/m	梁截面高度/mm X 向/Y 向	
屋面	11.950	—	600/600	环境类别：一类 抗震等级：四级 混凝土：C25 现浇板厚：100mm 基础为平板筏基且筏板底部双向钢筋直径均为18mm 没有其他特殊锚固条件
3	8.050	3.9	600/600	
2	4.150	3.9	600/600	
1	−0.050	4.2	—	
基顶	−1.350	1.3	—	
基底	−2.250	0.9		

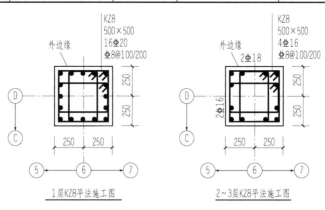

图 4-6-9　边柱（KZ8）平法施工图

图 4-6-9 解读如下：

边柱（KZ8）位于 D 轴和 ⑥ 轴相交处，外边缘位置见图示，总共 3 层。层高、结构标高、抗震等级等信息见表 4-6-3；柱子为等截面柱，尺寸为 500×500；1 层纵筋为 16 根直径 20mm 的 HRB400 级钢筋；2、3 层纵筋根数减少了 4 根，合计为 12 根。角筋和 h 边中部筋共 8 根为直径 16mm 的 HRB400 级钢筋；b 边中部筋共 4 根直径 18mm 的钢筋。箍筋为直径 8mm 的 HRB400 级钢筋，加密区间距为 100mm，非加密区间距为 200mm 的 4×4 肢箍。

2. 绘制 KZ8 的纵向剖面配筋图的步骤和方法

与前面讲述的 KZ3 基本相同，下面仅就不同处进行讲解，相同处省略。

绘制 KZ8 纵向剖面配筋图的步骤如下：

1）初步绘制 KZ8 纵向剖面的模板图（自己练习绘制）。

2）计算柱净高的上、下端箍筋加密区高度。

本步骤需要对照图 4-5-1 进行计算。

1 层柱上端：$\max(H_n/6, h_c, 500)=\max(4900mm/6, 500mm, 500mm)\approx817mm$，实取 850mm。

1 层柱下端：$H_{n1}/3=4900/3\approx1633mm$，实取 1650 mm。

2、3 层柱上、下端：$\max(3300mm/6, 500mm, 500mm)=550mm$，实取 550mm。

3）将算出的箍筋加密区数值补充到所绘制的图中，并根据图 4-6-9 柱平法施工图初步绘制纵筋。

4）关键部位和关键数据的计算。

① 计算各层焊接接头的连接区段长度。

1 层：只有直径为 20mm 一种钢筋进行连接，则有

$\max(35d, 500)=\max(35×20mm, 500mm)=\max(700mm, 500mm)=700mm$

2 层：钢筋直径有 18mm 和 16mm 两种，与下层直径为 20mm 的钢筋连接。则有

$\max(35d, 500)=\max(35×18mm, 500mm)=\max(630mm, 500mm)=630mm$

3 层：相同直径的钢筋连接，但同一截面内有 18mm 和 16mm 两种钢筋。则有

$\max(35d, 500)=\max(35×18mm, 500mm)=\max(630mm, 500mm)=630mm$

将计算出的连接区段数据补充到所绘制的图中。为了尽量节省钢筋，将每层纵筋的第一批截断点位置定在连接区的最下端，见图 4-6-10。

② 柱插筋在基础内的锚固计算。

本步骤需要对照图 4-4-2 进行计算。

首先，根据混凝土强度 C25、四级抗震等级、HRB400 级钢筋、钢筋直径 20mm、一类环境类别及无特殊锚固等条件查表 2-4-4 和表 2-4-3，得到 $l_{abE}=l_{ab}=40d$；然后查阅表 2-4-6 和表 2-4-5，得到 $l_{aE}=l_a=40d$；最后，查表 2-4-2，得到柱的混凝土保护层最小厚度 $c=25mm$，基础底板钢筋的混凝土保护层最小厚度为 40mm。

计算 $l_{aE}=40d=40×20mm=800mm<900mm$（基础厚度）。所以选用图 4-4-2 中的构造（一），将插筋向下延伸弯折并支在基础底板的钢筋网上，弯钩水平段的投影长度为 $\max(6d, 150)=\max(6×20mm, 150mm)=150mm$。

③ 基础内非复合箍筋道数计算。

对照图 4-4-2 构造（一），基础内的非复合箍有这样的要求：间距≤500mm，且不少于两道箍筋；基础内最上一道箍筋距离基顶标高为 100mm。

因为基础厚度 900mm－100mm－76mm＝724mm＞规定数值 500mm，所以基础内设置上、中、下 3 道非复合箍即可。

将 3 道非复合箍筋补充绘制到图 4-6-10 中。

④ 柱顶钢筋的锚固计算。

本步骤需要对照图 4-4-17、图 4-4-18 和图 4-6-2 进行计算。

因为 KZ8 为较复杂的边柱，请首先对照图 4-6-2。外边缘有两根 18mm 的远梁筋；其对面是两根 18mm 的向边筋；剩下的 8 根为 16mm 的向梁筋。其中，两根 18mm 的向边筋摆放在上部第二排，其余均摆放在上部第一排。两排间的净距为 25mm。

外边缘两根 18mm 的远梁筋，选用图 4-4-18 的 B 或 C 构造；而其余内侧的钢筋选用图 4-4-17 的构造。

首先，计算柱顶钢筋的抗震锚固长度，验算选用图 4-4-17 的哪种构造。

因为 $l_{aE}=40d=40×18mm=720mm>h_b$－柱保护层＝600mm－25mm＝575mm，所以选用图 4-4-17 中的 A 或 B 弯锚构造。

同时验算弯锚垂直段投影长度是否符合图 4-4-17 中 $≥0.5l_{abE}$ 的要求。

$0.5l_{abE}=0.5×40×18mm=360mm<h_b$－柱保护层＝600mm－25mm＝575mm，满足构造要求。

两根 18mm 的远梁筋上部 $1.5l_{abE}$ 的计算：

$1.5l_{abE}=1.5×40×18mm=1080mm$

远梁筋水平段的投影长度＝1080mm－600mm＋25mm＝505mm，刚超过柱内侧边缘。所以选用图 4-4-18 的构造 B。

根据计算的结果，将柱插筋和柱顶钢筋补充绘制完成，并将相关数据标注在图 4-6-10 上。

5）绘制 KZ8 上部结构的箍筋并计算箍筋道数。

本步骤需要对照图 4-5-1 进行计算。

① 通过上面的计算和绘图，最后在图 4-6-10 的右侧再补画一道尺寸线，主要标注箍筋的加密区、非加密区高度，以及箍筋的具体数值。这道尺寸线为计算箍筋道数和下一步绘制柱子的施工钢筋排布示意图做准备。

② 计算 KZ8 从基顶到柱顶的箍筋道数 $n_总$。

$n_总$＝箍筋加密区高度/加密间距＋箍筋非加密区高度/非加密间距

＝(1650－50)/100＋2400/200＋2000/100＋2200/200＋1700/100＋2200/200
　＋(1150－150)/100＋1

＝16＋12＋20＋11＋17＋11＋10＋1

＝98

计算从基顶到 2 层楼面结构标高之间的箍筋道数 n_1：

n_1＝(1650－50)/100＋2400/200＋(850＋600＋50)/100＝16＋12＋15＋1－1＝43

算出上部结构柱的箍筋总数，别忘记前面已计算出的 3 道基础内的非复合箍。两者汇总后，填到后面的钢筋材料明细表 4-6-4 中。

3. 计算 KZ8 不同直径钢筋的造价总长度

计算 KZ8 不同直径钢筋的造价总长度需要对照图 4-6-10 左侧的纵向剖面配筋详图来进行。

1 层直径为 20mm 的钢筋总长度 $L(20)$ 计算如下：

$$L(20)=(5500+900-76+360)\text{mm}\times4+(5500+900-76+550)\text{mm}\times12+630\text{mm}\times6$$
$$+150\text{mm}\times16=115404\text{mm}$$

2、3 层直径为 16mm 的钢筋总长度 $L(16)$ 计算如下：

$$L(16)=(3900\times2-550-630-25)\text{mm}\times8+630\text{mm}\times4+216\text{mm}\times8=57008\text{mm}$$

2、3 层直径为 18mm 的钢筋总长度 $L(18)$ 计算如下：

$$L(18)=(3900\times2-550-630-25)\text{mm}\times2+630\text{mm}+505\text{mm}\times2+(3900\times2-550$$
$$-630-25-18-25)\text{mm}\times2+630\text{mm}+216\text{mm}\times2=28996\text{mm}$$

4. 绘制 KZ8 钢筋施工下料的排布示意图

绘制钢筋下料排布图 4-6-10 的步骤简述如下：

1）定出每层的长、短筋断点位置，并规定角部筋为长插筋（基础插筋的长短体现在上端），牢记长、短各半和长短相间的原则。

2）KZ8 不仅是较复杂的边柱，而且钢筋在第 2 层直径变小的同时根数还少了 4 根。我们可以将 1 层比 2 层多出的 4 根长插筋先画出来，剩余的 12 根插筋中应该有 4 根长插筋和 8 根短插筋，同时要特别牢记 8 根短插筋的位置。接下来就需要 2、3 层的 12 根钢筋与 4 根长插筋和 8 根短插筋一一上下对应着画。

3）正因为是边柱，接下来我们可从柱顶着手绘制。参照图 4-6-2，根据直径、形状尺寸、长短的不同将顶筋分成 6 类：1 根长远梁筋、1 根短远梁筋、1 根长向边筋、1 根短向边筋、4 根长向梁筋、4 根短向梁筋。画出 6 类顶筋，记住其位置，并标注钢筋直径和根数。绘制完 6 类顶筋，往下接续绘制，最后与下端的 4 根长插筋和 8 根短插筋一一对应。绘制过程中要特别注意钢筋由于根数变化导致的长、短插筋断点位置。

4）计算每层断开的钢筋竖直方向的投影长度，将计算过程和数值标注在钢筋旁边。同时要标注顶筋弯钩和插筋弯钩的水平方向的投影长度。

5）根据钢筋的直径、长度、形状变化情况，从下往上顺次对钢筋进行编号。

6）纵筋施工下料的排布示意图绘制完成后，检查图上钢筋是否均标注了根数、直径、编号和长度。相同编号的钢筋可在一根上标注长度，其他可省略不标注。

5. 绘制 KZ8 钢筋材料明细表

按图 4-6-10 右侧钢筋排布图上的编号，依次把钢筋汇总到钢筋材料明细表 4-6-4 中。

（1）计算①号、②号钢筋的下料长度（$R=2d$）

①号钢筋下料长度＝2624mm－2.073mm×20≈2583mm

单元4 柱平法施工图识读与钢筋计算

②号钢筋下料长度＝3324mm－2.073mm×20≈3283mm

（2）计算⑩号、⑮号向梁筋的下料长度（R＝2d）

⑩号钢筋下料长度＝2911mm－2.073mm×16≈2878mm

⑮号钢筋下料长度＝3541mm－2.073mm×16≈3508mm

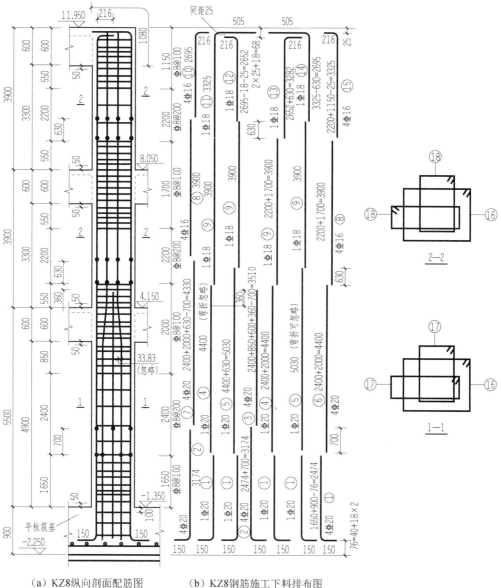

（a）KZ8纵向剖面配筋图　　（b）KZ8钢筋施工下料排布图

图4-6-10　KZ8纵向剖面配筋图和钢筋施工下料的排布示意

（3）计算⑫号、⑬号向边筋的下料长度（R＝2d）

⑫号钢筋下料长度＝2868mm－2.073mm×18≈2831mm

⑬号钢筋下料长度＝3498mm－2.073mm×18≈3461mm

（4）计算⑪号、⑭号远梁筋的下料长度（R＝6d）

⑪号钢筋下料长度＝3830mm－3.79mm×18≈3762mm

⑭号钢筋下料长度＝3200mm－3.79mm×18≈3132mm

将以上计算结果填写到表4-6-4中。

表中箍筋的设计长度和下料长度计算，请同学们根据前面单元3的相关内容自行复核，不再赘述。

表 4-6-4　KZ8 钢筋材料明细表　　　　　单位：mm

编号	钢 筋 简 图	规　格	设 计 长 度	下 料 长 度	数　量
①	150 ⌐ 2474	Φ20	2624	2583	8
②	150 ⌐ 3174	Φ20	3324	3283	8
③	3510	Φ20	3510	3510	4
④	4400	Φ20	4400	4400	2
⑤	5030	Φ20	5030	5030	2
⑥	4400	Φ20	4400	4400	4
⑦	4330	Φ20	4330	4330	4
⑧	3900	Φ16	3900	3900	8
⑨	3900	Φ18	3900	3900	4
⑩	216 ⌐ 2695 （向梁筋）	Φ16	2911	2878	4
⑪	505 ⌐ 3325 （远梁筋）	Φ18	3830	3762	1
⑫	216 ⌐ 2652 （向边筋）	Φ18	2868	2831	1
⑬	216 ⌐ 3282 （向边筋）	Φ18	3498	3461	1
⑭	505 ⌐ 2695 （远梁筋）	Φ18	3200	3132	1
⑮	216 ⌐ 3325 （向梁筋）	Φ16	3541	3508	4
⑯	450／559／450／559	Φ8	2018	1963	101
⑰	243／352／450／559	Φ8	1604	1549	86
⑱	171／280／450／559	Φ8	1460	1405	110

注：1. 表中④号、⑤号及⑥号、⑦号钢筋各2根，共计8根钢筋在2层梁高内微弯直通。

　　2. 因微弯直通筋上下仅错开34mm，表中数值计算时未考虑此微弯。

　　3. 不考虑微弯的情况下，④号和⑥号钢筋可合并成一个编号。

小 结

本单元论述了平法柱施工图的识读和钢筋计算的基本方法。

首先简要说明了平法柱的编号、柱内钢筋分类等；其次介绍了平法柱的两种注写方式，即柱平法施工图列表注写和截面注写方式；然后详细阐述了框架柱的钢筋构造，包括纵筋的连接、锚固，以及各种箍筋的复合形式和构造方式；最后通过案例详细地讲解了柱内钢筋设计长度和下料长度的计算。

本单元是继单元 2 讲解平法通用构造与单元 3 钢筋设计长度和下料长度计算之后，较为全面地阐述平法施工图的一个重要单元，涉及第一种重要构件——框架柱。内容翔实，论述清晰。有关框架柱的钢筋构造，对学生接下来学好和全面掌握平法，意义重大。

【复习思考题】

1. 识读表 4-1-1 平法柱的编号。

2. 识读常见的矩形箍筋的复合方式，见图 4-1-8。

3. 柱子矩形复合箍筋的施工排布原则有哪些？

4. 柱子平法施工图有哪两种注写方式？各包含哪些内容？

5. 识读柱内钢筋构造的分类，见图 4-4-1。

6. 识读框架柱（KZ）插筋在基础内的锚固构造图 4-4-2。

7. 识读图 4-4-9～图 4-4-11 KZ 柱身纵筋连接构造。

8. 识读图 4-4-15 和图 4-4-16 KZ 变截面位置纵向钢筋构造。

9. 识读图 4-4-17 KZ 中柱柱顶纵向钢筋构造。

10. 识读图 4-4-18 KZ 边柱和角柱柱顶纵向钢筋构造。

11. 什么是"刚性地面"？

12. 抗震框架柱箍筋加密范围有哪些（包括全高加密柱）？

13. 会查用柱箍筋加密区的高度选用表 4-5-1。

14. 识读图 4-6-2 边柱柱顶的钢筋立体图。

15. 识读图 4-6-3 角柱柱顶的钢筋立体图。

【识图与钢筋计算】

1. 已知某中柱截面中钢筋分布为 $i=9$，$j=7$。求：

（1）中柱截面钢筋总数为多少根？

（2）h 边两侧的中部筋总共有多少根？

2．抗震框架柱子的复合箍筋为 8×7 肢箍，问最少能摆放几根纵筋，最多能摆放几根纵筋？

3．某混凝土框架结构教学楼工程的柱平法施工图（图 1），采用列表注写方式绘制。在图中截取了变截面柱 KZ5。KZ5 的工程信息见表 1。基础厚度为 800mm，基底双向钢筋直径均为 18mm。试计算 KZ5 钢筋的造价长度和下标长度并绘制钢筋材料明细表。

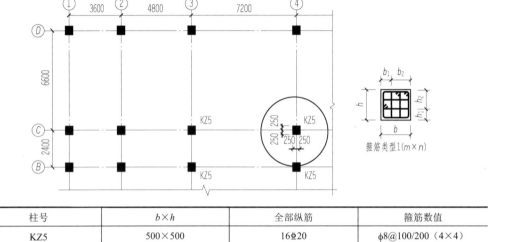

柱号	$b×h$	全部纵筋	箍筋数值
KZ5	500×500	16Φ20	φ8@100/200（4×4）

图 1　柱平法施工图

表 1　KZ5 工程信息表

层号	顶标高/m	层高/m	梁截面高度/mm X 向/Y 向	
3	10.750	3.3	550/550	混凝土强度等级：C25
2	7.450	3.3	550/550	抗震等级：三级
1	4.150	4.2	550/550	环境类别：一类
基础	−1.050	基础顶面到一层地面高 1.0		顶层现浇板板厚：100mm 钢筋没有特殊锚固条件

梁平法施工图识读与钢筋计算

教学目标与要求

教学目标 ☞

通过对本单元的学习，学生应能够：

1. 掌握梁及梁内钢筋的分类、配筋构造及平法制图规则的含义。
2. 了解梁配筋的基本情况。
3. 熟悉箍筋的复合方式。
4. 掌握纵筋连接的构造。
5. 掌握梁箍筋加密区的范围。
6. 掌握梁支座处负筋的截断位置等。

教学要求 ☞

教学要点	知识要点	权重	自测分数
梁及梁内钢筋的分类	掌握平法梁及梁内的钢筋种类和配置	15%	
梁平法施工图的平面注写方式	理解梁平法施工图的平面注写方式，熟悉并逐步掌握其集中标注和原位标注内容的含义和阅读方法	20%	
梁的标准钢筋构造	熟悉梁的构造，具体掌握框架梁纵向钢筋在支座及跨中的锚固、连接等要求；了解并熟悉框架梁箍筋的复合方式及掌握其设置构造方式，同时掌握框架节点钢筋排布规则和构造	45%	
梁内钢筋计算	掌握各类梁内钢筋计算的方法和步骤	20%	

实例引导——梁平法施工图的识读

下图所示为梁平法施工图平面注写方式示例。以下将结合学生以往所掌握的制图知识，围绕本图所表达的图形语言及截面注写数字和符号的含义，引领学生逐步读懂和理解梁平法施工图。

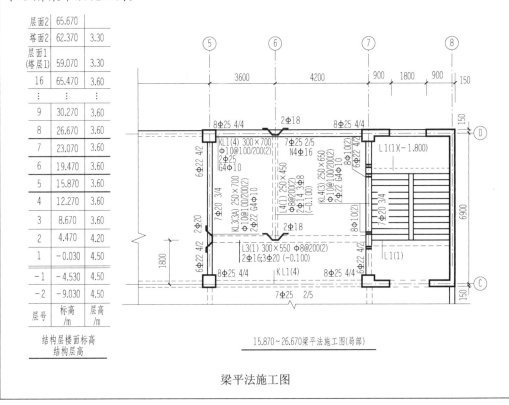

层面2	65.670	
塔面2	62.370	3.30
层面1 (塔层1)	59.070	3.30
16	65.470	3.60
⋮	⋮	⋮
9	30.270	3.60
8	26.670	3.60
7	23.070	3.60
6	19.470	3.60
5	15.870	3.60
4	12.270	3.60
3	8.670	3.60
2	4.470	4.20
1	-0.030	4.50
-1	-4.530	4.50
-2	-9.030	4.50
层号	标高 /m	层高 /m

结构层楼面标高
结构层高

15.870~26.670梁平法施工图(局部)

梁平法施工图

5.1 梁及梁内钢筋分类

5.1.1 平法施工图中梁的分类

1. 平法梁的分类

平法施工图将梁分成八类，分别为楼层框架梁、楼层框架扁梁、屋面框架梁、框支梁、托柱转换梁、非框架梁、悬挑梁和井字梁。除框支梁和托柱转换梁外，其他所有类型的梁平面形状可为弧形。楼层框架扁梁节点核心区代号为KBH。

各类梁的编号均由梁类型代号、序号、跨数及有无悬挑代号几项组成，应符合表5-1-1的规定。

表 5-1-1　梁的分类和编号

梁　类　型	代号	序号	跨数及是否带有悬挑	备　　注
楼层框架梁	KL	××	(××)、(××A) 或 (××B)	支座为框架柱的非顶层梁, 见图 4-1-3
楼层框架扁梁	KBL	××	(××)、(××A) 或 (××B)	
屋面框架梁	WKL	××	(××)、(××A) 或 (××B)	支座为框架柱的顶层梁, 见图 4-1-3
框支梁	KZL	××	(××)、(××A) 或 (××B)	与转换柱组成框支结构, 见图 4-1-1
托柱转换梁	TZL	××	(××)、(××A) 或 (××B)	
非框架梁	L	××	(××)、(××A) 或 (××B)	以梁(框架梁或非框架梁)为支座的梁, 见图 5-1-4
悬挑梁	XL	××		
井字梁	JZL	××	(××)、(××A) 或 (××B)	

注: 表中非框架梁 L、井字梁 JZL 表示端支座为铰接; 当非框架梁 L、井字梁 JZL 端支座上部纵筋为充分利用钢筋的
　　抗拉强度时, 在梁代号后加 "g"。

表 5-1-1 中括号内的 A 表示一端有悬挑 (图 5-1-1), B 表示两端有悬挑 (图 5-1-2), 悬挑部位不计入跨数。图 5-1-1 为梁单侧悬挑端轴测投影图, 图 5-1-2 为梁双侧悬挑端轴测投影图。实际工程中, 框架梁悬挑端的尽端部位都设置一小边梁 (图 5-1-3), 这个小边梁属于非框架梁 L。图 5-1-4 中上方的次梁即表中的非框架梁 L。

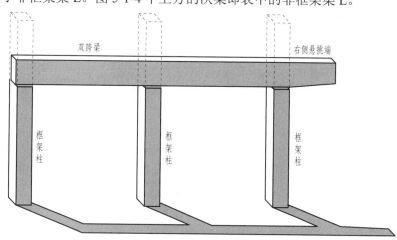

图 5-1-1　梁单侧悬挑端轴测投影图

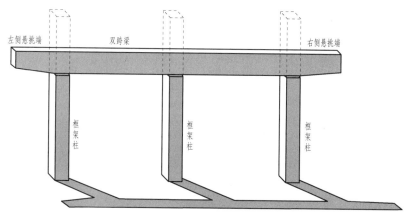

图 5-1-2　梁双侧悬挑端轴测投影图

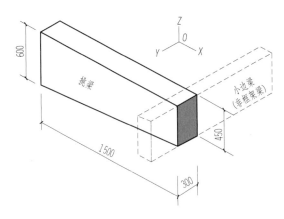

图 5-1-3 挑梁端部的小边梁轴测投影图

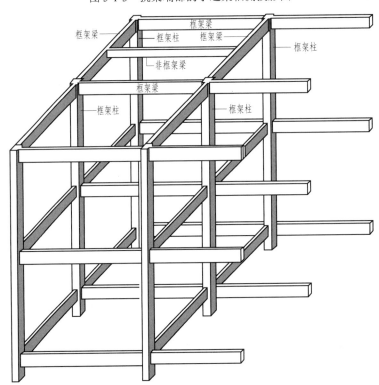

图 5-1-4 非框架梁 L（次梁）示意

例如： KL4(3A) 表示 4 号楼层框架梁，3 跨，一端有悬挑。

WKL6(4) 表示 6 号屋面框架梁，4 跨，两端均无悬挑。

KZL1(2B) 表示 1 号框支梁，2 跨，两端均有悬挑。

L2(5B) 表示 2 号非框架梁，5 跨，两端有悬挑。

XL4 表示 4 号纯悬挑梁。

JZL3(4) 表示 3 号井字梁，4 跨，两端均无悬挑。

Lg5(3)　　　　表示 5 号非框架梁，3 跨，端支座上部纵筋为充分利用钢筋的抗拉强度。

2. 框架梁的分类

表 5-1-1 中的八种类型的梁，以框架梁和非框架梁最为常见。

根据框架梁所处的位置不同，可分为楼层框架梁和屋面框架梁两种，见图 4-1-3。框架梁的抗震等级可分为一级、二级、三级和四级。因此有三级抗震楼层框架梁的叫法，以此类推。

5.1.2　平法施工图中梁的截面尺寸表达

1. 等截面梁

等截面梁最常见，其横截面尺寸用 $b \times h$ 表示。其中 b 表示梁的宽度，h 表示梁的高度，顺序不能颠倒，如等截面梁 250×600、300×650 等。

2. 加腋梁

（1）竖向加腋梁

框架梁在接近柱时，梁的宽度不变而高度逐渐变高，见图 5-1-5。梁多出来的这部分被称为梁腋。其水平部分称为腋长，垂直部分称为腋高。梁腋处增设腋筋，而且箍筋的高度也有变化。

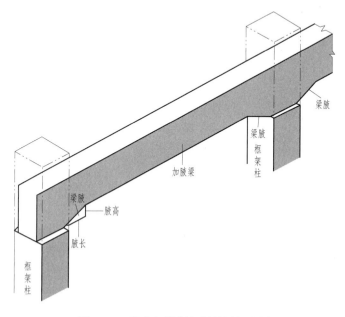

图 5-1-5　竖向加腋框架梁轴测投影图

图 5-1-5 中的梁称为竖向加腋梁，用 $b \times h$　GY$c_1 \times c_2$ 表示。其中 GY 表示竖向腋，c_1 为竖向腋长，c_2 为竖向腋高，见图 5-1-6（a）。

（2）水平加腋梁

框架梁在接近柱时，梁的高度不变而宽度逐渐变宽，这种梁称为水平加腋梁。其截面尺寸用 $b \times h$　PY$c_1 \times c_2$ 表示。其中 PY 表示水平腋，c_1 为水平腋长，c_2 为水平腋宽，见图 5-1-6（b）。

实际工程中，梁板式筏基的基础主梁与柱子相交处，通常增加水平梁腋来保证基础梁能包裹柱子。应特别注意，一侧加腋还是两侧加腋，应把加腋部位在梁的平法施工图上绘制清楚。

3．变截面梁

当梁有悬挑端且根部和端部的高度不同时，用斜线分隔根部与端部的高度值，即 $b \times h_1 / h_2$，如图 5-1-6（c）中 $300 \times 700/500$。

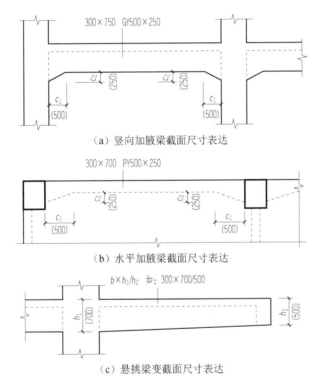

（a）竖向加腋梁截面尺寸表达

（b）水平加腋梁截面尺寸表达

（c）悬挑梁变截面尺寸表达

图 5-1-6　加腋梁截面和变截面悬挑梁尺寸表达

5.1.3　梁内钢筋的分类

梁内钢筋从是否受力的角度可分为受力筋和构造筋两大类。受力筋根据梁的受力情况经荷载组合计算而得；构造筋（构造腰筋、架立筋及拉筋）不需要计算，而是根据现行设计规范的相关条文来设置。构造筋虽然不用计算，但在梁内却是不能缺少的钢筋。

梁内钢筋分类及名称见图 5-1-7。

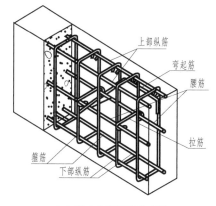

（a）梁内钢筋配置及名称

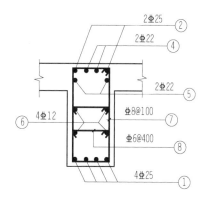

（b）梁的横截面配筋图

图 5-1-7　梁内钢筋分类及名称

梁内钢筋有纵向钢筋、横向钢筋（箍筋）、弯起钢筋、腰筋和拉筋，有时还会有附加横向钢筋（附加箍筋或附加吊筋）和架立筋。其中，纵向钢筋通常指上部纵筋和下部纵筋。在梁的两个侧面沿高度配置的中部纵筋又称腰筋，分构造腰筋和抗扭腰筋；腰筋应成对设置且需要有拉筋进行拉结。

平法图集 16G101 中取消了梁中的弯起钢筋，因此，在下面的讲述中不再提及。

下面对梁内的钢筋按纵向钢筋、架立筋、箍筋、腰筋、拉筋和附加横向钢筋的顺序，分别予以介绍。

1. 梁内纵向钢筋

（1）纵向钢筋及其间距

梁内纵向钢筋分为上部和下部纵筋。上部纵筋可为受力筋或架立筋（简支梁的上部筋）；下部纵筋中除悬挑梁下部筋为架立筋外，其余均为受力筋。上、下部纵筋较多时，可放置两排或三排。如图 5-1-7（b）中，②号、④号和⑤号筋为上部纵筋，①号筋为下部纵筋。其中，②号、④号筋为上部第一排纵筋，⑤号为上部第二排纵筋，下部纵筋只有一排。

梁上、下部纵筋的水平方向和垂直方向之间都要保持一定的净距，来保证混凝土的浇筑质量。梁纵筋间的净距是有要求的，具体内容详见单元 2 通用构造中的图 2-4-9（a）。

（2）梁的范围及与钢筋构造相关的基本名词介绍

图 5-1-8 所示为梁的范围及与钢筋构造相关的基本名称示意。

图中阴影部分为梁的范围，与其相关联的柱是梁的支座。图左端的柱子为梁的端支座，右侧的柱子为梁的中间支座；l_1 为梁的第一跨（统称端跨）跨度，是①轴和②轴之间的距离；l_2 为梁的第二跨（统称中间跨）跨度，是②轴和③轴之间的距离。

图中 l_{n1} 为梁的第一跨净跨，l_{n2} 为梁的第二跨净跨，可见净跨的范围才是梁的真正范围。

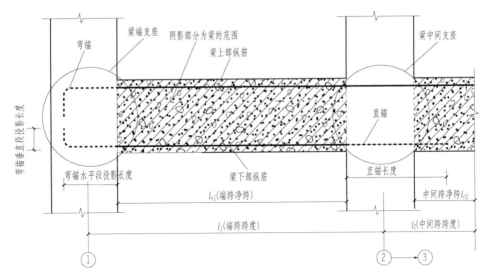

图 5-1-8　梁的范围及与钢筋构造相关的基本名称示意

为了清晰起见，图中只画出了梁内的上、下部纵筋，并将梁的纵筋在支座内的锚固部分用虚线绘制，以示区别。图中梁的上、下部纵筋在端支座的锚固方式，称为"弯锚构造"，弯锚须分别标注水平段和垂直段的投影长度。下部纵筋在中间支座的锚固方式，称为"直锚构造"，直锚纵筋在柱内的锚固长度不足时，可继续向前延伸至对面的梁或板的混凝土内。

> **特别提示**
>
> 梁的上部纵筋在中间支座内应保持连续，不能有钢筋的接头。

（3）上部通长筋、非通长筋的绑扎位置

图 5-1-8 中的梁下部纵筋在净跨内通常为贯通筋（或者称通长筋），而梁的上部纵筋却常有通长筋（也称贯通筋）和非通长筋（也称支座负筋）的区别。图 5-1-9 为单跨框架梁钢筋轴测投影示意图，图 5-1-10 为双跨框架梁钢筋轴测投影示意图。两幅图能明确表示出上部通长筋与非通长筋。

图 5-1-9 中端支座上部非通长纵筋有 90° 的弯钩，所以称为直角形负筋；图 5-1-10 中间支座上部非通长纵筋为直线段，称为直线形负筋。因直线形负筋以中间支座的中心线为对称轴左右对称，所以俗称"扁担筋"。

绝大多数抗震楼层框架梁内的钢筋配置和绑扎位置与图 5-1-9 和图 5-1-10 基本一致，只不过纵筋的直径、根数或排数等有可能不同而已。这两图中上部通长筋均为两根，相应的箍筋均为双肢箍。这两个立体图是框架梁钢筋绑扎的标准模型，请同学们牢记在心里。这对学习梁平法施工图识读和配筋构造是非常有好处的，可以达到事半功倍的效果。

（4）梁上部架立筋的设置条件和摆放位置

图 5-1-10 中梁上部通长筋为两根，相应的箍筋为双肢箍。如果下部纵筋为 4 根，图

中梁的箍筋改为四肢箍，是否可行？如果不可行，该如何处理呢？

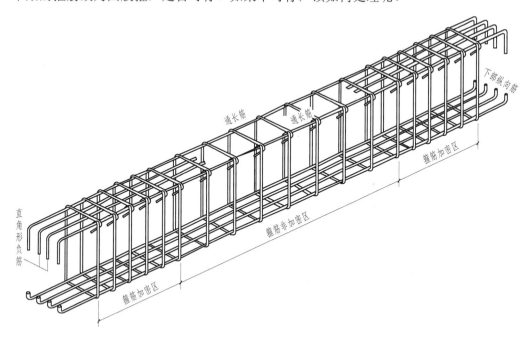

图 5-1-9　单跨框架梁钢筋轴测投影示意

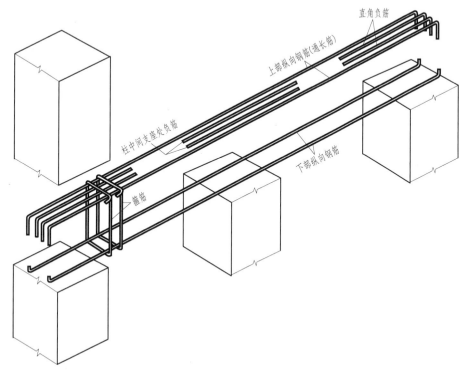

图 5-1-10　双跨框架梁钢筋轴测投影示意

看图 5-1-10 梁第一跨上方的中间部位，有两根通长筋通过双肢箍的角部。如果改为四肢箍，我们会发现此位置四肢箍内的小套箍角部没有钢筋通过，这违反了"箍筋角部必须有纵筋通过"的基本常识。所以改为四肢箍是不可行的。如果将此位置增加两根构造筋与支座上方的非通长负筋搭接，见图 5-1-11，此时四肢箍就完全可行了。梁跨上方的中间部位新增加的这两根构造筋称为架立筋。可见，梁上方的架立筋是不受力的，是为了与箍筋绑扎到一起形成牢固的钢筋骨架而设置的构造筋。

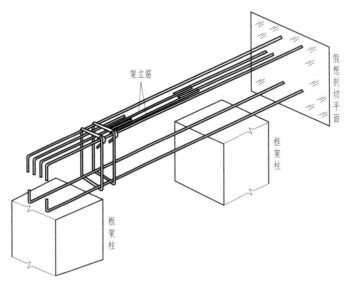

图 5-1-11　梁的非通长筋和架立筋搭接轴测投影示意

2. 梁内箍筋

在梁中除了混凝土本身承受部分剪力外，主要采用箍筋和弯起钢筋来承受剪力。有时箍筋还需要承受转矩的作用。

（1）梁箍筋的形式与复合方式

梁的箍筋多为矩形，箍筋形式可分为开口箍（用于无振动或开口处无受力钢筋的现浇 T 形梁的跨中部分）和封闭箍，见图 5-1-12。封闭箍应用广泛，而开口箍已经很少使用。

梁的箍筋与柱箍筋类似，梁封闭箍可分为普通箍筋和复合箍筋。普通箍筋为双肢箍，而复合箍筋可为三肢箍、四肢箍、五肢箍、六肢箍……，实践中设计人员多采用偶数肢。

梁箍筋的复合方式见图 5-1-12。

梁截面纵筋外围应采用封闭箍筋，当为多肢复合箍筋时，应采用大箍套小箍的形式，其截面内小箍应采用封闭箍（基础梁内的小箍也可为开口小箍，见图集 16G101—3 第 63 页）。

封闭箍的弯钩可在四角的任何部位，开口箍的弯钩宜设置在基础底板内。当多于六肢箍时，偶数肢增加小套箍，奇数肢则增加一单肢箍。

（2）梁内箍筋的表达

抗震框架梁内的箍筋通常注写为 Φ8@100/200（2），依次表示为：箍筋的牌号为

HPB300，直径 8mm，加密区间距 100mm，非加密区间距为 200mm，双肢箍。非抗震框架梁内的箍筋通常注写为 Φ8@150（2），表示箍筋的牌号为 HPB300，直径 8mm，箍筋只有一种间距，为 150mm，双肢箍。

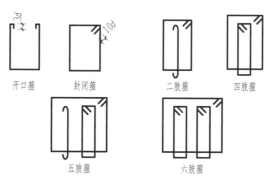

图 5-1-12 梁箍筋的复合方式

（3）梁横截面纵筋与箍筋排布构造

梁横截面纵筋与箍筋排布构造，见图 5-1-13。图中标有 m/n（k），其中 m 为梁上部第一排纵筋根数，n 为梁下部第一排纵筋根数，k 为梁箍筋肢数。本图所示为 $m \geqslant n$ 时的钢筋排布方案。当 $m < n$ 时，可根据排布规则将图中纵筋上下换位后应用。

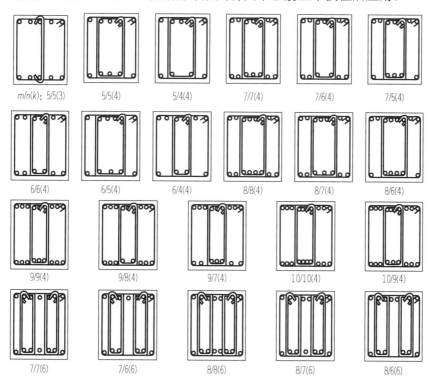

图 5-1-13 梁横截面纵筋与箍筋排布构造

当梁箍筋为双肢箍时，梁上部纵筋、下部纵筋及箍筋的排布无关联，各自独立排布。当梁箍筋为复合箍时，梁上部纵筋、下部纵筋及箍筋的排布有关联，钢筋排布应按以下规则综合考虑。

1）梁上部纵筋、下部纵筋及复合箍筋排布时应遵循对称均匀原则。

2）梁上部通长筋应对称均匀设置，通长筋宜置于箍筋转角处。

3）梁复合箍筋，应采用截面周边外封闭大箍加内封闭小箍的组合方式（大箍套小箍）。内部复合箍筋，可采用相邻两肢形成一个内封闭小箍的形式；当梁箍筋肢数≥6，相邻两肢形成的内封闭小箍水平段尺寸较小，施工中不易加工及安装绑扎时，内部复合箍筋也可采用非相邻肢形成一个内封闭小箍的形式（连环套），但沿外封闭箍筋周边箍筋重叠不应多于三层。

4）梁复合箍筋肢数宜为双数，当复合箍筋的肢数为单数时，设一个单肢箍。单肢箍筋应同时钩住纵向钢筋和外封闭箍筋。

5）梁箍筋转角处应有纵向钢筋，当箍筋上部转角处的纵向钢筋未能贯通全跨时，在跨中上部可设置架立筋。

架立筋的直径规定：当梁的跨度小于 4m 时，不宜小于 8mm；当梁的跨度为 4～6m 时，不宜小于 10mm；当梁的跨度大于 6m 时，不宜小于 12mm。架立筋与梁纵向钢筋搭接长度为 150mm。

6）梁同一跨内各组箍筋的复合方式应完全相同。当同一组内复合箍筋各肢位置不能满足对称性要求时，此跨内每相邻两组箍筋各肢的安装绑扎位置应沿梁纵向交错对称排布。

7）梁横截面纵向钢筋与箍筋排布时，除考虑本跨内钢筋排布关联因素外，还应综合考虑相邻跨之间的关联影响。

框架梁箍筋加密区长度内的箍筋肢距：一级抗震等级，不宜大于 200mm 和 20 倍箍筋直径的较大值；二、三级抗震等级，不宜大于 250mm 和 20 倍箍筋直径的较大值；四级抗震等级，不宜大于 300mm。

3. 梁的腰筋（构造腰筋或受扭腰筋）和拉筋

（1）梁内腰筋

梁的腰筋即梁的侧面纵筋，有构造腰筋和受扭腰筋之分。腰筋通常成对配置，每对腰筋必须有拉筋进行拉结。图 5-1-7（b）中的⑥号筋就是构造腰筋，⑧号筋为拉筋。

腰筋和拉筋在梁内的配置情况见图 5-1-14。

图中梁截面的腹板高度 h_w 的取值规定：对于矩形截面，取有效高度；对于 T 形截面，取有效高度减去翼缘高度；对于工形截面，取腹板净高。

规范规定：当梁的腹板高度 $h_w \geq 450mm$ 时，在梁的两个侧面应沿高度配置纵向构造钢筋；纵向构造钢筋间距 $a \leq 200mm$。

腰筋的设置条件、间距、直径等的取值详见知识链接中的规范条文。

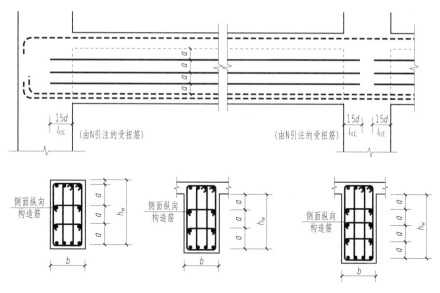

图 5-1-14　梁侧面腰筋和拉筋构造

▶ 知识链接

　　GB 50010—2010《混凝土结构设计规范（2015 年版）》9.2.13 规定：梁的腹板高度 $h_w \geqslant 450$mm 时，在梁的两个侧面应沿高度配置纵向构造钢筋。每侧纵向构造钢筋（不包括梁上、下部受力钢筋及架立筋）的间距不宜大于 200mm，截面面积不应小于腹板截面面积（bh_w）的 0.1%，但当梁宽较大时可以适当放松。此处，腹板高度 h_w 应按规定取用。

> **特别提示**
>
> 　　当梁内配有受扭纵筋时，受扭钢筋沿截面周边布置的间距不应大于 200mm 和梁截面短边长度；除应在梁截面四角设置受扭纵向钢筋外，其余受扭纵向钢筋宜沿截面周边均匀对称布置。

　　（2）梁内拉筋

　　梁侧面配有构造腰筋或受扭腰筋时，要采用拉筋进行拉结，图 5-1-7（b）中的⑧号筋就是拉筋。

　　拉筋在梁的平法施工图中是不标注的，其具体数值可从图集 16G101—1 第 90 页找到答案。

　　图集中拉筋的直径和间距是这样规定的：

　　1）当梁宽≤350mm 时，拉筋直径为 6mm；当梁宽＞350mm 时，拉筋直径为 8mm。拉筋的间距为非加密区箍筋间距的两倍。

　　2）当设有多排拉筋时，上下两排拉筋竖向应错开设置（梅花双向）；拉筋一端弯钩角度可为 135°，另一端≥90°，并轮换掉头设置。

　　图 5-1-15 所示是侧面构造腰筋和侧面受扭腰筋搭接及拉筋梅花布置构造。

特别提示

关于构造腰筋和受扭腰筋的搭接和锚固长度规定：

● 当梁侧面配置有纵向受扭腰筋时，构造腰筋不必重复设置。此时应注意构造腰筋和侧面受扭腰筋的搭接和锚固长度是不同的。

● 当梁的侧面为构造腰筋时，其搭接与锚固长度规定：光圆钢筋和变形钢筋可取 $15d$。

● 当梁的侧面为受扭腰筋时，其搭接长度为 l_{lE}，其锚固方式同框架梁下部钢筋，均为 $\geq l_{aE}$。

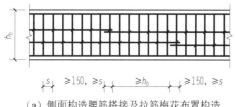

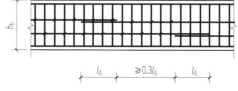

（a）侧面构造腰筋搭接及拉筋梅花布置构造　　　　（b）侧面受扭腰筋搭接及拉筋梅花布置构造

图 5-1-15　侧面构造腰筋和受扭腰筋搭接及拉筋梅花布置构造

4. 梁内附加横向钢筋（附加箍筋和附加吊筋）

当次梁与主梁相交时，主梁是次梁的支座。在主次梁相交处，主梁受到次梁传来的集中荷载作用。位于主梁上的这个集中荷载，应全部由附加横向钢筋（箍筋、吊筋）承担。附加横向钢筋宜采用箍筋，布置在长度为 s 的范围内，此处，$s=2h_1+3b$，见图 5-1-16。

特别提示

附加箍筋或吊筋应设置在主次梁相交处的主梁内。据此可判断两个相交叉的梁，哪个梁是主要的。

当采用附加吊筋时，其弯起段应伸至梁的上边缘，且末端水平段长度在受拉区不应小于 $20d$，在受压区不应小于 $10d$，d 为弯起钢筋的直径。当主梁高 $h \leq 800$ 时，吊筋弯起角度为 $45°$；当主梁高 $h > 800$ 时，吊筋弯起的角度为 $60°$。

附加箍筋和附加吊筋的作用是一致的。在主次梁相交处，当主梁上承受的集中荷载数值很大时，由于箍筋直径一般较小且在 s 范围内的附加箍筋不足以承受这个集中力时，可选择仅设置附加吊筋或者选择附加箍筋和附加吊筋同时设置的做法。

梁附加横向钢筋（箍筋和吊筋）构造见图 5-1-16。附加箍筋和附加吊筋在梁的平法施工图的表达见图 5-1-17。

图 5-1-17 中"8φ10（2）"表示在主梁上配置直径 10mm、HPB300 级附加箍筋共 8 道，在次梁两侧各配置 4 道，均为双肢箍。又如"2Φ20"表示在主梁上配置直径 20mm、HRB335 级附加吊筋两根。梁内配置附加箍筋或吊筋时，梁内的正常箍筋照设。

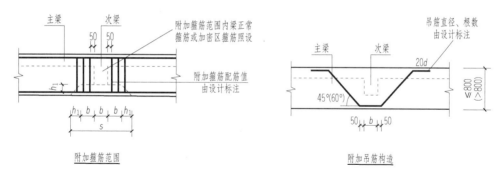

图 5-1-16 附加箍筋和附加吊筋构造

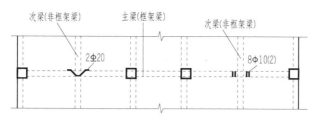

图 5-1-17 附加箍筋和附加吊筋在梁的平法施工图中的表达

5.2 梁传统施工图与平法施工图对比

知识导读

梁传统的配筋表示方式是在结构平面布置图上对梁进行编号，如 L1、L2 等，然后在另外的图纸上对所有编号的梁逐个绘制配筋详图。若梁根数太多，一张图纸画不下则需要画两张甚至更多的图纸。

梁平法施工图是在结构平面布置图上采用平面注写或截面注写方式表达的。梁平面布置图，应分别按梁的不同结构层（标准层），将全部梁和与其相关联的柱、墙、板一起采用适当比例绘制。对于轴线未居中的梁，应标注其偏心定位尺寸（贴柱边的梁可不注）。

5.2.1 梁传统施工图的表达方式

图 5-2-1 是某结构平面布置图中的一根两跨框架梁配筋的传统制图表达方式，包括梁的纵剖面配筋图和横截面配筋图两部分。纵剖面配筋图表达梁上、下部纵筋、腰筋、箍筋等沿着梁纵向的排布和锚固构造；横截面配筋图表达梁内钢筋沿着横向的排布情况。其中横截面的剖切位置一般为每跨的左、中、右三个部位；如果同一跨的左、右部位信息都相同，可编同一个剖面号。如果梁的断面尺寸、钢筋等所有信息在某整跨内均没有变化，则仅剖中间一个部位即可。例如，图中每跨均剖了左、中、右 3 个部位，合计 6 个剖切位置。因左右两跨以⑤轴线为对称轴，所以仅有 3 个剖面编号。

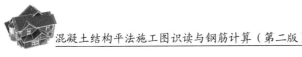

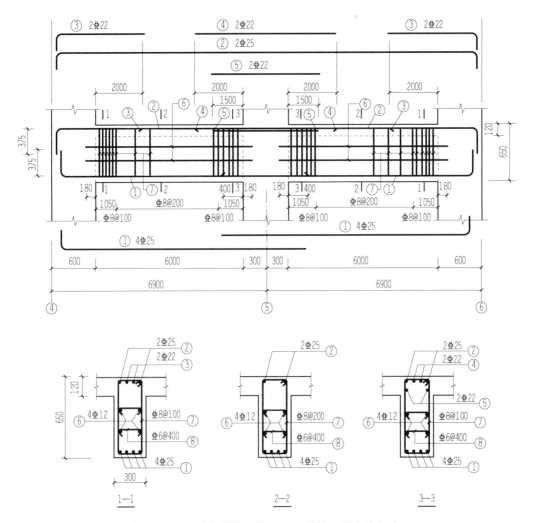

图 5-2-1 两跨抗震框架梁 KL3 传统施工图表达方式

为了读者能准确理解图 5-2-1，将框架梁 KL3 的所有上、下纵筋从梁内分离出来，实际的梁施工图是不用画这些分离钢筋的。为容易区分上、下部纵筋，将上部纵筋画在梁的上方，下部纵筋画在梁的下方。图中的②号筋为梁上部通长筋；③号筋为梁端支座上方的非通长直角形负筋；④号、⑤号筋为梁中间支座上方非通长直线形负筋；①号筋为梁下部直角形通长筋，下部纵筋均可选择锚固在两侧的柱内。

图中准确交代了梁的支承情况、跨度、断面尺寸，以及各部分钢筋的配置情况。虽然复杂了点，但却可以用来计算钢筋的设计尺寸，进而计算下料尺寸而直接用来施工。

5.2.2 梁平法施工图的表达方式

为了凸显梁的平法施工图和传统施工图的不同，将图 5-2-1 两跨抗震 KL3 传统画法转换为平法表达，见图 5-2-2。图 5-2-1 与图 5-2-2 比较，显然平面注写方式更为简洁。

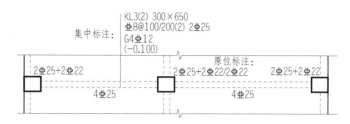

图 5-2-2　两跨抗震框架梁 KL3 平法施工图（平面注写方式）表达方式

5.3　梁平法识图规则解读

知识导读

　　梁平法施工图是在梁平面布置图上采用平面注写方式或截面注写两种方式表达。实际工程应用时，通常以平面注写为主，截面注写为辅。梁平面布置图应分别按梁的不同结构层，将全部梁和与其相关联的柱、墙、板一起采用适当比例绘制。

　　下面分别讲述梁平面注写和截面注写所包含的内容。

5.3.1　梁平法施工图的平面注写方式

　　梁平法施工图的平面注写方式，见图 5-3-1。

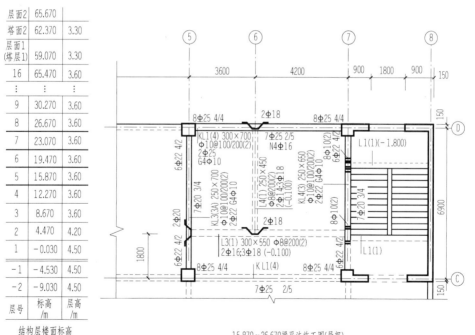

图 5-3-1　梁平法施工图的平面注写方式示例

平面注写主要有两项内容，一是集中标注，二是原位标注，见图 5-3-1。集中标注表达梁多数跨的通用数值，原位标注表达梁个别跨的特殊数值。读图时，当集中标注与原位标注不一致时，原位标注取值优先。

梁平法施工图平面注写方式的内容，包括梁平面布置图和结构标高及结构层高表两部分。

平面布置图的内容包括轴线网、梁的投影轮廓线，梁的集中标注和原位标注等。其中轴线网和梁的投影轮廓线与常规表示方法相同，结构标高及结构层高表部分与柱相同。

下面着重介绍梁的集中标注和原位标注的相关内容。

1. 梁的集中标注内容解读

梁的集中标注是在梁的任何一跨的任何位置画出一条引出线，在引出线的右侧依次注写梁的编号、截面尺寸、箍筋具体数值、通长筋或架立筋、腰筋及标高共六项内容。前四项为必注值，后两项为选注值。这六项内容分几行注写都可以，但前后顺序是不能颠倒的。

以图 5-3-2（a）中的 KL2 为例解读如下：

KL2(2A)　　300×650

φ8@100/200(2)　　2Φ25

G4φ10

（−0.100）

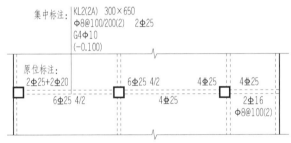

（a）框架梁平面注写方式表达示例

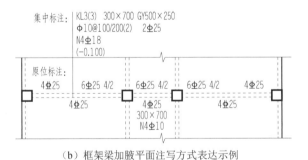

（b）框架梁加腋平面注写方式表达示例

图 5-3-2　梁平面注写方式（集中标注和原位标注）示例

1）第 1 项：梁的编号，此项为必注值。例如，KL2(2A)表示 2 号楼层框架梁，2 跨，一端有悬挑。

2）第 2 项：截面尺寸，此项为必注值。例如，300×650 表示梁的截面宽为 300mm，截面高为 650mm。各类梁的截面尺寸标注，见图 5-1-6。

3）第 3 项：梁箍筋具体数值，此项为必注值。例如，Φ8@100/200(2)表示直径为 8mm 的 HPB300 级箍筋，加密区间距为 100mm，非加密区的间距为 200mm，双肢箍。

【例 5-3-1】Φ8@100/200(4)表示箍筋为 HPB300 级钢筋，直径为 8mm，加密区间距为 100mm，非加密区间距为 200mm，均为四肢箍。

【例 5-3-2】Φ10@100(4)/200(2)表示箍筋为 HPB300 级钢筋，直径为 10mm，加密区间距为 100mm，四肢箍；非加密区间距为 200mm，双肢箍。

【例 5-3-3】11Φ10@150/200(2)表示箍筋为 HPB300 级钢筋，直径为 10mm；梁的两端各有 11 个双肢箍，间距为 150mm；梁跨中剩余部分的箍筋间距为 200mm，双肢箍。

【例 5-3-4】16Φ12@100(4)/200(2)表示箍筋为 HPB300 级钢筋，直径为 12mm；梁的两端各有 16 个四肢箍，间距为 100mm；梁跨中剩余部分的箍筋间距为 200mm，双肢箍。

4）第 4 项：梁上部通长筋或架立筋配置，此项为必注值。"2Φ25"表示梁箍筋所箍上部通长角筋的规格为 HRB335 级钢筋，直径为 25mm，两根。

通长筋可为相同或不同直径采用搭接连接、机械连接或对焊连接的钢筋。当同排纵筋中既有通长筋又有架立筋时，应该采用加号"＋"将通长筋和架立筋相连。将角部纵筋注写在加号的前面，架立筋写在加号后面的括号内，以示不同直径及与通长筋的区别。当全部采用架立筋时，则将其全部写入括号内。

【例 5-3-5】集中标注的第 4 项注写为 2Φ22，表示用于双肢箍；注写为 2Φ22＋(2Φ12)，则表示用于四肢箍，其中 2Φ22 为通长筋，括号内的 2Φ12 表示架立筋。架立筋和非通长筋的位置与前面讲过的图 5-1-11 所示的情况一致。

当梁的上部纵筋和下部纵筋为全跨相同，且多数跨配筋相同时，此项可加注下部纵筋的配筋值，用分号"；"将上部与下部通长纵筋的配筋值分隔开来，少数跨不同者，按原位标注进行注写。

【例 5-3-6】集中标注的第四项注写为 3Φ22；3Φ20，表示梁的上部配置 3Φ22 的通长筋，梁的下部配置 3Φ20 的通长筋。

5）第 5 项：梁侧面构造腰筋或受扭钢筋配置，该项为选注值。"G4Φ10"表示梁的两个侧面共配置 4Φ10 的纵向构造腰筋，每侧各配置 2Φ10。

特别提示

当梁腹板高度 h_w ＜450mm 时，梁的侧面不必配置纵向构造钢筋。故此项为选注值。此项注写值以大写字母 G 打头，接续注写设置在梁两个侧面的总配筋值，且对称配置。

【例 5-3-7】集中标注的第五项注写为 G6Φ12，表示梁的两个侧面共配置 6Φ12 的纵向构造腰筋，每侧各配置 3Φ12。

当梁侧面需配置受扭纵筋时，此项注写值以大写字母 N 打头，接续注写配置在梁两个侧面的总配筋值，且对称配置。如图 5-3-2（b）集中标注的第五项注写为 N4Φ18，表示梁的两个侧面共配置 4Φ18 的纵向受扭腰筋，每侧各配置 2Φ18。

受扭纵向钢筋应满足梁侧面纵向构造钢筋的间距要求，且不再重复配置纵向构造钢筋。若是有变化，则需要采用原位标注。如图 5-3-2（b）集中标注的第五项注写为 N4Φ18，而第二跨下方原位标注为 N4Φ10，说明第二跨腰筋有变化，应以原位标注的 N4Φ10 为准。

6）第 6 项：表示梁的顶面标高高差，该项为选注值。这里"（−0.100）"表示梁顶面标高比本层楼面结构标高低 0.1m。若此项为正值，表示高 0.1m。

对于位于结构夹层的梁，此项数值则指相对于结构夹层楼面标高的高差。

2．梁的原位标注内容解读

梁原位标注的内容有四项，分别是梁支座上部纵筋、梁下部纵筋、附加箍筋及吊筋和修正集中标注中某项或某几项不适用于本跨的内容。

梁在原位标注时，应注意各种数字符号的注写位置。顾名思义，"原位标注"是指在哪个位置标注的数据就属于哪个位置，我们只需要搞清楚各种数字符号的注写位置表达的是梁的上部钢筋还是下部钢筋即可。

下面我们从最简单的单跨框架梁（图 5-3-3）入手，来解读梁的原位标注所表达的意图。从投影角度通常规定：标注在 X 向梁的后面表示梁的上部配筋，标注在 X 向梁的前面表示梁的下部配筋；标注在 Y 向梁的左侧表示梁的上部配筋，标注在 Y 向梁的右侧表示下部配筋。例如，图 5-3-3 中原位标注的"4Φ16"，其标注在 X 向梁的后面，所以表示梁的上部配筋；"2Φ16"标注在梁的前面，表示梁的下部配筋。如果规定纸面的 Y 向表示上、下方位，那么图中的数值表示上部纵筋还是下部纵筋就一目了然了。例如，"4Φ16"标注在梁的上方靠近支座的位置，表示梁的上部钢筋；"2Φ16"标注在梁的下方跨中位置，表示梁的下部配筋。

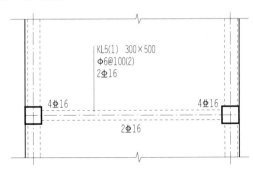

图 5-3-3　KL5 平法施工图

图 5-3-3 为 KL5 的平法施工图平面注写方式示例，图中集中标注了四项内容，其余标注在梁周边的其他所有这些数值都是梁的原位标注内容，其他梁也是如此。

我们来解读梁 KL5 原位标注的这些数值时，要特别关注集中标注的第四项有关"上部通长筋"的内容，因为这项内容与原位标注的钢筋是有密切联系的。图 5-3-4 是 KL5 的配筋立体图，与图 5-3-3 相对照，这些原位标注数值的意图就更容易理解和掌握了。

先看左柱的梁端上方所标注的"4Φ16"，是表示梁左端上方的全部纵筋。而集中标注的第四项标注的"上部通长筋"仅有"2Φ16"，这说明梁左端上方的"4Φ16"的纵筋包含了集中标注里"2Φ16"的上部通长筋。"4Φ16"减掉"2Φ16"，剩余的"2Φ16"自然就是梁左端上方的非通长筋，见图 5-3-4 中梁左端上方的非通长直角负筋"2Φ16"。梁右端上方标注的"4Φ16"，其所代表的意义和左端的一样。梁的中间下方所标注的"2Φ16"是下部的 U 形通长筋。

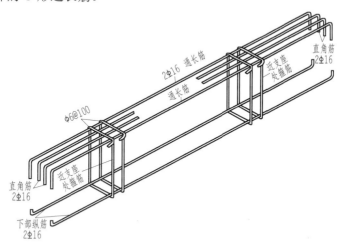

图 5-3-4   KL5 的配筋立体图

当梁原位标注内容较复杂时，按以下规定来理解。

1）当上部或下部纵筋多于一排时，用斜线"/"将各排纵筋自上而下分开。

例如，图 5-3-2（a）中框架梁 KL2 第一跨的下方标注的"6Φ25   2/4"，表示梁的下部配筋为 6 根直径为 25mm 的 HRB335 级钢筋，分两排布置，上排 2 根，下排 4 根。KL2 的第二跨梁左端上方标注的"6Φ25   4/2"，表示梁左端上部纵筋为 6 根直径为 25mm 的 HRB335 级钢筋，分两排布置，上排 4 根，下排 2 根。

2）当上部和下部同排纵筋有两种直径时，用"＋"将两种直径的纵筋相连，注写时将角部纵筋写在"＋"号的前面。

例如，图 5-3-2（a）中的"2Φ25＋2Φ20"，表示梁支座上部有 4 根纵筋，布置成一排。2Φ25 放在箍筋的角部，而 2Φ20 放在中部。

3）当梁中间支座两边的上部纵筋不同时，须在支座两边分别标注；当梁中间支座两边的上部纵筋相同时，可仅在支座的一边标注配筋值，另一边省去不注。例如，图 5-3-2（a）中第一跨的右端上方没有注写钢筋，而第二跨的左端上方注写为"6Φ25   4/2"，表示这两处的配筋值相同，一侧省略不写。

4）当两大跨中间为小跨，且小跨净尺寸小于左、右两大跨净跨尺寸之和的 1/3 时，小跨上部纵筋采取贯通全跨方式，此时，应将贯通小跨的纵筋注写在小跨中部，见图 5-3-5。

贯通小跨的纵筋根数等于或可少于相邻大跨梁支座上部纵筋。当少于时，少配置的纵筋即为大跨不需要贯通小跨者，应按支座两边纵筋根数不同时的梁柱节点构造；当支座两边配筋值不同时，应采用直径相同并使支座两边根数不同的方式配置纵筋，可使配置较小一边的上部纵筋全部贯穿支座，配置较大的另一边仅有较少根纵筋在支座内锚固。

5）当梁下部纵筋不全部伸入支座时，将梁支座下部纵筋减少的数量写在括号内。

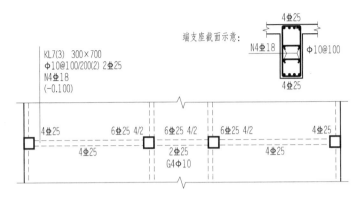

图 5-3-5 大小跨梁的平面注写示例

【例 5-3-8】梁下部纵筋注写为 6⹅25 2(−2)/4，表示上排纵筋为 2⹅25，且不伸入支座；下一排纵筋为 4⹅25，全部伸入支座。

【例 5-3-9】梁下部纵筋注写为 2⹅25 + 3⹅22(−3)/5⹅25，表示上排纵筋为 2⹅25 和 3⹅22，其中 3⹅22 不伸入支座；下一排纵筋为 5⹅25，全部伸入支座。

不伸入支座梁下部纵筋断点位置，见图 5-3-6。应注意特别提示的内容。

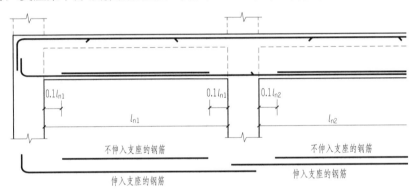

图 5-3-6 不伸入支座梁下部纵筋断点位置

> **特别提示**
>
> 关于不伸入支座的梁下部纵筋规定：
> - 不伸入支座的梁下部纵筋只能是上排，最下排纵筋是不允许在跨内截断的。

6）当梁的集中标注中分别注写了梁上部和下部通长纵筋时，则不需在梁下部重复做原位标注。

7）附加箍筋或吊筋，将其直接画在平面图中的主梁上，用引线标注总配筋值，附加箍筋的肢数注在括号内，见图 5-1-17。当多数附加箍筋或吊筋相同时，可在梁平法施工图上统一注明，少数与统一注明值不同时，再原位引注。

施工时应注意：附加箍筋或吊筋的几何尺寸应按照标准构造详图，结合其所在位置的主梁和次梁的截面尺寸而定。

8）当在梁上集中标注的内容，如梁截面尺寸、箍筋、上部通长筋或架立筋，梁侧面纵向构造钢筋或受扭纵向钢筋，以及梁顶面标高高差中的某一项或几项数值，不适用于某跨或某悬挑部分时，则将其不同数值原位标注在该跨或该悬挑部位，施工时应按原位标注数值取用。

例如，当在多跨梁的集中标注中已注明加腋，而该梁某跨的根部却不需要加腋时，则应在该跨原位标注等截面的 $b×h$，以修正集中标注中的加腋信息。

图 5-3-7 的集中标注第二项注写的是竖向加腋梁，截面尺寸为 300×700　GY500×250；而中间小跨的下方原位标注的截面尺寸为等截面梁，尺寸为 300×700，表示中间小跨执行原位标注的截面尺寸 300×700,而没有原位标注的两个大跨执行集中标注的截面尺寸 300×700　GY500×250。

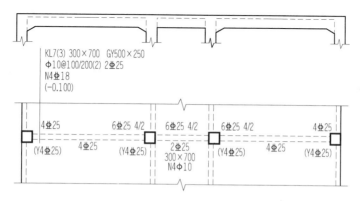

图 5-3-7　梁竖向加腋平面注写方式表达示例

9）当梁设置竖向加腋时，加腋部位下部斜纵筋应在支座下部以 Y 打头注写在括号内（图 5-3-7），此处框架梁竖向加腋构造适用于加腋部位参与框架梁计算，其他情况设计者应另行给出构造。当梁设置水平加腋时，水平加腋内上下部斜纵筋应在加腋支座上部以 Y 打头注写在括号内，上下部斜纵筋之间用"/"分隔，见图 5-3-8。

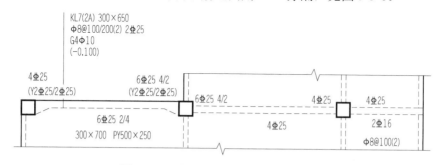

图 5-3-8　梁水平加腋平面注写方式表达

5.3.2　梁平法施工图的截面注写方式

截面注写方式在梁的平面布置图上对标准层上的所有梁按规定进行编号，分别在不同编号的梁中各选择一根梁用剖切符号引出截面配筋图，并在截面配筋图上注写截面尺

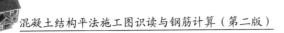

寸和配筋数值，其他相同编号梁仅需标注编号。

图 5-3-9 所示为单根梁的平法施工图截面注写方式示意，图 5-1 为 5～8 层梁平法施工图截面注写方式示例。

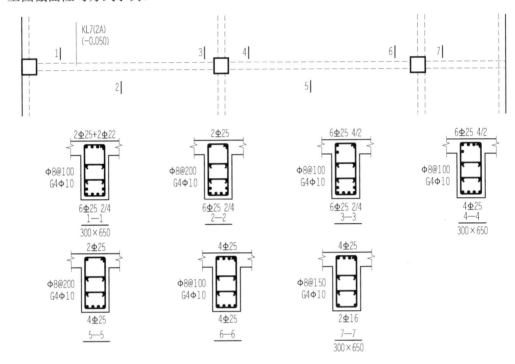

图 5-3-9　单根梁的截面注写方式示意

当某梁的顶面标高与结构层的楼面标高不同时，应继其编号后在"（）"中注写梁顶面标高高差。

截面注写方式既可以单独使用，也可与平面注写方式结合使用。当表达异形截面梁的尺寸与配筋时，用截面注写方式相对比较方便。它与平面注写方式大同小异。梁的代号、各种数字符号的含义均相同，只是平面注写方式中的集中注写方式在截面注写方式中用截面图表示。

截面图的绘制方法同常规方法一致，不再赘述。

在掌握柱平法施工图识图规则的情况下，需要通过大量的练习才能熟练正确地识读柱平法施工图。下面提供的两个工程实例供同学们根据本单元所学在老师的指导下根据识图规则进行平法识图训练。

图 5-3-10 所示为某建筑梁平法施工图（局部）截面注写方式的实例。

图 5-3-11 所示为某建筑梁平法施工图平面注写方式的实例。

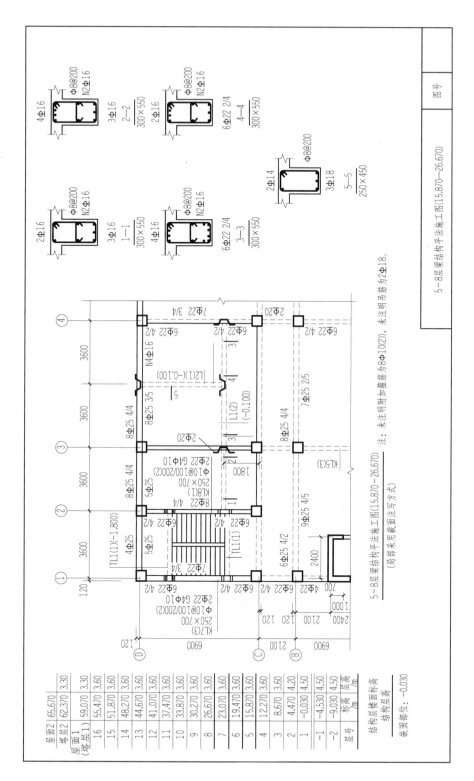

图 5-3-10 某建筑梁平法施工图（局部）截面注写方式的实例

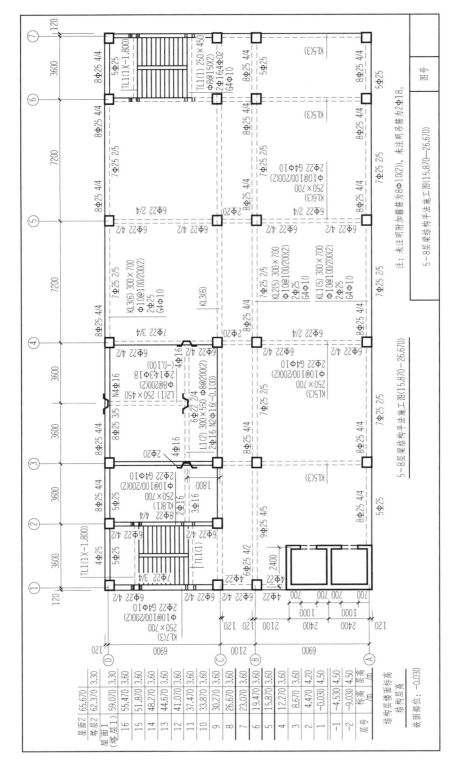

图 5-3-11　某建筑梁平法施工图平面注写方式的实例

5.4 框架梁及悬挑梁标准配筋构造解读

知识导读

框架梁分为楼层框架梁和屋面框架梁。本部分内容仅就常见的框架梁进行讲述。

5.4.1 框架梁标准配筋的构造解读

框架结构是实际工程中最常用的结构体系之一。

由于框架柱是框架梁的支座，即梁柱节点处，节点本是柱子的一部分，所以柱子是节点的本体构件，而梁是节点的关联构件。所以梁的纵向钢筋在柱内必须有足够的锚固长度。同时，由于变形钢筋的出厂标准长度的限制，梁的通长纵筋常常还需要采用绑扎搭接或机械连接或焊接方式进行连接。

下面主要讲述框架梁 KL 的纵筋及箍筋构造。

1. 楼层框架梁 KL 纵筋标准配筋构造解读

现行混凝土规范规定：抗震框架梁顶面和底面都应有规定数量的通长钢筋，见知识链接的内容。抗震框架梁的平法标准配筋构造中，将梁的上部纵筋分成通长筋和非通长筋，划分的依据也正在于此。

知识链接

GB 50010—2010《混凝土结构设计规范（2015 年版）》第 11.3.7 规定：梁端纵向受拉钢筋的配筋率不宜大于 2.5%。沿梁全长顶面和底面至少应各配置两根通长的纵向钢筋，对一、二级抗震等级，钢筋直径不应小于 14mm，且分别不应小于梁两端顶面和底面纵向受力钢筋中较大截面面积的 1/4；对三、四级抗震等级，钢筋直径不应小于 12mm。

可见，通长钢筋是为满足抗震设计构造的要求而设置；非框架梁上部可不设置（一般设置架立筋即可），如果有计算需要，非框架梁也可设置通长配置的钢筋。

图 5-4-1 为楼层框架梁 KL 纵筋标准配筋构造图。

图 5-4-1 解读如下：

1）图中跨度值 l_n 为左跨 l_{ni} 和右跨 l_{ni+1} 之较大值，其中 $i=1$，2，3，…；h_c 为柱截面沿框架方向的高度，应注意此处 h_c 与单元 4 柱内的 h_c 含义不同。

2）本图适用于梁的各跨截面尺寸相同，中间支座上方左右纵筋也相同的情况；不包括中间支座左右跨的梁高不同、梁宽不同、钢筋根数不同等特殊情况。

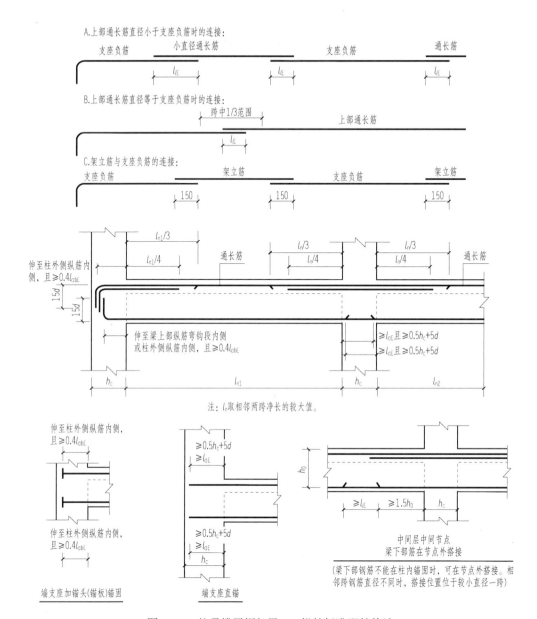

图 5-4-1　抗震楼层框架梁 KL 纵筋标准配筋构造

　　3）为方便施工，对于梁支座上部的非通长筋在跨内的截断点位置，在平法标准构造详图中统一取值为：第一排非通长筋从柱边起向跨内延伸至 $l_n/3$ 位置截断，第二排非通长筋延伸至 $l_n/4$ 位置截断。l_n 的取值规定为：对于端支座，l_n 为本跨的净跨值；对于中间支座，l_n 为支座两边较大一跨的净跨值。当梁上部设有第三排钢筋时，其截断位置应由设计者注明。

4）梁上、下部纵筋在端支座处的锚固有弯锚、直锚和锚板锚固三种形式。

① 当 h_c－柱保护层厚度 $\geq l_{aE}$ 时，可选择图中的"端支座直锚"构造。要求直锚长度 $\geq l_{aE}$ 且 $\geq 0.5h_c + 5d$。当 h_c 较宽时，上、下部纵筋在端支座内的直线锚固长度取 l_{aE} 和 $0.5h_c + 5d$ 的较大值即可，不需要伸至柱外侧纵筋内侧，见图 5-4-2（a）。

② 当 h_c－柱保护层厚度 $< l_{aE}$ 时，可选择图中的"端支座弯锚"构造。其要求上下部纵筋均伸至柱外侧纵筋内侧 90° 弯折，弯钩水平段投影长度 $\geq 0.4l_{abE}$；弯钩垂直段投影长度取 $15d$。若弯钩水平段投影长度不满足 $\geq 0.4l_{abE}$ 的要求，可将纵筋按"等强代换"的原则换为较小直径。

采用弯锚时，梁上部和下部纵筋竖向弯钩之间净距宜保证 $\geq 25\text{mm}$，见图 5-4-2（b）。

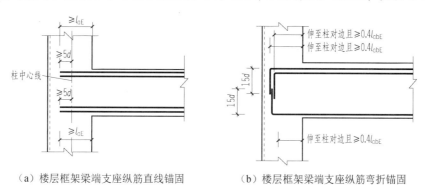

（a）楼层框架梁端支座纵筋直线锚固　　　（b）楼层框架梁端支座纵筋弯折锚固

图 5-4-2　楼层框架梁端支座纵筋直线锚固和弯折锚固

③ 当 h_c－柱保护层厚度 $< l_{aE}$ 时，亦可选择图中的锚板锚固构造。其要求上下纵筋均伸至柱外侧纵筋内侧且水平投影长度 $\geq 0.4l_{abE}$。

5）梁下部纵筋在中间支座处的锚固采用"直锚构造"，要求直锚长度 $\geq l_{aE}$ 且 $\geq 0.5h_c + 5d$。

① 梁下部钢筋可在中间柱节点内锚固，也可贯穿中间柱节点而在中间柱节点外搭接、焊接或机械连接。

② 相邻跨钢筋直径不同时，搭接位置位于较小直径一跨。

③ 下部纵筋应首先考虑"按跨锚固"，即将下部纵筋分别锚固到每一跨的两端柱支座内；否则，可以选择"中间节点外搭接、焊接或机械连接"构造。

6）梁上部通长钢筋的连接位置宜位于跨中 $l_{ni}/3$ 范围内，梁下部钢筋连接位置宜位于支座 $l_{ni}/3$ 范围内且 $\geq 1.5h_0$，均要求在同一连接区段内钢筋接头面积百分率不宜大于 50%。

7）当梁纵筋采用绑扎搭接接长时，搭接区内箍筋直径不小于 $d/4$，d 为搭接钢筋最大直径，间距不应大于 100mm 及 $5d$（d 为搭接钢筋较小直径）。

8）上部通长钢筋直径根据计算需要设置，可以和支座相同，也可以不同。上部通长钢筋的设计，从理论上可以有 4 种情况（这 4 种情况对非抗震框架梁及非框架梁都适用），现举例介绍如下：

① 上部通长筋直径等于支座负弯矩钢筋直径的情况示例，见图 5-4-3 矩形框内钢筋；图中梁设置 ⊈22 的通长筋和支座负筋 ⊈22 直径相同。要求通长钢筋按图 5-4-1 中的 B 构造连接。这种情况极常见。

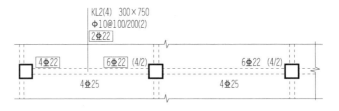

图 5-4-3　通长筋与支座负筋直径相同注写示例

② 上部通长钢筋直径小于支座负弯矩钢筋直径的情况示例，见图 5-4-4 矩形框内钢筋；图中梁设置 ⊈16 的通长筋和支座负筋 ⊈20 直径不同。按图 5-4-1 中的 A 构造处理，且按 100%接头面积百分率计算搭接长度。这种情况极少见。

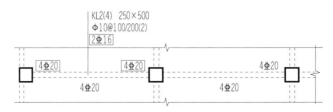

图 5-4-4　通长筋直径小于支座负筋直径注写示例

③ 上部通长钢筋全部为架立筋的情况示例，见图 5-4-5 矩形框内钢筋；图中梁通长筋全部设置为架立筋 φ12，其与支座负筋 ⊈16、⊈18 直径也不同。表示非框架梁 L1 中设置 2φ12 的架立筋分别与两端支座非贯通筋 2⊈16、2⊈18 搭接连接。按图 5-4-1 中的 C 构造处理，且架立筋和非贯通筋的搭接长度取 150mm。这种情况在非抗震框架梁和非框架梁中常见，抗震框架梁中极少见。

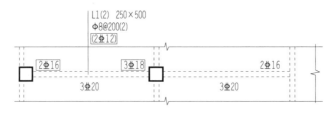

图 5-4-5　通长筋全部为架立筋注写示例

④ 上部通长钢筋与架立筋并存的情况，见图 5-4-6 矩形框内钢筋；表示梁中支座负筋为直径 Φ25 的钢筋，并有 2Φ25 通长筋设置；因箍筋为四肢箍，所以需要在跨中上部设置 2Φ12 的架立筋与支座非贯通筋搭接；2Φ25 通长筋按图 5-4-1 中的 B 构造处理；2Φ12 的架立筋按图 5-4-1 中的 C 构造处理。梁的箍筋为四肢箍以上时，这种情况较常见。

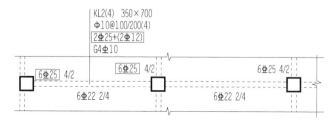

图 5-4-6　通长筋与架立筋并存注写示例

图 5-4-3～图 5-4-6 是上部通长筋直径与支座负筋直径不同或相同时的四种设计情况。通过仔细观察其集中标注的第四项（上部通长筋）和本跨原位标注的梁左、右端上部全部纵筋之间的关系，得出这样的结论："集中标注的上部通长筋实为梁上部跨中 $l_{ni}/3$ 范围内的纵筋数值。"识读梁平法施工图平面注写方式时，如识读图 5-4-3～图 5-4-6 这四个例子时，可以将集中标注的第四项内容原位标注到梁上部跨中位置，这样梁每跨的上部左、中、右都有了原位标注的具体数值，梁上部的纵筋配置情况就一目了然了。

9）楼层框架梁端支座纵筋弯折锚固构造图 5-4-1 是设计示意图。实际工程中会出现两种情况，见图 5-4-7。图（a）表示上、下纵筋弯折段重叠；图（b）表示上、下纵筋弯折段不重叠。图 5-4-1 未画出柱子，但文字当中有这样的描述：要求梁上、下纵筋"伸至柱外侧纵筋内侧"。所以在后面讲解梁纵筋长度的计算时，要考虑柱子外侧纵筋直径和图中两种情况对计算结果的影响。图 5-4-7 中的虚线表示柱子外侧的纵筋。

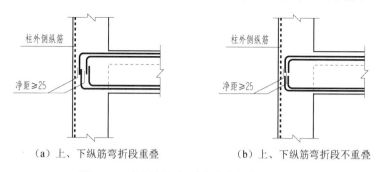

（a）上、下纵筋弯折段重叠　　　　（b）上、下纵筋弯折段不重叠

图 5-4-7　楼层框架梁端支座弯锚的两种情况

实际在工地上执行图 5-4-7（a）时，还可能存在另外的构造，见图 5-4-8。图 5-4-8 取自《混凝土结构施工钢筋排布规则与构造》12G901—1 之 2～13 页中的构造（三）和

构造（四）。可见工地上钢筋下料长度的计算结果不是唯一确定值，而与选用哪种钢筋排布构造有关联；可行的钢筋排布方案可能不止一种，这样计算钢筋设计长度和下料长度就需要指明所采用的是哪一种钢筋排布构造。本来实际问题就复杂多样，单靠16G101图集上的节点构造来解决工地上的钢筋翻样和安装绑扎是有难度的，这就需要借助12G901图集了。

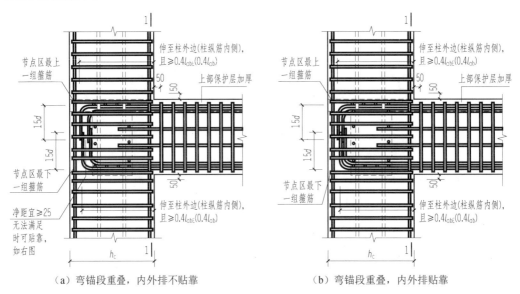

（a）弯锚段重叠，内外排不贴靠　　　　　　（b）弯锚段重叠，内外排贴靠

图 5-4-8　楼层框架梁端节点弯锚构造钢筋排布图

因为钢筋构造的复杂多样性，书中在讲解钢筋长度的计算时，都会有特定的排布构造与之相对应。如果选择了不同的排布方案，答案也是不同的。

2. 屋面框架梁纵筋标准配筋构造解读

屋面框架梁纵筋标准配筋构造见图 5-4-9。

识读图 5-4-9 时，要与刚讲过的楼层框架梁 KL 纵筋构造图 5-4-1 对比着来学习，找到两者间区别。构造相同处加深理解，对不同之处重点记忆和掌握。

图 5-4-9 和图 5-4-1 除了端支座上部钢筋构造不同外，其他部位的构造均相同，不再赘述。

下面仅就图 5-4-9 中的端支座钢筋构造，解读如下：

1）顶层端支座梁上部纵筋不能"直锚"，也不能"锚板锚固"，只能"弯锚"。弯锚垂直段的投影长度要结合图 4-4-18 的"柱插梁"和"梁插柱"构造来确定。如果选择图 4-4-18 的"柱插梁"构造，那么顶层端支座梁上部纵筋弯锚垂直段伸至梁底即可，图 5-4-9 就是这种情况。如果选择图 4-4-18 的节点 E"梁插柱"构造，那么顶层端支座梁上部纵筋弯锚垂直段的投影长度为 $\geq 1.7l_{abE}$。

2）顶层端支座梁下部纵筋与图 5-4-1 基本相同，可直锚、弯锚和锚板锚固。直锚条

件是 $\geq l_{aE}$ 且 $\geq 0.5h_c + 5d$；锚板锚固的条件是梁下部纵筋伸至梁上部纵筋弯钩段的内侧且 $\geq 0.4l_{abE}$；弯锚的条件是梁下部纵筋伸至梁上部纵筋弯钩段的内侧 90° 弯折，弯折水平段投影长度 $\geq 0.4l_{abE}$，垂直段 $15d$。

3）当柱纵筋直径 ≥ 25mm 时，在柱宽范围的柱箍筋内侧设置间距 >150mm，但不少于 3Φ10 的角部附加钢筋。

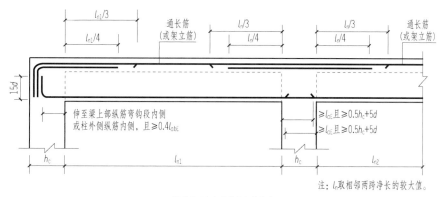

抗震屋面框架梁纵向钢筋构造

注：l_n 取相邻两跨净长的较大值。

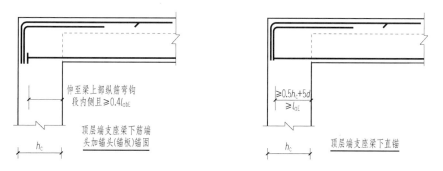

顶层端支座梁下筋端头加锚头(锚板)锚固

顶层端支座梁下直锚

图 5-4-9 屋面框架梁 WKL 纵筋标准配筋构造

特别提示

有人提出：在顶梁边柱相交的角部设置的"直角状附加钢筋"的作用是不是为了防止柱外侧角部的混凝土开裂？当然有这个作用，但最主要的作用是固定柱顶箍筋。注意看图 4-4-18 会发现，柱外侧纵筋伸到柱顶弯 90° 直钩时有一个不小的弧度（弯弧内半径为 6d 或 8d），这就造成柱顶部分的加密箍筋无法与已经拐弯的外侧纵筋绑扎固定，这几根"直角状附加钢筋"正起到了固定柱顶箍筋的作用。

3. KL 和 WKL 特殊情况下的中间支座纵筋构造

比如中间支座左右跨的梁高不同、梁宽不同或错开布置等特殊情况下，KL 和 WKL 中间支座纵筋构造见图 5-4-10。

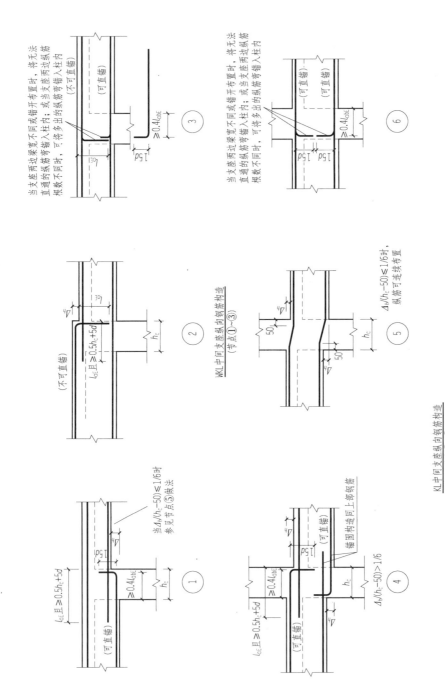

图 5-4-10　KL 和 WKL 中间支座纵筋构造

图 5-4-10 解读如下：

1）②、③节点上部不能直通的纵筋只能选择弯锚构造，弯锚满足的条件见图中标注。

2）①、④～⑥节点纵筋"能直锚就直锚，不能直锚就弯锚"。当 $\Delta h/(h_c-50)\leqslant 1/6$ 时，纵筋可连续通过。

4. 框架梁 KL、WKL 箍筋加密区构造解读

与框架柱有箍筋加密区一样，框架梁也有箍筋加密区和非加密区。可见，箍筋加密区是框架柱和框架梁的抗震构造措施。

框架梁 KL、WKL 的箍筋加密区范围见图 5-4-11。

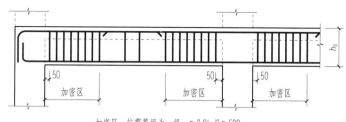

加密区：抗震等级为一级时 ≥2.0h_b且≥500
抗震等级为二至四级 ≥1.5h_b且≥500

（a）框架梁 KL、WKL 的箍筋加密区范围

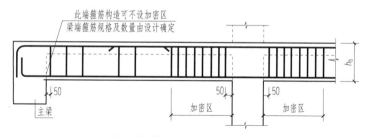

加密区：抗震等级为一级时 ≥2.0h_b且≥500
抗震等级为二至四级 ≥1.5h_b且≥500

（b）框架梁 KL、WKL（尽端支座为梁）的箍筋加密区范围

图 5-4-11　框架梁 KL、WKL 的箍筋加密区范围

图 5-4-11 解读如下：

1）箍筋加密区范围在每跨梁的两端，加密的数值规定：一级抗震等级为 ≥2h_b，且≥500mm；二至四级抗震等级为 ≥1.5h_b，且≥500mm。

2）梁内第一道起步箍筋距离柱（或梁）边缘 50mm 处开始设置。

3）图中除了加密区，剩余范围为箍筋非加密区，非加密区的箍筋间距不宜大于加密区箍筋间距的 2 倍。加密区和非加密区的箍筋间距图纸中均有标注。

4）图 5-4-11（b）尽端梁支座处不抗震，所以没有箍筋加密区。

5）弧形梁沿着中心线展开，箍筋间距沿着凸面线度量。

特别提示

非框架梁构造上不要求设置箍筋加密，但是当受力计算需要设置箍筋加密时，由设计标注加密的间距和加密范围。

---

5. 框架梁箍筋、拉筋沿梁纵向排布构造

框架梁箍筋、拉筋沿梁纵向排布构造，见图5-4-12。

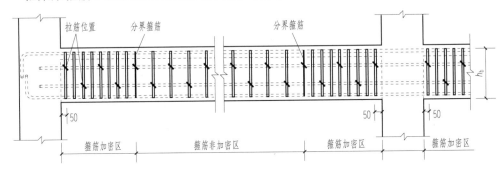

图 5-4-12　梁箍筋、拉筋沿梁纵向排布构造

图 5-4-12 解读如下：

1）箍筋加密区长度包含第一道箍筋到支座边的 50mm。

2）梁跨内第一排的第一道和最后一道拉筋分别设置在第一道和最后一道的箍筋上，第二排错开布置，以此类推。

3）拉筋要同时钩住腰筋和箍筋，拉筋间距在全跨范围内为非加密区间距的 2 倍。

5.4.2　悬挑梁标准配筋的构造解读

平法图集 16G101—1 的第 92 页"纯悬挑梁及各类梁的悬挑端配筋构造"分为两大类：一类是梁的悬挑端；另一类是纯悬挑梁，用代号 XL 表示。前者有七个构造图，后者是一个构造图。本书仅列出了①、②、⑦节点和纯悬挑梁 XL 的钢筋构造进行讲解。①、②、⑦节点和纯悬挑梁 XL 构造掌握了，剩余的构造节点就比较容易识读和理解了。

1. 纯悬挑梁 XL 标准配筋构造

纯悬挑梁 XL 的标准配筋构造，见图5-4-13。

图 5-4-13 解读如下：

1）不考虑竖向地震作用时，纯悬挑梁上部纵筋直锚长度 $\geq l_a$ 且 $\geq 0.5h_c+5d$ 时，可直锚；直锚条件不满足时可弯锚。弯折水平段要求伸至柱外侧纵筋内侧且 $\geq 0.4l_{ab}$，弯折垂直段取 15d。

2）不考虑竖向地震作用时，纯悬挑梁下部纵筋为构造筋（架立筋），规定不分钢筋的牌号，均取 15d 即可。

3）上部第一排纵筋中要求至少 2 根角筋，且不少于第一排纵筋的 1/2 必须伸至悬挑端部，且有 90° 弯折，弯折垂直段 ≥12d；其余钢筋弯下。但当悬挑长度 l<4h_b 时，第一排纵筋可全部伸至悬挑端部而不在端部弯下。第二排纵筋也要求弯下。弯折要求见图示。

4）纯悬挑梁的上部受力纵筋不得设置连接接头。

5）图中括号内数值用于考虑竖向地震作用时的取值。

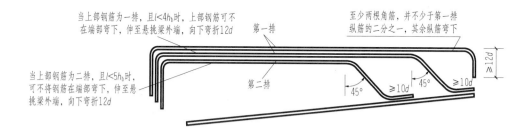

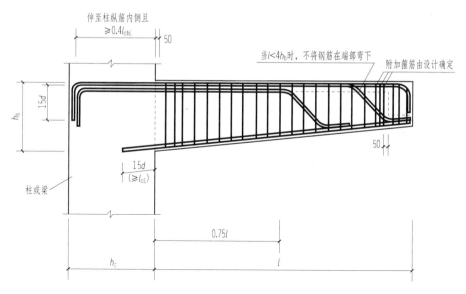

图 5-4-13   纯悬挑梁钢筋排布构造

2. 梁悬挑端标准配筋构造

梁悬挑端标准配筋构造，见图 5-4-14～图 5-4-16。图 5-4-14 为悬挑端的上部纵筋直锚在后部的梁中的构造；图 5-4-15 为屋面框架梁悬挑端上部纵筋弯锚到柱子或剪力墙内的构造；图 5-4-16 为悬挑端顶面与相邻梁顶面齐平，直接采用梁上部纵筋延伸到悬挑端部的构造。

悬挑端顶面与相邻梁顶面齐平的情况下，图 5-4-16 适用于所有梁（楼层框架梁 KL、屋面框架梁 WKL、非框架梁 L）的悬挑端钢筋构造，它是应用最广泛的一个构造。

图 5-4-13 的解读同样适用于图 5-4-14～图 5-4-16，不再赘述。

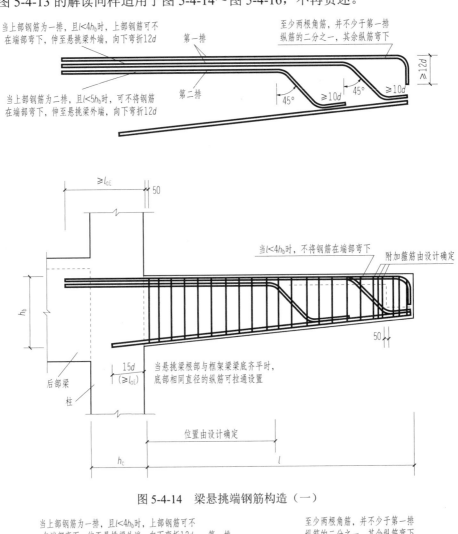

图 5-4-14 梁悬挑端钢筋构造（一）

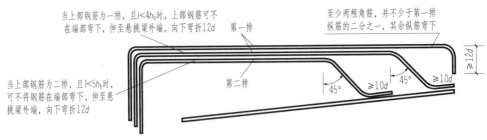

图 5-4-15 梁悬挑端钢筋构造（二）

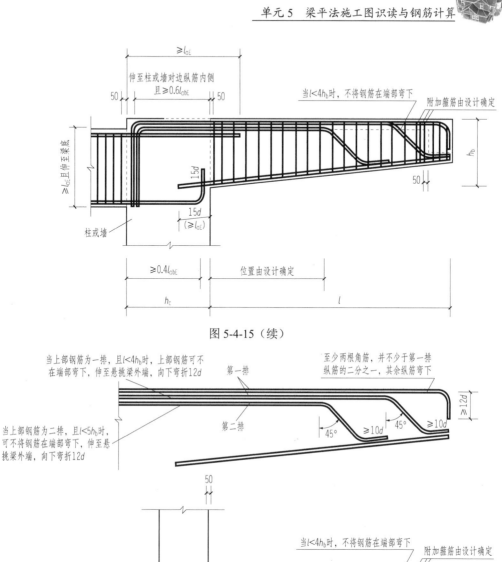

图 5-4-15（续）

图 5-4-16　梁悬挑端钢筋构造（三）

5.5 框架梁平法施工图识读与钢筋计算

知识导读

本节将通过对楼层框架梁 KL 平法施工图的识读，讲述绘制框架梁的纵向剖面配筋图的步骤和方法；通过对梁的端支座、中间支座、非通长筋断点位置、箍筋加密区等关键部位钢筋锚固长度等的计算，来巩固、理解并最终能熟练掌握 5.4 节刚学过的抗震 KL 纵筋和箍筋构造；通过计算该梁各种钢筋的造价总长度，进一步了解各类钢筋在梁内的配置和排布情况；通过进行施工下料方面的钢筋计算，使我们对该梁内的钢筋有深刻而全方位的掌握，最终达到正确识读梁平法施工图和计算钢筋造价长度和下料长度的目的。

5.5.1 楼层框架梁 KL 平法施工图识读与钢筋计算

1. 楼层框架梁 KL2 平法施工图识读

某现浇混凝土框架结构教学楼工程的框架梁平法施工图采用平面注写方式绘制，规定梁的纵筋采用焊接连接，端支座弯锚的钢筋排布按图 5-4-7 执行。以其中较简单且比较典型的楼层框架梁 KL2 为例，将与其相关的工程信息找出来汇总在一起。

图 5-5-1 所示为 KL2 的平法施工图和工程信息汇总。

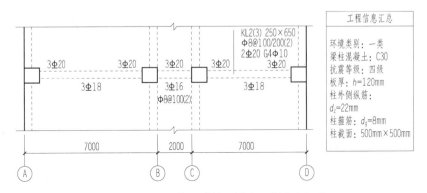

图 5-5-1 KL2 的平法施工图和工程信息汇总

图 5-5-1 解读如下：

该梁为四级抗震等级的楼层框架梁。下面主要对该梁的集中标注、原位标注进行解读。

编号 KL2（3）表示其为 2 号楼层框架梁，3 跨，无悬挑端；A 轴和 B 轴之间是该梁第一跨，跨度 7000mm；B 轴和 C 轴之间是第二跨，跨度 2000mm；C 轴和 D 轴之间是第三跨，跨度也是 7000mm。观察图上轴线和柱子的关系，很容易发现该梁左右对称，且第一、三跨为大跨，中间为小跨。梁的截面宽度为 250mm，高度为 650mm；两个大跨的箍筋为直径 8mm 的 HPB300 级钢筋，加密区的间距为 100mm，非加密区的间距为 200mm；小跨箍筋的间距已原位标注成全跨加密至 100mm。该梁上部有 2 根直径 20mm

的 HRB335 级通长角筋；梁的侧面共有 4 根直径 10mm 的 HPB300 级构造腰筋；第一跨的下部纵筋为 3 根直径 18mm 的 HRB335 级钢筋，第一跨左端上方有包括 2Φ20 通长筋在内的共 3Φ20 的支座负筋，因此可判断出梁的左端上方有一根直径为 20mm 的非通长负筋；第二小跨的下部纵筋为 3 根直径 16mm 的 HRB335 级钢筋，第二跨上方仅在中间原位标注了 3Φ20 的钢筋，表示 3Φ20 的钢筋贯通小跨。第三跨与第一跨对称，不再赘述。

上面的解读只是对图面的内容进行了剖析，为了能进一步了解该梁内纵向钢筋的排布情况，我们先来回顾前面总结的一个结论："集中标注的第四项上部通长筋实为梁上部跨中 $l_{ni}/3$ 范围内的纵筋数值。"此结论是在学习图 5-4-1 解读第 8 条的四个实例（图 5-4-3～图 5-4-6）后总结出来的。该结论对识读梁的平法施工图有较大帮助。

下面我们就使用这个结论在梁的平法施工图上给出剖切位置，直接绘制梁的横截面配筋图。以此来加深对梁内钢筋横向排布的进一步了解，也正好来验证一下这个结论是否正确。

图 5-5-1 所示是 KL2 平法施工图的平面注写方式，梁的配筋信息就是梁的集中标注和原位标注。将集中标注的第四项上部通长筋 2Φ20，按照"结论"原位注写到两个大跨上方的中间位置（小跨上方已原位注写 3Φ20），并用矩形框框起来以示区别，见图 5-5-2。图中剖切位置有 7 个，剖面编号有 3 个，要求根据图 5-5-2 直接绘制梁的 3 个横截面钢筋排布图（即横截面配筋图）。

绘制剖面时，这里摒弃了绘制梁截面的传统图样格式，省略了梁箍筋外的混凝土表面的轮廓线。这样绘制梁的剖面，既省事，图面又清晰，还提高了绘图效率，最终也达到了识图的效果。3 个剖面配筋见图 5-5-3。

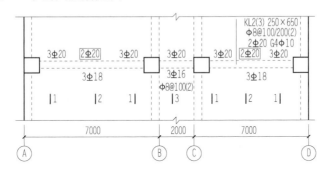

图 5-5-2　KL2 的平法施工图平面注写方式（原位注写上部通长筋后）

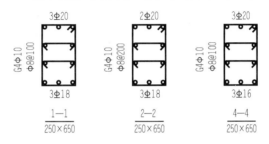

图 5-5-3　图 5-5-2 中的 1—1～3—3 横截面配筋图

2. 绘制 KL2 的纵向剖面配筋图的步骤和方法

绘制 KL2 纵向剖面配筋图的步骤如下：

（1）初步绘制 KL2 纵向剖面的模板图

根据图 5-5-1 中的轴线位置、轴距、柱截面尺寸、梁高等信息，初步画出 KL2 纵向剖面的模板图（可采用双比例绘图法绘制），见图 5-5-4。

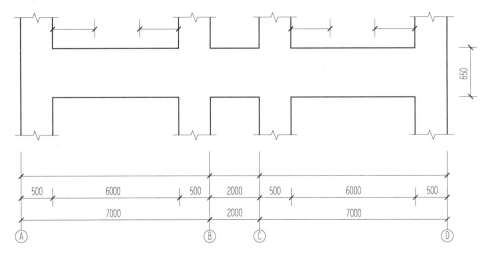

图 5-5-4　KL2 的纵向剖面模板图

图中下方画有三道尺寸线：最下面的尺寸线标注轴线之间的距离，如 7000、2000、7000；中间尺寸线标注柱子沿框架方向的边长 500 和各跨的净跨尺寸，如 6000、2000、6000；最上方的尺寸线主要是为标注梁箍筋的加密区和非加密区尺寸而提前画出的。梁上方未标注尺寸数字的尺寸线大致按梁净跨的 1/3 位置绘制，显然这是为了标注梁上方的非通长筋的截断点位置而准备的。为了图面的清晰，梁内表示现浇板的虚线并未绘制。

粗绘模板图时，梁下方的三道尺寸线和梁底标高之间留出一段距离，待最后把梁的下部钢筋分离出来，就画在梁下方的这个空白处。同样，梁的上方也应留有足够的位置，待以后绘制分离出来的上部纵筋使用。上部纵筋的种类一般比下部纵筋要多些，所以上方预留空白位置比下方要大一些。至于腰筋，原位画出；为了图面清晰起见，无论有几排腰筋，画一排代表即可。可以在其上方标注腰筋的具体数值，不标注也可以。

（2）查表求梁、柱子的保护层厚度（c_b 和 c_c）及 l_{aE} 和 l_{abE} 等基础信息

根据环境类别一类、混凝土强度 C30、钢筋牌号 HRB335、四级抗震等级、梁钢筋直径 20mm、柱子外侧纵筋直径 d_z=22mm 等基础信息，查表 2-4-2，得梁、柱的混凝土保护层厚度 c_b=c_c=20mm；接着查表 2-4-4 和表 2-4-3，得 l_{abE}=l_{ab}=29d；最后查表 2-4-6 和表 2-4-5，得到 l_{aE}=l_a=29d。

（3）计算关键数据

1）计算梁上部非通长筋截断点的位置。

因第二跨上部纵筋贯通设置，又知道第一跨和第三跨对称，所以只需计算第一跨和第二跨的关键数据。本步骤需要对照图 5-4-1 进行计算。

计算第一跨梁上部非通长筋截断点的位置：6000/3＝2000（mm）。

将此数据补填到图 5-5-4 中，做到边计算边补填数据，下面以此类推，不再赘述。

2）计算梁箍筋加密区的范围。

本步骤需要对照图 5-4-11 进行计算。

第一跨：$\max(1.5h_b，500)＝\max(1.5×650，500)＝975mm$，取 1050mm。

第二跨的箍筋已原位标注成全跨加密至 100mm。

在图 5-5-4 的下方最上面一道尺寸线上标注箍筋的加密区和非加密区长度，以及箍筋的具体数值。这道尺寸线是为后面计算箍筋道数准备的。

（4）计算关键部位锚固长度

本步骤需要对照图 5-4-1 进行计算。

1）判断上部纵筋在端支座的锚固形式及锚固长度计算。

首先通过计算来判断上部纵筋在端支座的锚固形式。

$h_c－c_c－d_g－d_z－25＝500－20－8－22－25＝425＜l_{aE}＝29d＝29×20mm＝580mm$，所以选择弯锚构造。

弯钩垂直段长度：$15d＝15×20mm＝300mm$。

验算弯钩水平段投影长度是否符合 $≥0.4l_{abE}$ 的构造要求。

$0.4l_{abE}＝0.4×29d＝0.4×29×20mm＝232mm＜h_c－c_c－d_g－d_z－25＝500－20－8－22－25＝425mm$，满足要求。

2）判断第一跨下部纵筋在端支座和中间支座的锚固形式及锚固长度计算。

因下部纵筋在中间支座为直锚，首先计算直锚长度 $l_{aE}＝29d＝29×18mm＝522mm$

因 $l_{aE}＝522mm＞柱子宽度 h_c$，所以下部纵筋在端支座内需要选择弯锚构造。

弯钩垂直段长度：$15d＝15×18mm＝270mm$。

3）计算中间跨下部纵筋在柱内的直锚长度。

中间跨下部纵筋的直锚长度 $l_{aE}＝29×16mm＝464mm$

4）计算腰筋在柱内的锚固长度。

本步骤需要对照图 5-1-14 进行计算。

$15d＝15×10mm＝150mm$，腰筋可逐跨布置或连续贯通绘制。本例采用后者，见图 5-5-5。

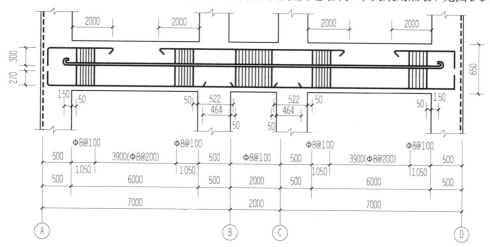

图 5-5-5　KL2 的纵向剖面配筋图

（5）在图 5-5-4 模板图中绘制上、下部纵筋和腰筋等

根据上面计算的关键部位的锚固及锚固长度数值等，绘制下部纵筋、上部非通长纵筋、腰筋及加密区箍筋等，得到图 5-5-5。

观察图 5-5-5 发现，图中并未绘制上部的通长筋。先不绘制是为了更容易看清上部非通长筋的形状、尺寸和竖向绑扎位置。也可将上部通长筋补绘成虚线，以示区别，见图 5-5-6。

3. 绘制 KL2 施工下料的钢筋纵向排布图

首先将图 5-5-5 中的上、下部纵筋分离出来，上部纵筋画在梁的上方，下部纵筋就近画在梁的下方，同时根据题意在分离出来的上下钢筋上标注钢筋的根数和直径。腰筋原位绘制一根作为代表即可。

绘制分离纵筋时注意竖向位置要对齐，这样很容易计算其设计标注尺寸。

接着，在分离出来的上、下部纵筋上直接计算钢筋设计尺寸。

最后依据钢筋的直径、尺寸、形状等是否有变化，按照从下往上、从左到右的顺序对钢筋进行编号，见图 5-5-6。

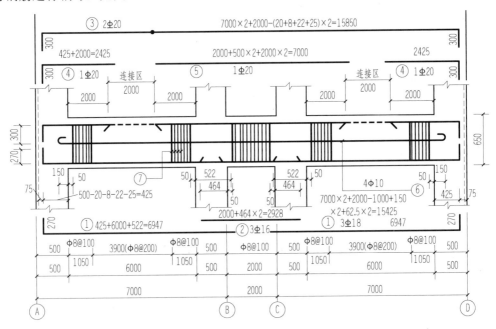

图 5-5-6　KL2 的纵向剖面配筋图及施工下料的钢筋纵向排布图

4. 绘制 KL2 钢筋材料明细表

通过前面绘制钢筋施工下料纵向排布图和对钢筋进行编号，我们对钢筋在梁内的配置情况应该比较清楚了。按图 5-5-6 中梁上、下方分离钢筋上的编号，依次把钢筋汇总到钢筋材料明细表 5-5-1 中。

对表中箍筋、拉筋及下料长度等的计算，过程如下：

（1）计算①号、③号、④号纵筋的下料长度（$R=2d$）

①号钢筋下料长度＝$(6947+270-2.073×18)$mm≈7180mm

③号钢筋下料长度＝$(15850+300×2-2.073×20×2)$mm≈16367mm

④号钢筋下料长度＝$(2425+300-2.073×20)$mm≈2684mm

（2）计算箍筋下料长度和总道数

1）计算箍筋的 L_1、L_2、L_3 和 L_4 及下料长度：

$L_1=(650-20×2)$mm＝610；$L_2=(250-20×2)$mm＝210mm。查表 3-2-1，$L_3=L_1+109$mm＝719mm；$L_4=L_2+109$mm＝319mm。

箍筋的设计长度＝$L_1+L_2+L_3+L_4$＝1858mm

箍筋的施工下料长度＝$(1858-2.288×8×3)$mm≈1803mm

2）计算 KL2 的箍筋总道数 N（逐跨进行）：

N＝箍筋加密区长度/加密间距＋箍筋非加密区长度/非加密间距

　＝$(1050-50)/100+3900/200+(1050-50)/100+1+(2000-100)/100+1$

　　$+(1050-50)/100+3900/200+(1050-50)/100+1$＝10+20(不是 19.5)+10+1

　　$+19+1+10+20$(不是 19.5)+10+1＝102（道）

（3）计算拉筋的标注尺寸（拉筋同时拉住腰筋和箍筋）和个数

根据图集 16G101—1 第 90 页注 4 的规定，拉筋直径应为 6mm，间距为 400mm。

1）计算拉筋的标注尺寸：

拉筋的标注尺寸 $L_1=(250-20×2+6×2)$mm＝222mm；查表 3-3-1 得，L_2＝96mm。

拉筋的施工下料长度＝$L_1+2L_2=(222+2×96)$mm＝414mm。

2）计算拉筋的个数：

计算拉筋的个数需要对照图 5-4-12 进行。

两排拉筋的个数按跨计算：

第一跨的第一排个数＝$(6000-100)/400+1$≈15（14.75 取整）＋1＝16（个）

第一跨的第二排个数＝16－1＝15（个）

所以

第一跨的个数 N_1＝16＋15＝31（个）

以此类推，

第二跨的个数 $N_2=(2000-100)/400+1+(2000-100)/400$≈5+1+5＝11（个）

因第三跨与第一跨对称，所以

拉筋的总个数 $N=2N_1+N_2=2×31+11$＝73（个）

表 5-5-1 为 KL2 钢筋材料明细表。

表 5-5-1　KL2 钢筋材料明细表　　　　　　　　　　　　单位：mm

编号	钢筋简图	规　格	设计长度	下料长度	数　量
①	6947　270	⊉18	7217	7180	6
②	2928	⊉16	2928	2928	3

续表

编号	钢筋简图	规　格	设计长度	下料长度	数　量
③	300 ⌐¯¯15850¯¯⌐ 300	Φ20	16450	16367	2
④	300 ⌐¯¯2425¯¯	Φ20	2725	2684	2
⑤	7000	Φ20	7000	7000	1
⑥	62.5 ⌐¯¯15300¯¯⌐ 62.5	Φ10	15425	15425	4
⑦	319 610 719 210	Φ8	1858	1803	102
⑧	96 ⟍222⟋ 96	Φ6	414	414	73

5. 根据表 5-5-1 计算 KL2 不同直径钢筋的造价总长度

题目规定纵筋采用焊接，焊接接头的位置不影响钢筋造价总长度的计算；而钢筋直径变化处，焊接接头的位置却影响钢筋长度的计算。

计算 KL2 不同直径钢筋的造价总长度，需要对照表 5-5-1 来进行。

钢筋直径有 20、18、16、10、8、6 共计 6 种规格，分别计算如下：

$L(20)=(16450×2+2725×2+7000)mm=45350mm$

$L(18)=7217mm×6=43302mm$

$L(16)=2928mm×3=8784mm$

$L(10)=15425mm×4=61700mm$

$L(8)=1858mm×102=189516mm$

$L(6)=414mm×73=30222mm$

观察表中③号通长筋的长度，发现其已超过了钢筋出厂的下料长度 9m 或 12m。施工现场需要将③号筋截断，分成两段来下料。如图 5-5-6 上方，已标注出了上部通长筋连接区的位置。这里在③号筋上绘制了一个焊接点示意，见图 5-5-6，截断③号筋时，断点位置按规定在连接区内即可。

5.5.2　带悬挑屋面框架梁 WKL 平法施工图识读与钢筋计算

1. 带悬挑屋面框架梁 WKL6 平法施工图识读

某现浇混凝土框架结构办公楼工程的梁平法施工图采用平面注写方式绘制，规定梁的纵筋采用焊接连接，端支座弯锚的钢筋排布按图 5-4-9 执行。以其中较复杂的屋面框架梁 WKL6 为例，将与其相关的工程信息找出来汇总在一起。图 5-5-7 所示为 WKL6 的平法施工图和工程信息汇总。

图 5-5-7 解读如下：

该梁为四级抗震等级的屋面框架梁。编号 WKL6（2A）表示其为 6 号屋面框架梁，2 跨，右端带悬挑；Ⓐ轴和Ⓑ轴之间是该梁第一跨，跨度 6300mm；Ⓑ轴和Ⓒ轴之间是第二跨，跨度也是 6300mm；Ⓒ轴右侧是悬挑端，悬挑长度为 2200mm。观察图上轴线和柱子的关系，发现该梁如果没有悬挑，则两跨对称。梁的截面宽度为 250mm，高度为 550mm；箍筋为直径 8mm 的 HPB300 级钢筋，加密区间距为 100mm，非加密区间距为 200mm。悬挑端已做原位标注，箍筋加密至 100mm；截面宽度不变，高度减小为 500mm。

该梁上部有 2 根直径 25mm 的 HRB335 级通长角筋；梁的侧面没有腰筋；第一跨的下部纵筋为 4 根直径 22mm 的 HRB335 级钢筋，第一跨左端上方有包括 2Φ25 通长筋在内的共 4Φ25 的支座负筋，因此可判断出梁的左端上方有 2 根直径为 25mm 的非通长负筋；第一跨右端上方有包括 2Φ25 通长筋在内的共 6Φ25 的支座负筋（上排 4 根，下排 2根），因此可判断出梁的右端上方有 4 根直径为 25mm 的非通长负筋（上排中部 2 根非通长负筋，下排 2 根非通长负筋）；第二跨与第一跨配筋对称，不再赘述。悬挑端下部有 2Φ14 的架立筋，上部有 4Φ25 的支座负筋。悬挑梁顶面与第二跨的框架梁顶面标高一致，第二跨右端上部钢筋与悬挑端上部钢筋相同，可以合用。

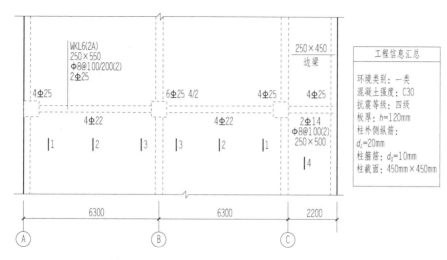

图 5-5-7　WKL6 的平法施工图和工程信息汇总

2. 绘制 WKL6 的纵向剖面配筋图的步骤和方法

绘制 WKL6 纵向剖面配筋图的步骤如下：

（1）初步绘制 WKL6 纵向剖面的模板图

根据图 5-5-7 中的轴线位置、轴距、柱截面尺寸、梁高等信息，初步画出 WKL6 纵向剖面的模板图（可采用双比例绘图法绘制），见图 5-5-8。与前面讲过的 KL2 类似，图中下方也画有三道尺寸线。与前面不同的是梁内绘制了表示现浇板的虚线。

为了对 WKL6 的集中标注和原位标注有更进一步的认识，在图 5-5-7 WKL6 的平法施工图上给出了 7 个剖切位置，利用前面的结论“集中标注的第四项上部通长筋实为梁上部跨中 $l_{ni}/3$ 范围内的纵筋数值”，来直接绘制梁的横向剖面配筋图，见图 5-5-9。

（2）查表求梁、柱子的保护层厚度（c_b 和 c_c）及 l_{aE} 和 l_{abE} 等基础信息

根据环境类别一类、混凝土强度 C30、钢筋牌号 HRB335、四级抗震等级、梁钢筋直径 25mm、柱子外侧纵筋直径 d_z＝20mm 等基础信息，查表 2-4-2，得到梁、柱的混凝土保护层厚 c_b＝c_c＝20mm；接着查表 2-4-4 和表 2-4-3，得 l_{abE}＝l_{ab}＝29d；最后查表 2-4-6

和表 2-4-5，得到 $l_{aE}=l_a=29d$。

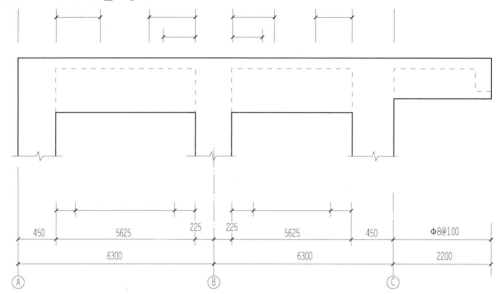

图 5-5-8　WKL6 的纵向剖面模板图

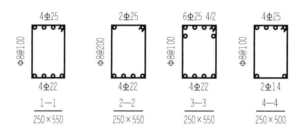

图 5-5-9　图 5-5-7 中 1—1～4—4 横向剖面配筋图

（3）计算关键数据

1）计算梁上部非通长筋截断点的位置。

本步骤需要对照图 5-4-9 进行计算。5625mm/3＝1875mm，5625mm/4≈1406mm。将此数据补填到图 5-5-8 中，做到边计算边补填数据，下面以此类推。

2）计算梁箍筋加密区的范围。

本步骤需要对照图 5-4-11 进行计算。

第一跨和第二跨相同：max｛1.5h_b，500mm｝＝max｛1.5×550mm，500mm｝＝825mm，取 850mm。

悬挑端的箍筋已原位标注加密至 100mm。

在图 5-5-8 的下方最上面一道尺寸线上标注箍筋的加密区和非加密区长度，以及箍筋的具体数值。这道尺寸线是为后面计算箍筋道路准备的。

（4）计算关键部位锚固长度

本步骤需要对照图 5-4-9 进行计算。

1）上部纵筋在端支座的锚固长度计算。

因是屋面框架梁，需要先选择图 4-4-18 中的"柱插梁"还是"梁插柱"构造。本步骤选择与"柱插梁"构造配合。

弯钩垂直段至梁底截断,长度为 $h_b-c_b=(550-20)mm=530mm$。

2)判断下部纵筋在端支座的锚固形式及锚固长度计算。

$l_{aE}=29d=29×22mm=638mm>$ 柱子宽度 450mm,所以下部纵筋在端支座需要选择弯锚构造。

$h_c-c_c-d_g-d_z-25mm-$ 上部纵筋直径 $-25mm=(450-20-10-20-25-25-25)mm=325mm>0.4l_{abE}=0.4×29d=0.4×29×22mm=255.2mm$。

满足弯锚水平段投影长度大于 $0.4l_{abE}$ 的要求。

弯钩垂直段长度:$15d=15×22mm=330mm$。

3)下部纵筋在中间支座的直锚长度 l_{aE}。

直锚长度 $l_{aE}=29d=29×22mm=638mm$

4)计算悬挑端下部纵筋的锚固长度。

本步骤需要对照图 5-4-16 进行计算,直线锚固长度 $=15d=15×14mm=210mm$。

(5)在图 5-5-8 中绘制纵筋及悬挑端钢筋等

根据上面计算的关键部位的锚固及锚固长度数值等,绘制下部纵筋、上部非通长纵筋及加密区箍筋、悬挑端钢筋等。将上部通长筋绘制成虚线,得到图 5-5-10。

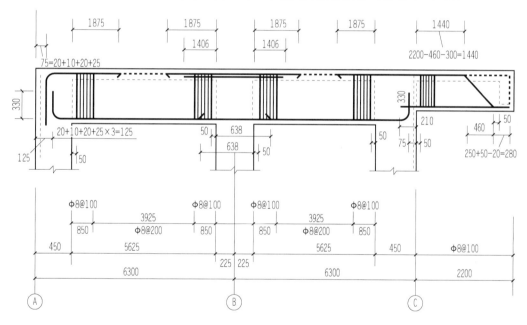

图 5-5-10 WKL6 的纵向剖面配筋图

3. 绘制 WKL6 钢筋施工下料的排布示意图

首先将图 5-5-10 中的上、下纵筋分离出来,上部纵筋画在梁的上方,下部纵筋就近画在梁的下方。同时根据题意在分离出来的上下钢筋上标注钢筋的根数和直径。绘制分离纵筋时注意竖向位置要对齐,这样就很容易计算其设计标注尺寸了。

接着在分离出来的上、下部纵筋旁直接计算钢筋设计尺寸。

最后依据钢筋的直径、尺寸、形状等是否有变化，按照从下往上、从左到右的顺序对钢筋进行编号，见图 5-5-11。

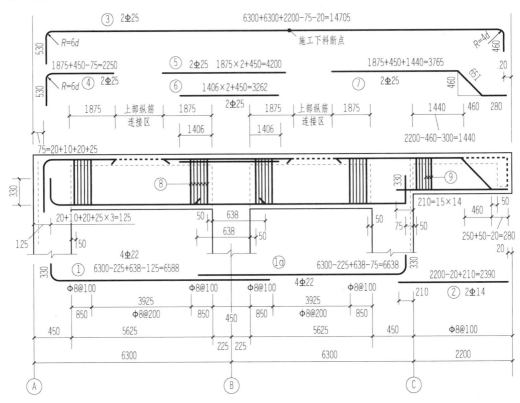

图 5-5-11　WKL6 的纵向剖面配筋图及钢筋施工下料排布示意

4. 绘制 WKL6 钢筋材料明细表

通过前面绘制钢筋排布图和对钢筋进行编号的过程，我们对钢筋在梁内的配置情况应该比较清楚了。按图 5-5-11 梁上、下方分离钢筋上的编号，依次把钢筋汇总到钢筋材料明细表 5-5-2 中。

表 5-5-2　WKL6 钢筋材料明细表　　　　　　　　　单位：mm

编号	钢筋简图	规格	设计长度	下料长度	数量
① （①a）	6588(6638)　330	Φ22	6918 (6968)		4（4）
②	2390	Φ14	2390	2390	2
③	530　14705　460 R=6d　R=4d	Φ25	15695		2
④	530　2250 R=6d	Φ25	2780		2

续表

编号	钢 筋 简 图	规　格	设 计 长 度	下 料 长 度	数　量
⑤	4200	Φ25	4200	4200	2
⑥	3262	Φ25	3262	3262	2
⑦	3765　651　280	Φ25	4696		2
⑧	319　510　210　619	Φ8	1658		
⑨	319　460　210　569	Φ8	1558		

把表中空缺的箍筋数量及下料长度等当作练习，请同学们补充完整。

5. 计算 WKL6 不同直径钢筋的造价总长度

计算 WKL6 不同直径钢筋的造价总长度，需要对照表 5-5-2 来进行。

分别计算钢筋直径 25mm、22mm、14mm 三种规格，如下：

$L(25)＝(15695＋2780＋4200＋3262＋4696)mm×2＝61266mm$

$L(22)＝6918mm×4+6968mm×4＝55544mm$

$L(14)＝2390mm×2＝4780mm$

将表 5-5-2 空白处补充完整后，计算箍筋的造价总长度，并计算所有钢筋的总质量。

观察表中③号通长筋的长度，发现其已超过了钢筋出厂的下料长度 9m 或 12m。施工现场需要将③号筋截断，分成两段来下料。如图 5-5-11 上方，已标注出了连接区的位置，编者在③号筋上绘制了一个截断点示意，截断③号筋时，断点位置按规定在连接区内即可。

5.6　非框架梁标准配筋构造解读

知识导读

5.5 节刚讲过的框架梁属于抗震结构构件，即框架梁仅在有抗震设防要求的房屋中是抗震的，需要满足抗震构造要求。而这一节我们要讲的非框架梁却属于非抗震结构构件，即无论有抗震设防要求还是无抗震设防要求的房屋，非框架梁均不考虑抗震作用。

建筑房屋中有众多的结构构件，如梁、柱子、楼板、剪力墙、各类基础等。它们中哪些属于抗震结构构件，哪些又属于非抗震结构构件，弄清楚这个问题对我们掌握 16G101 中各种结构构件的标准配筋构造是非常有用的。这个问题的答案见特别提示。

工程中没有特殊注明时，非框架梁 L 的端支座通常是按"铰接"考虑的，即端支座处弯矩为零，就如同简支梁的端支座。因此先介绍简支梁的下部纵筋锚固，然后再学习非框架梁的标准配筋构造，这样就比较容易被理解和接受了。

特别提示

- 工程抗震时有抗震等级，但即使在一级抗震的工程中，有的构件也是不起抗震作用的，即无论有抗震设防要求还是无抗震设防要求的房屋，非抗震结构构件均起不到抗震作用。
- 抗震结构构件：有抗震设防要求的楼层框架梁、屋面框架梁、框支梁、梁上柱、芯柱、剪力墙上柱、框架柱、框支柱、剪力墙、桩基础、部分楼梯等。
- 非抗震结构构件：非框架梁、井字梁、楼板、屋面板、部分楼梯、独立基础、条形基础、筏形基础等。
- 各类梁的悬挑端和纯悬挑梁一般情况下是不考虑抗震的，若设计注明了考虑竖向地震作用，也应按抗震考虑钢筋的构造。

5.6.1 梁简支端下部纵向受力钢筋的锚固

钢筋混凝土简支梁和连续梁（此处指多跨非框架梁）简支端（端支座）的下部纵向受力钢筋，从支座边缘算起伸入梁支座内的锚固长度 l_{as} 见图 5-6-1，应符合下列规定：

当 $V \leqslant 0.7 f_t b h_0$ 时 $l_{as} \geqslant 5d$

当 $V > 0.7 f_t b h_0$ 时，分以下两种情况：

带肋钢筋 $l_{as} \geqslant 12d$

光面钢筋 $l_{as} \geqslant 15d$

此处，d 为纵向受力钢筋的最大直径。

纵向受力钢筋伸入梁支座范围内的锚固长度不符合上述要求时，可采取弯钩或机械锚固措施。其他要求见知识链接中规范条文的规定。

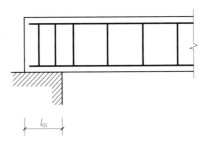

图 5-6-1 纵向受力筋伸入梁支座的锚固

知识链接

GB 50010—2010《混凝土结构设计规范（2015 年版）》第 9.2.2 条规定：支承在砌体结构上的钢筋混凝土独立梁，在纵向受力钢筋锚固长度范围内应配置不少于 2 个箍筋，其直径不宜小于 $d/4$，d 为纵向受力钢筋最大直径；间距不宜大于 $10d$，当采取机械锚固措施时箍筋间距还不宜大于 $5d$，d 为纵向受力钢筋最小直径。

对混凝土强度等级为 C25 及以下的简支梁和连续梁的简支端，当距支座边 1.5h 范围内作用有集中荷载，且 $V > 0.7 f_t bh_0$ 时，对带肋钢筋宜采取有效的锚固措施，或取锚固长度不小于 15d，d 为锚固钢筋的直径。

5.6.2　非框架梁配筋构造和纵筋的连接区范围

1. 非框架梁 L 配筋构造

非框架梁属于非抗震结构构件，其配筋构造见图 5-6-2。

识读非框架梁配筋构造图 5-6-2，可以与前面讲过的楼层框架梁纵筋构造图 5-4-1 对比来学习和记忆，两者有些构造是非常相似的。

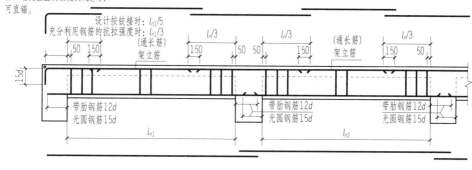

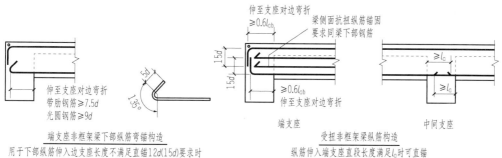

图 5-6-2　非框架梁 L、L_g 配筋构造

图 5-6-2 解读如下：

1）跨度值 l_n 为左跨 l_{ni} 和右跨 l_{ni+1} 中的较大值，其中 i=1，2，3 等。

2）当梁上部有通长钢筋时，连接位置宜位于跨中 $l_{ni}/3$ 范围内；梁下部钢筋连接位置宜靠近支座 $l_{ni}/4$ 范围内；且在同一连接区段内钢筋接头面积百分率不宜大于 50%。

3）当梁纵筋（不包括侧面 G 打头的构造筋及架立筋）采用绑扎搭接接长时，搭接区内箍筋直径不小于 d/4，d 为搭接钢筋最大直径，间距不应大于 100mm 及 5d（d 为搭接钢筋较小直径）。

4）当梁的纵筋兼作温度应力筋时，梁下部纵筋锚入支座的长度由设计确定。

5）梁侧面构造钢筋的要求见图5-1-14。

6）当梁配有抗扭纵向钢筋时，梁下部纵筋锚入支座的长度应为 l_a，在端支座直锚长度不足时可弯锚，见图中受扭非框架梁纵筋构造图。

7）非框架梁下部纵筋在支座内的直锚长度：当采用光圆钢筋时为 $15d$，当采用带肋钢筋时为 $12d$。

8）弧形非框架梁的箍筋间距沿着梁的凸面线度量。

9）上部纵筋在端支座应伸到主梁外侧纵筋内侧后弯折，当直段长度不小于 l_a 时可不弯折。

10）图中"设计按铰接时"用于代号为 L 的非框架梁，"充分利用钢筋的抗拉强度时"用于代号为 L_g 的非框架梁。

2. 非框架梁 L 纵筋的连接区范围

非框架梁 L 纵筋的连接区范围见图5-6-3。

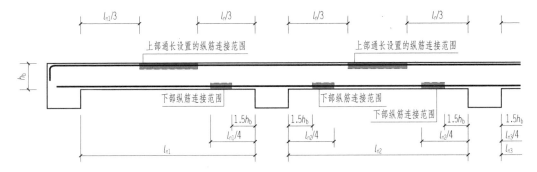

图 5-6-3　非框架梁 L 纵筋的连接区范围

图 5-6-3 解读如下：

1）非框架梁上部设置的通长纵筋可在梁跨中图示范围内连接。下部纵筋可在中间支座内锚固，也可在中间支座范围外连接；连接的起始点至中间支座边缘的距离不应小于 $1.5h_b$，且结束点距支座边缘的距离不宜大于 $l_{ni}/4$。上、下部纵筋在图示连接范围内连接钢筋的面积百分率不应大于 **50%**。

2）梁相同直径的同一根纵筋在同一跨内设置连接接头不得多于一个。

3）梁上部非通长筋不得设置连接接头，且应贯穿中间支座。

4）梁下部纵筋、侧面纵筋宜贯穿中间支座或在中间支座锚固。

图 5-6-3 解读的 2）～4）条内容也适用于其他梁。

3. 非框架梁端支座上部钢筋排布构造

非框架梁端支座上部钢筋排布构造即主次梁节点构造，见图5-6-4。

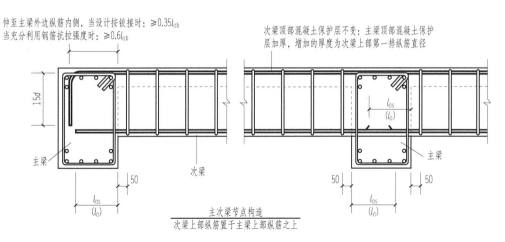

图 5-6-4　非框架梁端支座上部钢筋排布构造（主次梁节点构造）

图 5-6-4 解读如下：

1）本图为非框架梁（次梁）上部纵筋置于框架梁（主梁）上部纵筋之上的构造。在设计允许的情况下，也可选择其他排布构造，见图集 12G901—1 第 2～41 页。

2）非框架梁的上部纵筋在端支座应伸到主梁外侧纵筋内侧后弯折，当直段长度不小于 l_a 时可不弯折。

3）图中下部纵筋在端支座和中间支座的锚固与图 5-6-2 的解读一致。

4. 非框架梁 L 特殊情况下中间支座纵向钢筋构造

非框架梁 L 特殊情况下中间支座纵向钢筋构造见图 5-6-5。

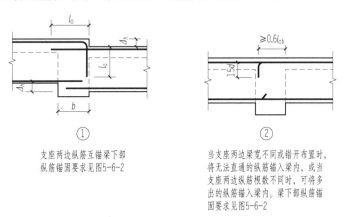

①

支座两边纵筋互锚梁下部
纵筋锚固要求见图5-6-2

②

当支座两边梁宽不同或错开布置时，
将无法直通的纵筋锚入梁内，或当
支座两边筋根数不同时，可将多
出的纵筋锚入梁内。梁下部纵筋锚
固要求见图5-6-2

图 5-6-5　非框架梁 L 中间支座纵向钢筋构造

图 5-6-5 解读如下：

1）若中间支座两侧的非框架梁高度不同，支座两边上部纵筋互相锚固，锚固要求见图中的①节点构造。

2）当中间支座两侧的非框架梁宽度不同、错开布置或钢筋根数不同时，将不能直通的纵筋锚入支座梁内。锚固要求见图中的②节点构造。

3）图中下部纵筋在中间支座的直锚长度与图 5-6-2 的解读一致。

5.7　非框架梁平法施工图识读与钢筋计算

> **知识导读**
>
> 本节将通过讲述绘制非框架梁的横截面钢筋排布图和纵剖面钢筋排布图的步骤和方法，来练习非框架梁 L 平法施工图的识读；通过对梁的端支座、中间支座、非通长筋断点位置等关键部位的计算，来巩固、理解并最终能熟练掌握非框架梁 L 的纵筋和箍筋构造。
>
> 自己练习计算该梁各种钢筋的造价总长度，进一步了解各类钢筋在梁内的配置和排布情况。最后练习进行施工下料方面的钢筋计算，促进对梁内钢筋全方位的掌握，最终达到正确快速识读非框架梁平法施工图和计算梁内钢筋设计长度和施工下料长度的目的。

5.7.1　非框架梁 L8 平法施工图识读

某现浇混凝土框架结构办公楼工程的梁平法施工图采用平面注写方式绘制，以其中的一根非框架梁 L8 为例，并给出了该工程的诸多信息。图 5-7-1 所示为 L8 的平法施工图和相关的工程信息资料汇总。规定 L8 端支座弯锚的钢筋排布按图 5-6-4 执行。

对图 5-7-1 的解读，实际上就是解读和剖析 L8 的集中标注和原位标注的含义。请读者根据前面所学的平法制图规则和钢筋计算案例自己练习解读。

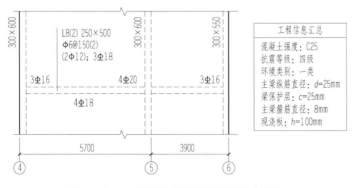

图 5-7-1　L8 的平法施工图和工程信息汇总

5.7.2　绘制 L8 横截面钢筋排布图

利用识读梁平法施工图的规则和前面的结论"集中标注的上部通长筋，实为梁上部跨中 $l_{ni}/3$ 范围内的纵筋数值"，将集中标注的第四项内容原位标注到梁的平法施工图上，见图 5-7-2 中矩形方框内的钢筋；然后在图中非框架梁 L8 上给出了 6 个剖切位置，直接绘制 1—1～6—6 梁的横截面配筋图，见图 5-7-3。

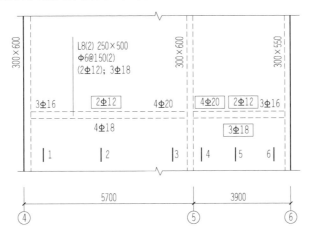

图 5-7-2　L8 的平法施工图及剖切位置示意

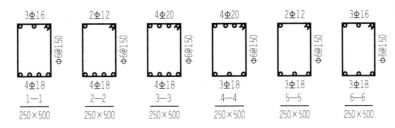

图 5-7-3　图 5-7-2 中的 1—1～6—6 横截面配筋图

5.7.3　绘制 L8 纵向剖面配筋图的步骤

绘制 L8 纵向剖面配筋图的步骤如下：

（1）初步绘制 L8 纵向剖面的模板图

根据图 5-7-1 中的轴线位置、轴距、主梁截面尺寸等信息，初步画出 L8 纵向剖面的模板图（可采用双比例绘图法绘制）。图中下方画有两道尺寸线，见图 5-7-4。

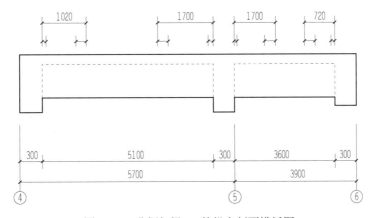

图 5-7-4　非框架梁 L8 的纵向剖面模板图

169

（2）计算关键数据

此步骤要求一边计算，一边在图 5-7-4 内绘制钢筋，同时将关键数据补填到位。规定端支座按铰接考虑。

1）计算基础数据 l_a 和 l_{ab}。

因为是非框架梁，不抗震。所以根据混凝土强度 C25、钢筋直径 16mm/18mm 和钢筋牌号 HRB335，查表 2-4-3，得 $l_{ab}=33d$；查表 2-4-5，有 $l_a=33d$。

2）计算端支座上部筋的锚固形式和锚固长度。

首先计算 l_a，因 $l_a=33d=33 \times 16mm=528mm > $ 主梁宽 300mm，所以不符合直锚条件，应选择弯锚构造。（主梁的宽度一般在 300mm 左右，远达不到这一步的计算数据 528mm。所以，对于非框架梁来说，工地上直接采用弯锚构造，理由就在于此。）

接着，验算弯锚的水平段投影长度是否满足要求。这一步需要与图 5-6-2 和图 5-6-4 对照。

端支座上部负筋伸入主梁内水平段投影长度＝主梁宽－主梁保护层－主梁箍筋直径－主梁上部角筋直径＝300mm－25mm－8mm－25＝242mm > $0.35l_{ab}$（即 $0.35 \times 33 \times 16mm \approx 185mm$），满足要求。

弯钩垂直段投影长度＝$15d=15 \times 16mm=240mm$

3）计算下部筋直锚长度。

直锚长度＝$12d=12 \times 18mm=216mm <$ 梁宽 300mm，满足直锚要求。

4）计算上部非通长筋的截断点位置。

首先计算净跨度：

$l_{n1}=(5700-300 \times 2)mm=5100mm$，$l_{n2}=(3900-300)mm=3600mm$

中间支座非通长筋的截断点位置：

$l_n/3=5100mm/3=1700mm$

左端支座上部非通长筋的截断点位置：

$l_{n1}/5=5100mm/5=1020mm$

右端支座上部非通长筋的截断点位置：

$l_{n2}/5=3600mm/5=720mm$

5）绘制上、下部纵筋及箍筋。

根据以上计算结果，在图 5-7-4 中绘制纵筋和箍筋并标注关键数据，见图 5-7-5。

因为非框架梁不抗震，所以 L8 没有箍筋加密区。第一道箍筋距柱边缘均为 50mm，见图 5-7-5 的标注，在图中绘制几道箍筋作为代表即可。

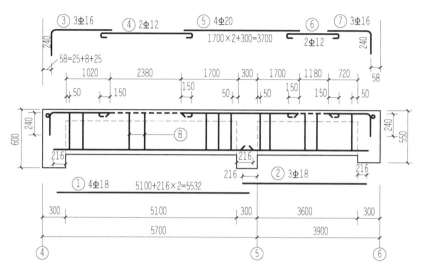

图 5-7-5   非框架梁 L8 的纵向剖面配筋图及钢筋施工下料排布示意

5.7.4   绘制 L8 钢筋施工下料的排布图

将图 5-7-5 中梁内的上、下部纵筋分离出来，上部纵筋画在梁的上方，下部纵筋就近画在梁的下方。绘制分离纵筋时注意竖向位置要对齐，这样就很容易计算分离纵筋的设计标注尺寸了。

图 5-7-5 中上、下部纵筋已分离绘制，并按从下往上、从左往右的顺序进行了编号；在所有编号的钢筋上标注了钢筋的根数和直径；在①号、⑤号钢筋上计算出了长度，其他钢筋没有计算。

请同学们在图上把剩余的钢筋长度计算出来，并直接标注在图 5-7-5 上。

5.7.5   绘制 L8 钢筋材料明细表

将图 5-7-5 剩余钢筋长度标注完成后，将钢筋按照编号顺序填到表 5-7-1 中，并将表中空白处补充完整。

表格完成后，按直径不同分别计算钢筋的造价长度，最后汇总计算出 L8 的钢筋总质量。

表 5-7-1   L8 钢筋材料明细表   单位：mm

编 号	钢 筋 简 图	规 格	设 计 长 度	下 料 长 度	数 量
①	5532	Φ18	5532	5532	4
②		Φ18			3
③	240	Φ16			3
④		Φ12			2
⑤	3700	Φ20	3700	3700	4

续表

编号	钢筋简图	规　格	设 计 长 度	下 料 长 度	数　量
⑥	75(6.25d)　　　75	Φ12			2
⑦	240	Φ16			3
⑧	450　200	Φ6			

<h1 style="text-align:center">小　结</h1>

　　本单元主要论述了平法梁施工图的识读和钢筋计算的基本方法。

　　首先简要说明了平法梁的分类及梁内钢筋的分类和作用；接着简明扼要地介绍了平法梁的两种注写方式，即梁平法施工图的平面注写方式和截面注写方式；然后阐述了框架梁的钢筋构造，包括纵筋的连接、锚固，以及各种箍筋的复合形式和构造方式，并穿插介绍了悬挑梁及梁的悬挑端等的配筋构造；最后通过案例详细地讲解了各类梁的钢筋设计长度和施工下料长度的计算。

　　在此前提下本单元是在完成了单元4柱竖向承力构件系统的讲解之后，全面地阐述了梁平法施工图。本书至此平法施工图已经涉及框架结构体系除板之外的主要结构构件。内容涵盖广泛，重点突出。如同框架柱一样，该部分叙述，尤其有关框架梁的钢筋构造和计算，对于指导学生工地实践教学意义重大。

【复习思考题】

1．识读平法梁的编号，见表5-1-1。

2．平法梁的截面尺寸有几种表达方式？

3．梁内钢筋有哪些种类？

4．识读梁横截面纵筋与箍筋排布构造，见图5-1-13。

5．梁的腰筋设置条件是什么？识读腰筋和拉筋构造，见图5-1-14。

6．图集是如何规定拉筋的直径和间距的？

7．识读梁附加横向钢筋（箍筋和吊筋）构造，见图5-1-16。

8．梁的集中标注有几项内容？原位标注有几项内容？

9．识读抗震楼层框架梁KL纵筋标准配筋构造，见图5-4-1。

10．识读抗震屋面框架梁WKL纵筋标准配筋构造，见图5-4-9。

11．识读抗震框架梁KL、WKL的箍筋加密区范围，见图5-4-11。

12．识读抗震框架梁箍筋、拉筋沿梁纵向排布构造，见图5-4-12。

13．识读梁悬挑端标准配筋构造，见图5-4-14～图5-4-16。

14．识读非框架梁标准配筋构造，见图5-6-2。

15．非框架梁L上、下部纵筋的连接区范围是哪里？

16．识读非框架梁端支座上部钢筋排布构造（主次梁节点构造），见图5-6-4。

17．填空题。

（1）梁平法施工图的表达方式有_____和_____两种。其中最常用的一种方式是_____。

（2）抗震框架梁下部受力钢筋在端支座的锚固方式有_____、_____和_____三种。当采用弯锚时，下部受力筋应伸至梁上部纵筋弯钩段内侧或柱外侧纵筋内侧，且需满足_____的要求，竖向弯折段长度为_____。

（3）抗震框架梁下部受力钢筋在端支座或中间支座采用直锚方式时，应满足_____且_____的要求。

（4）为方便施工，凡框架梁的所有支座和非框架梁（不包括井字梁）的中间支座上部纵筋的伸出长度 a_0 值在标准构造详图中统一取值为：第一排非通长筋及与跨中直径不同的通长筋从柱（梁）边起伸出至_____位置；第二排非通长筋伸出至_____位置。

（5）当梁的腹板高度 $h_w \geqslant$_____时，梁侧面需配置纵向构造钢筋。

（6）悬挑梁（包括其他类型梁的悬挑部分）上部第一排纵筋伸出至梁端头并下弯，第二排伸出至_____位置。当具体工程需要将悬挑梁中的部分上部钢筋从悬挑梁根部开始斜向弯下时，应由设计者另加注明。

（7）当梁（不包括框支梁）下部纵筋不全部伸入支座时，不伸入支座的梁下部纵筋截断点距支座边的距离，在标准构造详图中统一取为_____。

（8）非框架梁、井字梁的上部纵向钢筋在端支座的锚固要求，标准构造详图中规定：当设计按铰接时，平直段伸至端支座对边后弯折，且平直段长度为_____，竖向弯折段长度为_____；当充分利用钢筋的抗拉强度时，平直段伸至端支座对边后弯折，且平直段长度为_____，竖向弯折段长度为_____。设计者应在平法施工图中注明采用何种构造，当多数采用同种构造时可在图注中统一写明，并将少数不同之处在图中注明。

（9）非抗震设计时，框架梁下部纵向钢筋在中间支座的锚固长度，标准构造详图中按计算中充分利用钢筋的抗拉强度考虑。当计算中不利用该钢筋的强度时，其伸入支座的锚固长度对于带肋钢筋为_____，对于光面钢筋为_____，此时设计者应注明。

（10）非框架梁的下部纵向钢筋在中间支座和端支座的锚固长度，在标准构造详图中规定对于带肋钢筋为_____，对于光面钢筋为_____。当计算中需要充分利用下部纵向钢筋的抗压强度或抗拉强度，或具体工程有特殊要求时，其锚固长度应由设计者按照现行混凝土规范的相关规定进行变更。

（11）当非框架梁配有受扭纵向钢筋时，梁纵筋锚入支座的长度为_____，在端支座直锚长度不足时可伸至端支座对边后弯折，且平直段长度为_____，竖向弯折段长度为_____，设计者应在图中注明。

【识图与钢筋计算】

1. 梁下部纵筋注写为"2⊈20＋2⊈18(－2)/4⊈25"，含义是什么？

2. 试画出 9/9(6)、9/8(6)、9/7(6)、10/10(6)、10/9(6)、10/8(6)、10/8(4) 的箍筋排布构造图。

3. 在某办公楼楼面梁施工图中截取了 KL3(2A) 的平法施工图和工程信息，见图 1。用已学过的抗震楼层框架梁和悬挑梁的平法知识，试求：

（1）识读 KL3(2A) 的平法施工图；

（2）计算钢筋的设计长度和施工下料长度，并绘制钢筋材料明细表。

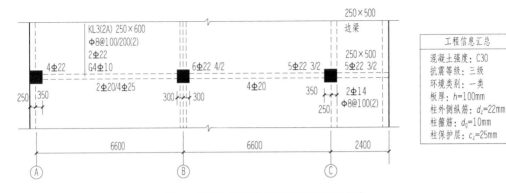

图 1　KL3(2A) 的平法施工图和工程信息

4. 在某教学楼的工程施工图中截取了 KL2(3) 的平法施工图和工程信息，见图 2。试求：

（1）识读 KL2(3) 的平法施工图；

（2）计算钢筋的设计长度和施工下料长度，并绘制钢筋材料明细表。

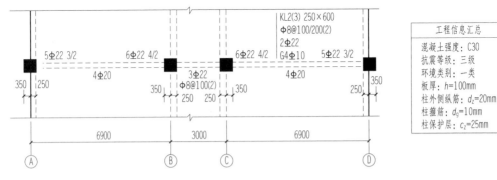

图 2　KL2(3) 的平法施工图和工程信息

5. 在某教学楼的工程施工图中截取了 WKL6 的平法施工图和工程信息，见图 3。试求：

（1）识读 WKL6(1) 的平法施工图；

（2）计算钢筋的设计长度和施工下料长度，并绘制钢筋材料明细表。

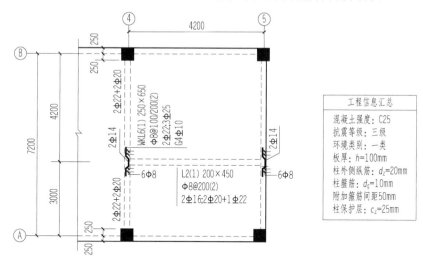

图 3　WKL6(1)的平法施工图和工程信息

6. 某工程一双跨非框架梁 L4(2)平法施工图和工程信息，见图 4。梁端支座设计按铰接考虑。试求：

（1）识读 L4(2)的平法施工图；

（2）计算 L4 的钢筋设计长度和下料长度，并绘制钢筋材料明细表。

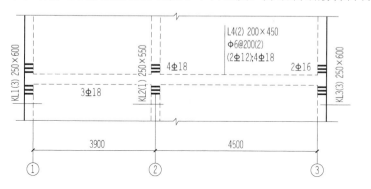

图 4　L4(2)的平法施工图和工程信息

单元 **6**

板平法施工图识读与钢筋计算

教学目标 ☞

通过对本单元的学习，学生应能够：

1. 掌握现浇楼面板和屋面板的分类、配筋构造及平法制图规则的含义。
2. 了解板配筋的基本情况。
3. 掌握板平法施工图的平面注写方式。
4. 熟悉与楼板相关构造类型的直接引注方式及配筋构造等。
5. 掌握楼板钢筋计算的步骤和方法。

教学要求 ☞

教学要点	知识要点	权重	自测分数
板及板内钢筋的分类	掌握板的分类、平法编号及板内钢筋配置情况	20%	
板平法施工图的注写方式	理解板平法施工图的注写方式，熟悉并逐步掌握其注写内容的含义和阅读方法	20%	
板的标准钢筋构造	熟悉板的标准构造，具体掌握板内受力钢筋、构造钢筋和分布筋在支座及跨中的锚固、布置及与楼板相关构造的引注和配筋等	35%	
板的钢筋计算	掌握楼板钢筋计算的方法和步骤	25%	

实例引导——楼板平法施工图的识读

下图所示为 5～8 层楼板平法施工图平面注写方式示例，通过对本单元的学习，结合以往所掌握的制图知识，学生应能够读懂下图所表达的图形语言含义及平面注写的数字和符号的含义。

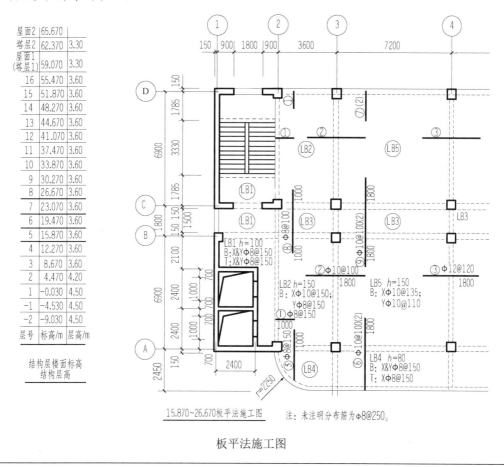

屋面2	65.670	
塔层2	62.370	3.30
屋面1 (塔层1)	59.070	3.30
16	55.470	3.60
15	51.870	3.60
14	48.270	3.60
13	44.670	3.60
12	41.070	3.60
11	37.470	3.60
10	33.870	3.60
9	30.270	3.60
8	26.670	3.60
7	23.070	3.60
6	19.470	3.60
5	15.870	3.60
4	12.270	3.60
3	8.670	3.60
2	4.470	4.20
1	-0.030	4.50
-1	-4.530	4.50
-2	-9.030	4.50
层号	标高/m	层高/m

结构层楼面标高
结构层高

15.870～26.670板平法施工图

注：未注明分布筋为φ8@250。

板平法施工图

6.1　板及板内钢筋的分类

6.1.1　平法施工图中板的分类

钢筋混凝土板根据施工方法不同，分为现浇板和预制板。关于施工图表达方式，预制板结构布置图一直沿用传统方式绘制和识读；而本单元讲述的板，是指现浇的混凝土楼面板和屋面板。

根据板支座的不同，平法将板分为有梁楼盖板和无梁楼盖板两种。

1. 有梁楼盖板的分类

有梁楼盖板指以梁为支座的楼面板与屋面板。

对于普通楼面板，两向均以一跨（两根梁之间为一跨）为一板块，即四周由梁围成的封闭"房间"就是一板块。可见整层的楼面板或屋面板均由若干"板块"连成一片而形成。板的配筋是以"板块"为单元，与梁类似，板也可分为单跨板和多跨板（亦称连续板）。对于密肋楼盖，两向主梁（框架梁）均以一跨为一板块（密肋不计）。

根据板块周边的支承情况及板块的长宽比值不同，将有梁楼盖板的板块分为单向板和双向板，见图6-1-1。两种板的划分原则，见知识链接中规范条文的规定。

◆ **知识链接**

GB 50010—2010《混凝土结构设计规范（2015年版）》第9.1.1条对单、双向板进行了划分，并规定混凝土板应按下列原则进行计算：

1）两对边支承的板应按单向板计算。

2）四边支承的板应按下列规定计算：

① 当长边与短边长度之比≤2.0时，应按双向板计算；

② 当长边与短边长度之比>2.0，但<3.0时，宜按双向板计算；

③ 当长边与短边长度之比≥3.0时，宜按沿短边方向受力的单向板计算，并应沿长边方向布置构造钢筋。

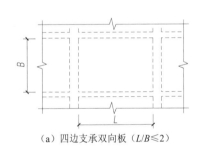
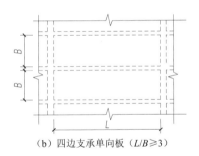

（a）四边支承双向板（$L/B\leq2$）　　　　　　（b）四边支承单向板（$L/B\geq3$）

图6-1-1　双向板与单向板示意

（1）有梁楼盖板的板块编号

有梁楼盖板的所有板块应逐一编号，相同编号的板块可择其一做集中标注，其他仅注写置于圆圈内的板编号，以及当板面标高不同时的标高高差。板块编号见表6-1-1。

表6-1-1　板块编号

板　类　型	代　号	序　号
楼面板	LB	××
屋面板	WB	××
悬挑板	XB	××

（2）有梁楼盖板的板厚

板厚注写为 $h=\times\times\times$；当悬挑板的端部改变截面厚度时，用斜线分隔根部和端部的高度值，注写为 $h=\times\times\times/\times\times\times$。

设计现浇混凝土板时，板的厚度宜符合下列规定：

1）板的跨厚比：钢筋混凝土单向板不大于 30，双向板不大于 40。预应力板可适当增加，当板的荷载、跨度较大时宜适当减小。

2）当为双向板时，板的最小厚度为 80mm；当为单向板时，民用建筑楼板和屋面板最小厚度为 60mm，工业建筑楼板最小厚度为 70mm。其他类别的板最小厚度可查表 6-1-2。

表 6-1-2　现浇钢筋混凝土板的最小厚度　　　　单位：mm

板 的 类 别		最 小 厚 度
单向板	屋面板	60
	民用建筑楼板	60
	工业建筑楼板	70
	行车道下的楼板	80
双向板		80
密肋楼盖	面板	50
	肋高	250
悬臂板（根部）	悬臂长度不大于 500mm	60
	悬臂长度 1200mm	100
无梁楼板		150
现浇空心楼盖		200

2. 无梁楼盖板的编号和厚度

无梁楼盖板指以柱为支座的楼面板与屋面板。为了保证柱顶处楼盖板的抗冲切满足计算要求，规范规定板的厚度不应小于 150mm，且在与 45° 冲切破坏锥面相交的范围内配置按计算所需的箍筋及相应的架立筋或弯起钢筋。

实际工程中，为了减少无梁楼盖板的厚度并满足受力要求，多采用在柱顶处设柱帽的方法。关于柱帽的形状和配筋见 16G101—1 第 51 页和 114 页的内容。

（1）无梁楼盖板的板带分布和编号

无梁楼盖用于板柱结构和板柱-剪力墙结构。

整层楼板可划分为柱上板带和跨中板带两种，无梁楼盖板配筋就是以"板带"为单元进行的。板带编号按表 6-1-3 规定。无梁楼盖的板带分布见图 6-1-2。

表 6-1-3　板带编号

板 带 类 型	代 号	序 号	跨数及有无悬挑
柱上板带	ZSB	$\times\times$	$(\times\times)$、$(\times\times A)$ 或 $(\times\times B)$
跨中板带	KZB	$\times\times$	$(\times\times)$、$(\times\times A)$ 或 $(\times\times B)$

注：1. 跨数按柱网轴线计算（两相邻柱轴线之间为一跨）。
　　2.（$\times\times A$）为一端有悬挑，（$\times\times B$）为两端有悬挑，悬挑不计入跨数。

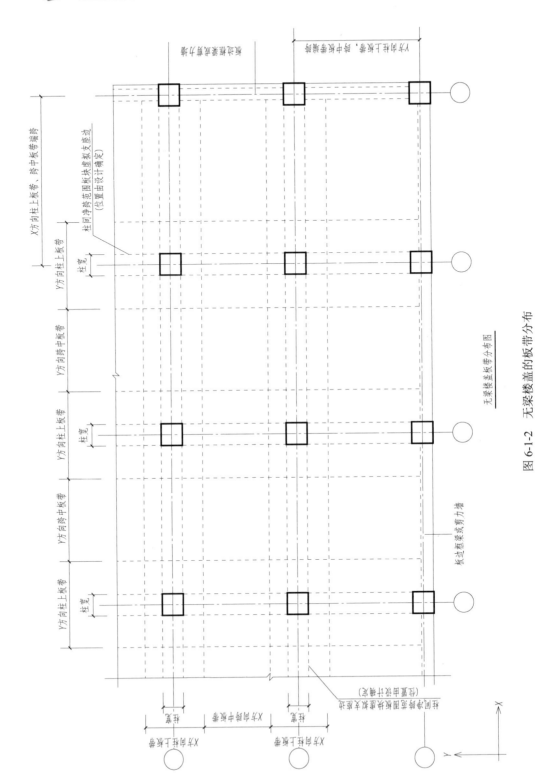

图 6-1-2　无梁楼盖的板带分布

（2）无梁楼盖中暗梁的编号

一般情况下，无梁楼盖的柱顶宜设置柱帽，当无梁楼盖的柱顶不设置柱帽时，需要在柱顶的板内设置暗梁。通常在施工图中的柱轴线处画出粗虚线表示暗梁。暗梁的编号见表6-1-4。

表6-1-4　暗梁编号

构 件 类 型	代　号	序　号	跨数及有无悬挑
暗梁	AL	××	（××）、（××A）或（××B）

注：1. 跨数按柱网轴线计算（两相邻柱轴线之间为一跨）。

　　2. （××A）为一端有悬挑，（××B）为两端有悬挑，悬挑不计入跨数。

（3）无梁楼盖板的板带和暗梁截面尺寸

板带厚注写为 $h=×××$，板带宽注写为 $b=×××$。当无梁楼盖整体厚度和板带宽度已在图中注明时，此项可不注。无梁楼盖板的厚度宜符合下列规定：无梁支承的有柱帽板的跨厚比不大于35，无梁支承的无柱帽板的跨厚比不大于30。

暗梁的截面尺寸指箍筋外皮宽度×板厚。

6.1.2　板内钢筋的分类

1. 板厚范围上部和下部各层钢筋排序

板沿着板厚竖向上、下各排钢筋的定位排序方式：上部钢筋依次从上往下排，下部钢筋依次从下往上排。板厚范围上部和下部各层钢筋定位排序示意，见图6-1-3。

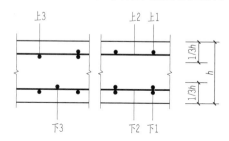

图6-1-3　板厚范围上部和下部各层钢筋定位排序示意

图6-1-3解读如下：

1）钢筋排布应预先与设计方结合，分清板各部位的受力状态、使用要求，以及对应钢筋的分布。

2）在兼顾相邻支承构件钢筋影响的同时，应将板各部位较为重要的钢筋置于有效高度较大的位置。

3）板钢筋排布应兼顾钢筋交叉及叠放对受力钢筋设计假定截面有效高度的影响，特别当板厚较小且在现场钢筋代换时选用了较原图直径更大的钢筋；或做钢筋排布方案测算出上部受力钢筋向下超出了1/3板厚，下部受力钢筋向上超出了1/3板厚；或施工过程存在种种减小钢筋截面有效高度的状况时，应及时通知设计方，对板钢筋的设计假定截面有效高度与实际截面有效高度进行复核，并以设计反馈要求为准进行施工。

2. 板内钢筋的分类

根据板的受力特点不同所配置的钢筋也不同，主要有板底受力钢筋、支座负（弯矩）钢筋、构造钢筋、分布钢筋、抗温度收缩应力构造钢筋等。

下面以图 6-1-4 中的双向板和单向板为例，来说明这些钢筋在板内的配置。

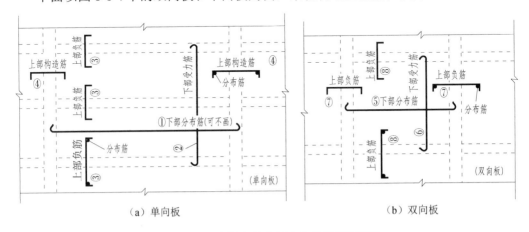

图 6-1-4　双向板和单向板内各类钢筋的配置

（1）板底受力钢筋

双向板下部的两向钢筋（⑤号筋、⑥号筋）和单向板下部的短向钢筋（②号筋），是处于正弯矩受力区，配置板底受力钢筋。

（2）支座板面负钢筋

双向板中间支座（⑦号筋、⑧号筋）、单向板短向中间支座（③号筋），以及按嵌固设计的端支座，应在板顶面配置支座负弯矩钢筋。

（3）支座板面构造钢筋

按简支计算的端支座、单向板长方向支座（④号筋），一般在结构计算时不考虑支座约束，但往往由于边界约束会产生一定的负弯矩，因此应配置支座板面构造钢筋。

GB 50010—2010《混凝土结构设计规范（2015 年版）》第 9.1.6 条规定：按简支边或非受力边设计的现浇混凝土板，当与混凝土梁、墙整体浇筑或嵌固在砌体墙内时，应设置板面构造钢筋。板面构造钢筋应满足的要求见知识链接中规范条文的规定。

▶ **知识链接**

GB 50010—2010《混凝土结构设计规范（2015 年版）》第 9.1.6 条规定：按简支边或非受力边设计的现浇混凝土板，当与混凝土梁、墙整体浇筑或嵌固在砌体墙内时，应设置板面构造钢筋，并符合下列要求：

1）钢筋直径不宜小于 8mm，间距不宜大于 200mm，且单位宽度内的配筋面积不宜小于跨中相应方向板底钢筋截面面积的1/3。与混凝土梁、混凝土墙整体浇筑单向板的非受力方向，钢筋截面面积尚不宜小于受力方向跨中板底钢筋截面面积的1/3。

2）钢筋从混凝土梁边、柱边、墙边伸入板内的长度不宜小于$l_0/4$，砌体墙支座处钢筋伸入板内的长度不宜小于$l_0/7$，其中计算跨度l_0对单向板按受力方向考虑，对双向板按短边方向考虑。

3）在楼板角部，宜沿两个方向正交、斜向平行或放射状布置附加钢筋。

4）钢筋应在梁内、墙内或柱内可靠锚固。

（4）板底和板面分布钢筋

单向板长向的板底筋（①号筋）、与支座负筋或支座构造钢（负）筋垂直的板面钢筋（图中③号、④号、⑦号、⑧号筋下方画的涂黑小圆圈），均为分布钢筋。

分布筋一般不作为受力钢筋，其主要作用是固定受力钢筋、分布面荷载及抵抗收缩和温度应力。因此，在板的施工图中，分布筋可以画出来，也可以省略不画；省略不画时必须要有文字说明。无论画与不画，分布筋是不能缺少的钢筋，务必注意这一点。

特别提示

预算和施工人员阅图过程中，特别注意不要遗漏与上部构造钢筋垂直形成钢筋网的板面分布筋。

（5）抗温度、收缩应力构造钢筋

在温度、收缩应力较大的现浇板区域，应在板的上表面双向配置防裂构造钢筋，即温度、收缩应力构造钢筋。当板面受力钢筋通长配置时，可兼作抗温度、收缩应力构造钢筋。

图6-1-5为某现浇板的配筋施工图，以此来作为练习，区别板内受力筋、构造筋和分布筋的配置情况。

图中所示现浇板为双向板，①号和②号筋为板底双向受力筋，形成下部整体钢筋网；④号筋为板中间支座的板面负弯矩钢筋，与分布筋（未画出）形成上部局部钢筋网；③号筋为端支座板面构造钢筋，也与分布筋（未画出）形成上部局部钢筋网。

现浇板配筋图6-1-5的局部轴测投影示意见图6-1-6。

3. 单向板与双向板的钢筋上下排序

双向板由于板在中心点的变形协调要一致，所以短方向的受力会比长方向大。因此施工图纸中经常会对下部受力纵筋提出短向受力筋排在下1位置，长向受力筋排在下2位置；双向板上部受力也是短方向比长方向大，所以要求上部钢筋短方向在上1位置，而长方向在上2位置。

对于单向板的下部钢筋，短跨方向的受力筋显然要排在下 1 位置，与其垂直交叉的下部分布筋排在下 2 位置；对于上部钢筋，支座处的板面负筋或构造筋排在上 1 位置，与其垂直交叉的上部分布筋排在上 2 位置。

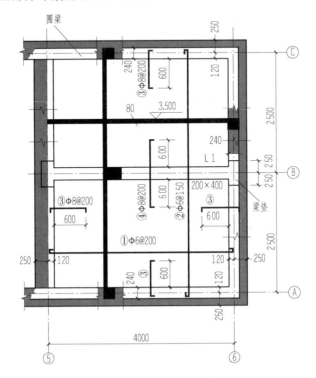

图 6-1-5　某现浇板配筋图

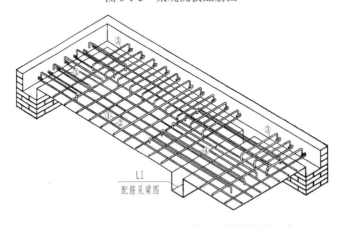

图 6-1-6　图 6-1-5 某现浇板的局部轴测投影示意

6.2　板传统施工图与平法施工图的对比

　　建筑界推广应用"平法"近二十年，从目前很多设计院出图情况来看，梁、柱子、剪力墙构件早已普遍采用"平法"绘制，但楼板、基础、楼梯等构件多数情况下还是用传统方式绘图。虽然楼板、基础等构件仍采用传统画法，但在图纸中却明确要求满足16G101图集中的构造要求。鉴于此，希望读者在学会识读平法板的配筋图的同时，还需要弄清楚传统板的配筋和平法板有什么不同之处；尽量掌握平法板和传统板的配筋，能够做到两者之间自由转换。

6.2.1　平法制图规则与传统制图标准下两种绘图方式对比

　　图6-2-1是用平法制图规则绘制的楼板结构施工图。确切地说，楼板上钢筋的规格、数量和尺寸分成了集中标注和原位标注两部分。图中间注写的是集中标注，四周注写的是原位标注。

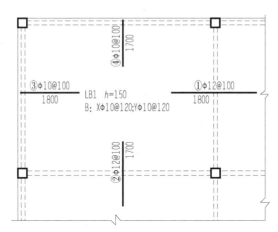

图6-2-1　平法制图楼板结构施工图

　　集中标注的内容："LB1"表示1号楼面板，"$h=150$"表示板厚150mm；"B"表示板的下部贯通纵筋；"X、Y"表示贯通纵筋分别沿着X方向、Y方向铺设。图中四周原位标注的是板面支座负筋。用平法制图规则绘制支座负筋，没有画出直角钩。①号负筋下方的1800，指梁的中心线到钢筋端部的距离。换句话说，①号负筋的水平段投影长度等于两个1800，为3600。请注意，如果梁两侧的数据不一致，把两侧的数据加到一起才是它的长度。②号负筋和①号负筋的道理一样。③号筋是位于端支座的上部板面构造筋，它下面标注的1800也是指梁中心线到钢筋端部的距离。④号构造筋和③号板面构造筋情况一致，只是数据不同。

图 6-2-2 是用传统制图标准方法绘制的楼板结构施工图。在有梁处的板面设置有①号、②号中间支座负筋和③号、④号端支座构造钢筋。这些钢筋在图 6-2-1 平法施工图中被画成不带钩的直线。而在图 6-2-2 的传统施工图中，钢筋两端被画成直角弯钩。

图 6-2-3 是图 6-2-1 和图 6-2-2 楼板结构施工的立体示意图。图中没有将钢筋全部画出来，每个号的钢筋只画了一根或几根，其实际根数由钢筋的间距和排布范围决定。

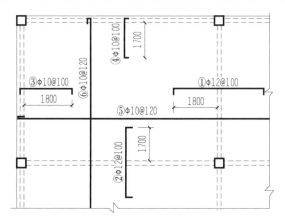

图 6-2-2　传统制图楼板结构施工图

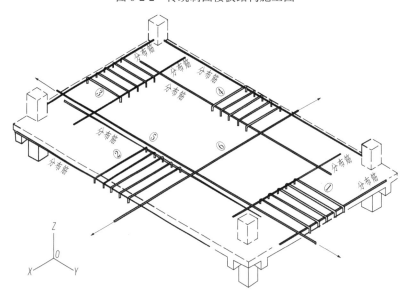

图 6-2-3　图 6-2-1 和图 6-2-2 楼板结构施工的立体示意图

6.2.2　板传统施工图与平法施工图实例对比

图 6-2-4 所示为某办公楼走廊过道处的楼板配筋，是用平法制图规则绘制的。图中走廊过道处的楼板集中标注的内容："LB2"表示 2 号楼面板，"$h=100$"表示板厚 100mm；

在楼板下部既配有 X 向的贯通纵筋，又配有 Y 向的贯通纵筋；在楼板上部配有 X 向的贯通纵筋。原位标注的内容：③号跨双梁的支座负筋。

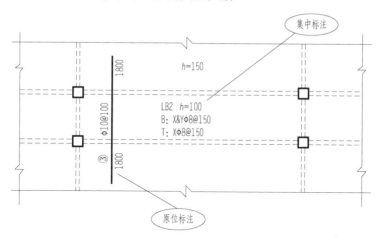

图 6-2-4 走廊楼板平法结构施工图表达

图 6-2-5 是对照图 6-2-4 用传统制图方法绘制而成的，是对图 6-2-4 的解读。①、②号筋就是图 6-2-4 集中标注中的"B：X&Y φ@150"，④号筋就是图 6-2-4 集中标注中的"T：Xφ8@150"。

图 6-2-6 是图 6-2-4 和图 6-2-5 楼板结构施工的立体示意图。其形象地表达了楼板中钢筋铺设的情况。

通过前面两组楼板平法施工图和传统施工图的对比，可以看出两种制图方式对于图纸数量来说是相同的；对于配筋内容来说，也是一致的。只是平法板省略了传统画法中的上、下贯通筋，而是采用集中标注的方式表达出来；平法图中仅标注板面的支座负筋或支座构造筋。这样，从整层楼板配筋图来看，平法绘制的楼板配筋就比传统楼板的配筋简洁得多，也清晰得多。所以应尽量用平法来绘制楼板的配筋施工图。

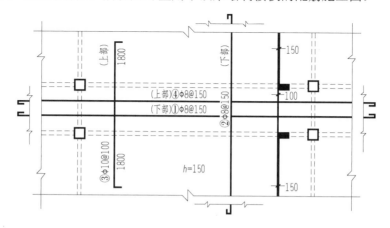

图 6-2-5 走廊楼板传统结构施工图表达

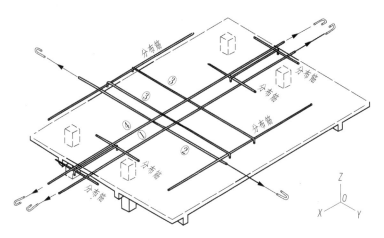

图 6-2-6　图 6-2-4 和图 6-2-5 楼板结构施工的立体示意图

6.3　板平法识图规则解读

6.2 节对板块集中标注和板支座原位标注已做了一些简单介绍，本部分内容详细介绍平法板的识图规则。

为方便设计表达和施工识图，板平法施工图规定结构平面的坐标方向如下：

1）当两向轴网正交布置时，图面从左至右为 X 向，从下至上为 Y 向；

2）当轴网转折时，局部坐标方向顺轴网转折角度做相应转折；

3）当轴网向心布置时，切向为 X 向，径向为 Y 向。

6.3.1　有梁楼盖板平法施工图的注写方式

有梁楼盖板平法施工图在楼面板和屋面板布置图上，采用平面注写的方式表达。前面讲过，板的配筋是以"板块"为单元逐块绘制的。因此要掌握板的平法施工图，主要掌握板块集中标注和板支座原位标注两方面内容。其实在 6.2 节中对这两方面内容已做了简单介绍。

现浇混凝土有梁楼盖板平法施工图平面注写方式，见图 6-3-1。

1.　板块集中标注的内容

板块集中标注的内容有板块编号、板厚、上下贯通纵筋，以及当板面标高不同时的标高高差共四项。现以图 6-3-1 为例，分别介绍如下：

（1）第一项：板块的编号

板块的编号见表 6-1-1。所有板块应逐一编号，相同编号的板块可择其一做集中标注。图 6-3-1 中，有 5 种板块，编号分别为 LB1、LB2、LB3、LB4 及 LB5。其中 5 号楼面板 LB5 有 5 块，在其中的一块上做了集中标注，其他 4 块仅注写置于圆圈内的编号 LB5。

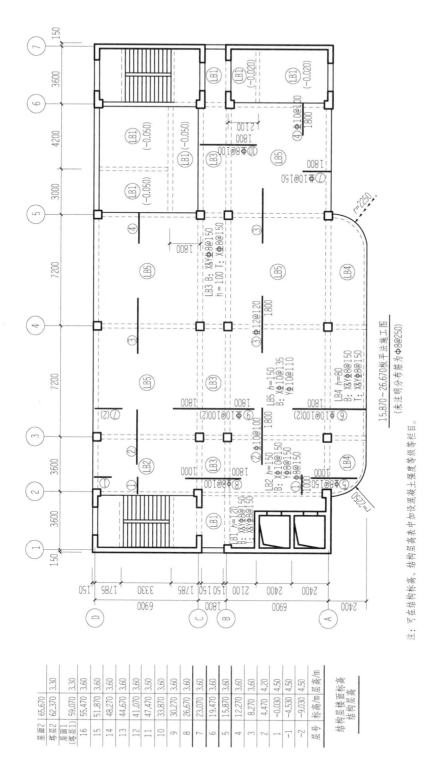

图 6-3-1 现浇混凝土有梁楼面板平法施工图平面注写方式示例

注：可在结构层标高、结构层高表中加设混凝土强度等级等栏目。

LB5 的集中标注如下：

LB5　$h=150$

B：X⚍10@135

Y⚍10@110

同一编号板块的类型、板厚和贯通纵筋均应相同，但板面标高、跨度、平面形状，以及板支座上部非贯通纵筋可以不同，如同一编号板块的平面形状可以为矩形、多边形或其他形状等。施工预算计算工程量时，应注意形状不同带来混凝土及钢筋用量的不同。

图 6-3-1 中，①～②轴间的 2 块 1 号楼面板（LB1）尺寸和平面形状不同，但板的编号一致；又如②～⑤轴间 3 块 4 号楼面板（LB4）尺寸和平面形状完全不同，但板的编号、厚度和上下贯通纵筋是相同的，所以它们的编号也相同。

（2）板厚

从 LB5 的集中标注的第一行可得知，5 号楼面板（LB5）的厚度 $h=150$mm，当设计统一注明板厚时，此项可不注。

（3）上、下贯通纵筋

贯通纵筋按板块的下部和上部分别注写（当板块上部不设贯通纵筋时则不注），并以 B 代表下部，以 T 代表上部，B&T 代表下部和上部；X 向贯通纵筋以 X 打头，Y 向贯通纵筋以 Y 打头，两向贯通纵筋配置相同时则以 X&Y 打头。

单向板的下部贯通纵筋可仅注写短向的受力筋，长向的分布筋可不必注写，而在图中统一注明。当在某些板内（如在悬挑板 XB 的下部）配置有构造钢筋时，则 X 向以 Xc 打头，Y 向以 Yc 打头注写。

当贯通筋采用两种规格钢筋"隔一布一"方式时，表达为⚍8/⚍10@110，表示直径为 8mm 和 10mm 的钢筋两者之间间距为 110mm；直径 8mm 的钢筋间距为 220mm，直径 10mm 的钢筋间距为 220mm，间隔布置。

LB5 的集中标注的第二、三行的含义是：板的下部配有双向贯通纵筋；X 向贯通纵筋为⚍10@135；Y 向贯通纵筋为⚍10@110。板的上部未设置贯通纵筋。

（4）板面标高高差

此项是指相对于本层结构标高的高差，应将其注写在括号内，且有高差则注，无高差不注。

图 6-3-1 中，5 块 LB5 由于板面标高与结构标高一致，所以未标注此项。

另外，⑤～⑥轴间的 3 块 1 号楼面板（LB1）内均标注有"（−0.050）"的字样，表示这 3 块楼面板的板面标高比本结构层的楼面标高低 0.05m。而①～②间的 2 块 1 号楼面板（LB1）内均未标注此项内容，表示这两块板的板面标高与结构标高一致。

【例 6-3-1】有一板块的集中标注为

LB7　$h=130$

B：X⚍12@120；Y⚍10@150

T：X⊈12@150；Y⊈12@180

表示 7 号楼面板，板厚 130mm；板下部配置的贯通纵筋 X 向为 ⊈12@120，Y 向为 ⊈10@150；板上部配置的贯通纵筋 X 向为 ⊈12@150，Y 向为 ⊈12@180。

【例 6-3-2】有一板块的集中标注为

LB3　　*h*＝120

B：X⊈10/12@100；Y⊈10@120

表示 3 号楼面板，板厚 120mm，板下部配置的贯通纵筋 X 向为 ⊈10、⊈12 隔一布一，⊈10 和 ⊈12 之间间距为 100mm；Y 向为 ⊈10@120。板上部未配置贯通纵筋。

【例 6-3-3】有一悬挑板注写为

XB5　　*h*＝130/100

B：Xc&Yc⊈8@200

表示 5 号悬挑板，悬挑板根部厚 130mm，端部厚 100mm，悬挑板下部配置构造钢筋 X 向和 Y 向均为 ⊈8@200。（上部受力钢筋见板支座原位标注。）

2. 板支座原位标注的内容

板支座原位标注的内容为板支座上部非贯通纵筋和悬挑板上部受力钢筋。

板支座原位标注的钢筋应在配置相同跨的第一跨表达；当在梁悬挑部位单独配置时，则在原位表达。在配置相同跨的第一跨（或梁悬挑部位），垂直于板支座（梁或墙）绘制一段适宜长度的中粗实线（当该筋通长设置在悬挑板或短跨板上部时，实线段应画至对边或贯通短跨），以该线段代表支座上部非贯通纵筋；并在线段上方注写钢筋编号（如①、②等）、配筋值、横向连续布置的跨数（注写在括号内，当为一跨时可不注），以及是否横向布置到梁的悬挑端。若某非贯通筋上注写"（3A）"，表示横向布置 3 跨及一端的悬挑部位；若注写"（3B）"，表示横向布置 3 跨及两端的悬挑部位。

当中间支座上部非贯通纵筋向支座两侧对称伸出时，可仅在支座一侧线段下方标注延伸长度，另一侧不注，如图 6-3-1 中 4 轴线上的③号筋；当向支座两侧非对称延伸时，应分别在支座两侧线段下方注写延伸长度。延伸长度指从支座中线向跨内的伸长值。

对线段画至对边贯通全跨或贯通全悬挑长度的上部纵筋，贯通全跨或伸出到全悬挑一侧的长度值不注，只注明非贯通筋另一侧的伸出长度值，如图 6-3-1 中 A 轴线上的⑥号筋。

在板平面布置图中，不同部位的板支座上部非贯通纵筋及悬挑板上部受力钢筋，可仅在一个部位注写，对其他相同者则仅需在代表钢筋的线段上注写编号及横向连续布置的跨数（当为一跨时可不注）。

图 6-3-1 中，A 轴线上的⑦号筋上注有 ⊈10@150 和 1800，表示支座上部的⑦号非贯通纵筋为 ⊈10@150，沿支承梁仅在本跨布置，该筋自支座中线向跨内的延伸长度为 1800mm。位于 D 轴线上的⑦号筋上仅注有 "⑦（2）"字样，表示该筋亦为⑦号非贯通纵筋，沿支承梁连续布置 2 跨。又如，⑨号筋上注有 ⊈10@100（2）和两个 1800，表示支座上部贯通 B、C 轴短跨的⑨号非贯通纵筋为 ⊈10@100，从该跨起沿支承梁连续布置 2 跨，该筋自两支座中线分别向两侧跨内的伸出长度均为 1800mm，贯通短跨的长

度值不注。

当板支座为弧形，支座上部非贯通纵筋呈放射状分布时，应注明配筋间距的度量位置并加注"放射分布"字样，必要时应补绘平面配筋图，见图 6-3-2。

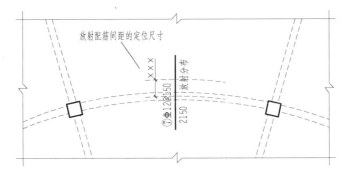

图 6-3-2　弧形支座上部非贯通纵筋的标注

关于悬挑板的平面注写方式，见图 6-3-3。当悬挑板端部厚度不小于 150mm 时，设计者应指定板端部封边构造方式（图 6-4-6），当采用 U 形钢筋封边时，还应指定 U 形钢筋的规格、直径。

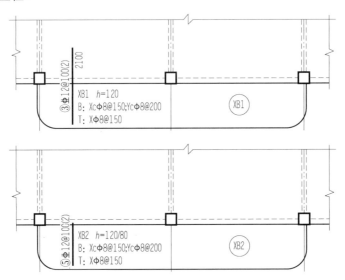

图 6-3-3　悬挑板的平面注写方式

【例 6-3-4】在板平面布置图某部位横跨支承梁绘制的对称线段上注有⑦Φ12@120（4A）和 1200，表示支座上部⑦号非贯通纵筋为 Φ12@120，从该跨起沿支承梁连续布置 4 跨加梁一端的悬挑端，该筋自支座中线向两侧跨内的伸出长度均为 1200mm。

此外，与板支座上部非贯通纵筋垂直且绑扎在一起的构造钢筋或分布钢筋，设计可在图中注明。例如，图 6-3-1 中处于④和⑤轴间楼面板 LB3 的集中标注中有"T：

X$\pm$8@150"字样,表示此板上部 X 向的贯通纵筋为 Φ8@150,它就是与板支座上部非贯通纵筋垂直且绑扎在一起的构造钢筋。

当板的上部已配置有贯通纵筋,但需增配板支座上部非贯通纵筋时,应结合已配置的同向贯通纵筋的直径与间距采取"隔一布一"方式,见图 6-3-4。

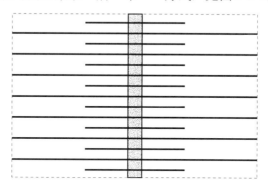

图 6-3-4　上部贯通筋与支座非贯通筋"隔一布一"组合方式

【例 6-3-5】某板上部已配置贯通纵筋 $\pm$12@250,该跨同向配置的支座上部非贯通纵筋为③$\pm$12@250,表示在该支座上部设置的纵筋实际为 $\pm$12@125,其中 1/2 为贯通纵筋,1/2 为③号非贯通纵筋(伸出长度值略)。

【例 6-3-6】某板上部已配置贯通纵筋 $\pm$10@250,该跨配置的支座上部同向非贯通纵筋为⑥$\pm$12@250,表示该跨实际设置的上部纵筋为 $\pm$10 和 $\pm$12 间隔布置,两者之间间距为 125mm。

6.3.2　无梁楼盖板平法施工图的注写方式

无梁楼盖板平法施工图是在楼面板和屋面板布置图上,采用平面注写的表达方式。无梁楼板的配筋以"板带"为单元,包括板带集中标注和板带支座原位标注。图 6-3-5 所示为采用平面注写方式表达的无梁楼盖柱上板带 ZSB、跨中板带 KZB 及暗梁 AL 标注图示。

1. 板带集中标注的内容

集中标注应在板带贯通纵筋配置相同跨的第一跨(X 向为左端跨,Y 向为下端跨)注写。相同编号的板带可择其一做集中标注,其他仅注写板带编号(注在圆圈内)。

板带集中标注的具体内容为板带编号、板带厚和板带宽、箍筋和贯通纵筋。

以图 6-3-5 为例,分别介绍如下:

(1)板带的编号

所有板带逐一编号,相同编号的板带择其一在规定位置做集中标注。图中,B 轴线上有柱上板带编号 ZSB××(×)和 4 轴线上的 ZSB××(×B),前者从图上看表示柱上板带为 5 跨,后者表示柱上板带为 3 跨,且两端有悬挑,悬挑不计入跨数。

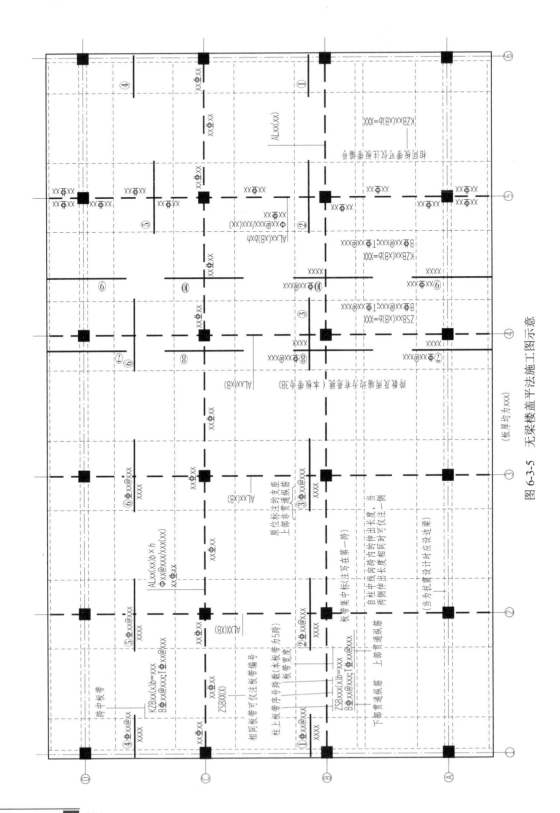

图 6-3-5　无梁楼盖平法施工图示意

（2）板带厚和板带宽

板带宽度在图中未注明，所以在各板带的集中标注中均有"$b=\times\times\times$"的字样；而板带厚度在图的下方做了统一标注，所以在各板带的集中标注中均未表示此项。

（3）贯通纵筋

贯通纵筋按板带下部和上部分别注写，并以 B 代表下部，T 代表上部，B&T 代表下部和上部。

【例6-3-7】某板带集中注写为

$$ZSB3(5A) \quad h=350 \quad b=3000$$
$$B\Phi14@120；T\Phi16@180$$

表示 3 号柱上板带，有 5 跨，且一端有悬挑；板带厚 350mm，宽 3000mm；板带配置贯通纵筋下部为 Φ14@120，上部为 Φ16@180。

【例6-3-8】某板带注写为

$$KZB2(3B) \quad h=300 \quad b=3200$$
$$B\Phi16@100；T\Phi18@200$$

表示 2 号跨中板带，有 3 跨且两端有悬挑；板带厚 300mm，宽 3200mm；贯通纵筋下部为 Φ16@100，上部为 Φ18@200。

当局部区域的板面标高与整体不同时，应在无梁楼盖的板平法施工图上注明板面标高高差及分布范围。

2. 板带支座原位标注的内容

板带支座原位标注的具体内容为板带支座上部非贯通纵筋。

以一段与板带同向的中粗实线段代表板带支座上部非贯通纵筋。对柱上板带，采用实线段贯穿柱上区域绘制；对跨中板带，采用实线段横贯柱网轴线绘制。在线段上注写钢筋编号（如①、②等）、配筋值及在线段的下方注写自支座中线向两侧跨内的伸出长度。

当板带支座非贯通纵筋自支座中线向两侧对称伸出时，其伸出长度可仅在一侧标注；当配置在有悬挑端的边柱上时，该筋伸出到悬挑尽端，设计不注。不同部位的板带支座上部非贯通纵筋相同者，可仅在一个部位注写，其余则在代表非贯通纵筋的线段上注写编号。

【例6-3-9】某无梁楼板平面布置图的某部位，在横跨板带支座绘制的对称线段上注有④Φ20@200，在线段一侧的下方注有 1400，表示支座上部④号非贯通纵筋为 Φ20@200，自支座中线向两侧跨内的伸出长度均为1400mm。

【例6-3-10】某无梁楼板的板带上部已配置贯通纵筋 Φ18@250，板带支座上部非贯通纵筋为③Φ16@250，则板带在该位置实际配置的上部纵筋为 Φ18 和 Φ16 间隔布置，两者之间间距为125mm（伸出长度略）。

3. 无梁楼盖板平法施工图中暗梁 AL 的注写方式

施工图中在柱轴线处画中粗虚线表示暗梁，见图 6-3-5 的画法。

暗梁平面注写包括暗梁集中标注和暗梁支座原位标注。

（1）暗梁集中标注的内容

暗梁集中标注包括暗梁编号、暗梁截面尺寸（箍筋外皮宽度×板厚）、暗梁箍筋、暗梁上部通长筋或架立筋四部分内容。暗梁编号见表 6-1-4，其他注写方式同框架梁，不再赘述。

（2）暗梁支座原位标注的内容

暗梁支座原位标注包括暗梁支座上部纵筋和暗梁下部纵筋。当在暗梁上集中标注的内容不适用于某跨或某悬挑端时，则将其不同数值标注在该跨或该悬挑端，施工时按原位注写取值。

（3）其他

当无梁楼盖设置暗梁时，柱上板带及跨中板带标注方式与前述一致。柱上板带标注的配筋仅设置在暗梁之外的柱上板带范围内。

暗梁中纵向钢筋连接、锚固及支座上部纵筋的伸出长度等要求同轴线处柱上板带中的纵向钢筋，不再赘述。

6.4 楼板标准配筋构造解读

6.4.1 有梁楼盖板的平法标准配筋构造

1. 纵向钢筋非接触搭接构造

板的钢筋连接除了前面讲过的搭接连接、机械连接和焊接外，还有一种非接触方式的绑扎搭接连接，见图 6-4-1。在搭接范围内，相互搭接的纵筋与横向钢筋的每个交叉点均应进行绑扎。非接触搭接使混凝土能够与搭接范围内所有钢筋的全表面充分黏结，可以提高搭接钢筋之间通过混凝土传力的可靠度。

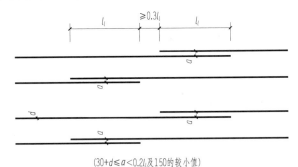

（30+d≤a<0.2l_i及150的较小值）

图 6-4-1　纵向钢筋非接触搭接连接

2. 有梁楼面板 LB 和屋面板 WB 等跨时钢筋构造

有梁楼盖板的钢筋构造，见图 6-4-2（取自 16G101—1 中的 99 页）。图中括号内的钢筋锚固长度 l_{aE} 仅用于梁板式转换层的板。

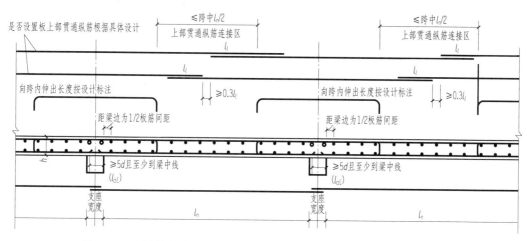

图 6-4-2　有梁楼盖楼面板 LB 和屋面板 WB 钢筋构造（上部有贯通筋）

图 6-4-2 解读如下：

1）括号内的锚固长度 l_{aE} 用于梁板式转换层的板。梁板式转换层的板中 l_{aE}、l_{abE} 按抗震等级四级取值，设计也可根据实际工程情况另行指定。

2）除本图所示搭接连接外，板纵筋可采用机械连接或焊接连接。接头位置：上部钢筋见本图所示连接区，下部钢筋宜在距支座 1/4 净跨内。

3）当相邻等跨的板上部贯通纵筋配置相同，且跨中部位有足够空间连接时，可在两跨任意一跨的跨中连接部位连接；当相邻等跨或不等跨的上部贯通纵筋配置不同时，应将配置较大者越过其标注的跨数终点或起点伸出至相邻跨的跨中连接区域进行连接。

4）板贯通纵筋同一连接区段内钢筋接头面积百分率不宜超过 50%。

5）板位于同一层面的两向交叉纵筋何向在下何向在上，应按具体设计说明。

6）图中板的中间支座均按梁绘制，当支座为混凝土剪力墙、砌体墙或圈梁时，其构造相同。

有梁楼面板 LB 和屋面板 WB 的钢筋排布构造，见图 6-4-3（取自 12G901—1 第 4～7 页）。

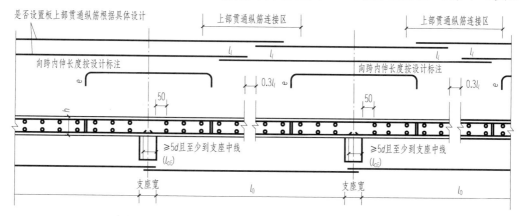

图 6-4-3　有梁楼面板 LB 和屋面板 WB 钢筋排布构造

图 6-4-3 解读如下：

1）括号内的锚固长度 l_{aE} 用于梁板式转换层的板。

2）板下部钢筋可在中间支座内锚固（伸入支座为 5d 且至少到支座中线）或贯穿中间支座。与支座负筋垂直的第一道分布筋距梁边缘为 50mm。

3）接头位置：上部贯通纵筋的连接区由设计具体确定，下部钢筋宜在距支座 1/4 净跨内。

4）当相邻等跨或不等跨的上部贯通纵筋配置不同时，应将配置较大者越过其标注的跨数终点或起点伸出至相邻跨的跨中连接区域进行连接。

5）图中板中间支座均按梁绘制，当支座为混凝土剪力墙、砌体墙或圈梁时，其构造相同。

3. 不等跨板上部贯通纵筋连接位置

不等跨板上部贯通纵筋连接构造见图 6-4-4。

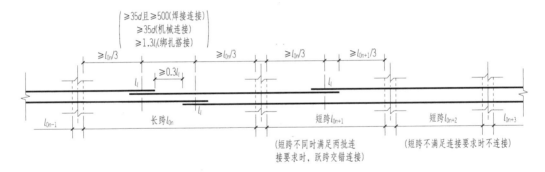

图 6-4-4　不等跨板上部贯通纵筋连接构造

图 6-4-4 解读如下：

1）当相邻连续板的跨度相差大于 20% 时，板上部钢筋伸入跨内的长度应由设计确定。

2）中间支座的左、右侧取相邻大跨的 1/3 作为非连接区，跨中剩余部分就是上部纵筋的连接区范围。若跨中连接区＞0，表示可能满足两批或一批连接要求；若跨中连接区≤0，此跨贯通筋不设置接头并贯通本跨在其他跨连接。

3）板贯通纵筋无论采用搭接连接，还是机械连接或焊接，其位于同一连接区段内的钢筋接头面积百分率不应大于 50%。

4）板相邻跨贯通钢筋配置不同时，应将配置较大者延伸到配置较小者跨中连接区内连接。

讨论：图 6-4-3 解读 3）讲到，"上部贯通纵筋的连接区由设计具体确定"，这个说法来自图集 12G901—1 第 107 页，而设计人员通常是不会在施工图中给出答案的。我们还注意到图集 11G101—1 第 92 页上方图中，给出了这样的标注"板上部贯通纵筋连接区≤跨中 $l_n/2$"。显然如果连续板的某特短跨不满足连接要求，这样的说法依据不够充分。我们再看图 6-4-4（取自 12G901—1 第 4-5 页）构造，明确给出了不等跨板上部贯通纵筋连接区范围的计算方法，详见图 6-4-4 解读 2）条。

我们选择哪种方法可以先回忆一下前面讲到的梁。楼板和梁都是受弯构件，从受力原理和计算方法来说，是基本一致的。因此编者认为按照图 6-4-4 的算法比较合理一些，其与梁上部通长纵筋的连接区范围保持了一致。

4. 有梁楼盖板在端部支座的锚固构造

当多跨单向板、多跨双向板采用分离式配筋时，跨中正弯矩钢筋宜全部伸入支座；支座负弯矩钢筋向跨内的延伸长度应覆盖负弯矩图，并满足钢筋锚固的要求。

楼盖板的支座为梁时，板在端部支座的锚固构造见图 6-4-5 中的构造（一），楼盖板的支座为剪力墙时，板在端部支座的锚固构造见图 6-4-5 中的构造（二）。

图 6-4-5 解读如下：

1）括号内的锚固长度 l_{aE} 用于梁板式转换层的板。

2）构造（一）中纵筋在端支座应伸至梁支座外侧纵筋内侧后弯折 $15d$，当平直段长度分别 $\geq l_a$ 或 $\geq l_{aE}$ 时可不弯折。构造（二）中纵筋在端支座应伸至墙外侧水平分布钢筋内侧后弯折 $15d$，当平直段长度分别 $\geq l_a$ 或 $\geq l_{aE}$ 时可不弯折。

3）构造（一）中"设计按铰接时""充分利用钢筋的抗拉强度时"应由设计指定。

4）构造（一）普通楼屋面板上部纵筋在端支座梁内的锚固，图中规定：当设计按铰接时，平直段伸至端支座外侧纵筋内侧后弯折 $15d$，且平直段长度 $\geq 0.35l_{ab}$；当充分利用钢筋的抗拉强度时，平直段伸至端支座外侧纵筋内侧后弯折 $15d$，且平直段长度 $\geq 0.60l_{ab}$。

5）梁板式转换层的板中 l_{aE}、l_{abE} 按抗震等级四级取值，设计也可根据实际工程情况另行指定。

6）其余要求见图 6-4-2，此处不再赘述。

5. 无支撑板端部封边构造

图 6-4-6 为板厚 $h \geq 150mm$ 时无支撑板端部封边构造。

6. 悬挑板 XB 配筋构造

悬挑板 XB 钢筋构造，见图 6-4-7。图中括号内的数值用于须考虑竖向地震作用时，而工程设计是否须考虑竖向地震作用，应由设计明确。

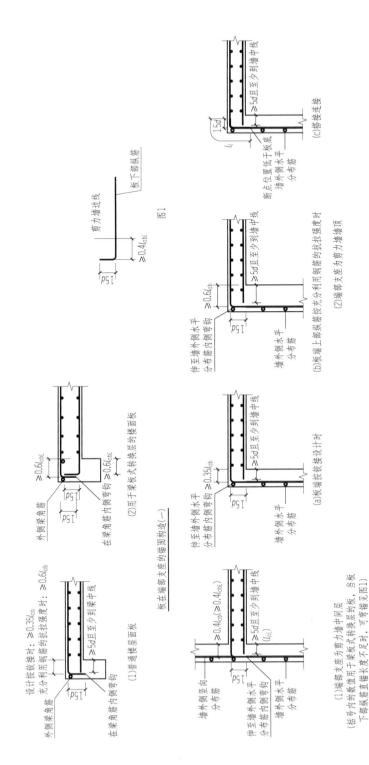

图 6-4-5 有梁楼盖板在端部支座的锚固构造

图 6-4-6　无支撑板端部封边构造

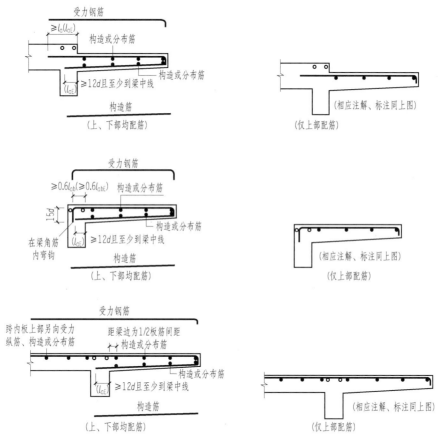

图 6-4-7　悬挑板 XB 钢筋构造

6.4.2　楼面板和屋面板钢筋排布构造

1. 楼面板和屋面板下部钢筋排布构造

楼面板和屋面板下部钢筋排布构造见图 6-4-8。

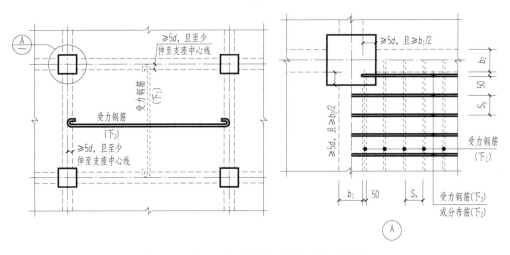

图 6-4-8　楼面板和屋面板下部钢筋排布构造

2. 楼面板和屋面板上部钢筋排布构造

楼面板和屋面板上部钢筋非贯通负筋排布构造见图 6-4-9（a）。板角区有柱时，角区柱角位置板上部钢筋排布构造见图 6-4-9（b）。

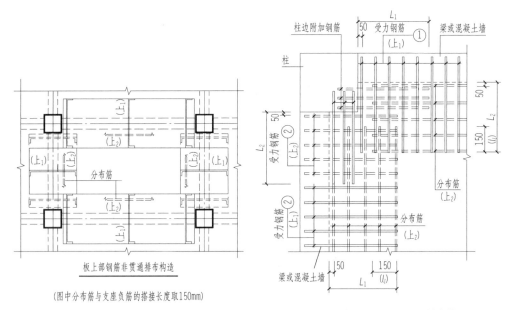

（a）板上部钢筋非贯通负筋排布构造　　　（b）角区柱角位置板上部钢筋排布构造

图 6-4-9　板上部负弯矩钢筋排布构造

3. 板上部防裂钢筋非贯通排布构造

板上部防裂钢筋非贯通排布构造见图 6-4-10。

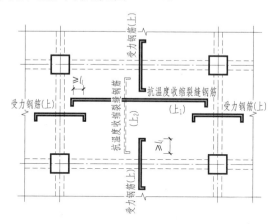

图 6-4-10　板上部防裂钢筋非贯通排布构造

图 6-4-10 解读如下：

1）在温度、收缩应力较大的现浇板区域，应在板的表面双向配置防裂构造钢筋。

2）防裂构造钢筋应布置在板未配置此类钢筋的表面，其可利用原有受力钢筋贯通布置；非贯通的防裂构造钢筋与原有钢筋按受拉钢筋的要求搭接。

6.5　板平法施工图识读与钢筋计算示例

知识导读

识读板施工图时，首先判断板块上部钢筋设计属于哪种形式。例如，图 6-5-2（a）、（b）、（c）图分别是 LB1、LB2、LB3 的平法施工图示例。其中，LB1 的上部配筋（主要看集中标注中以"T"打头的上部贯通筋和原位标注的支座负筋）对应图 6-5-1（b）形式；LB2 的上部配筋对应图 6-5-1（c）形式；LB3 的上部配筋对应图 6-5-1（d）形式。

实际工程中板的配筋设计，经常会用到图 6-5-2（a）、（b）、（c）三种形式，这里我们通过图 6-5-2 解读板的平法施工图识读和钢筋计算方面的知识。

6.5.1　楼板上部配筋的三种设计形式

单向板和双向板的下部配筋只有一种固定的设计形式——双向的钢筋网，其排布示意见图 6-5-1（a）。

双向板的上部配筋有三种设计形式：上部钢筋非贯通排布形式（无抗裂构造钢筋），见图 6-5-1（b）；上部钢筋贯通排布形式，见图 6-5-1（c）；防裂钢筋贯通排布形式，见图 6-5-1（d）。其中，图 6-5-1（b）板的上部中央区域无钢筋网，即没有防裂构造钢筋网；而（c）和（d）板的上部中央位置均有抗裂构造钢筋网。图 6-5-1（c）所示的抗裂构造钢筋网利用原有受力支座负筋全部或部分贯通而形成；图 6-5-1（d）所示的抗裂构造钢筋网是单独设计的独立钢筋片，其实就是在图 6-5-1（b）板的上部中央无筋区设计了独立的抗裂构造钢筋网与支座负筋搭接。

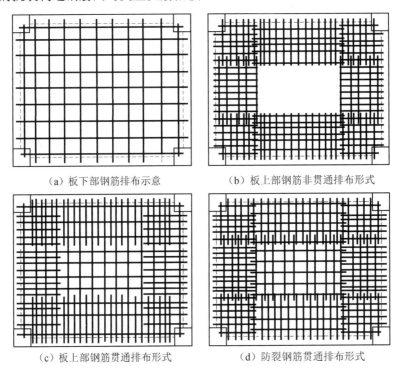

（a）板下部钢筋排布示意　　　　　　（b）板上部钢筋非贯通排布形式

（c）板上部钢筋贯通排布形式　　　　　　（d）防裂钢筋贯通排布形式

图 6-5-1　板上部和下部配筋的设计形式

纵观这四个图会发现，板的上、下钢筋最终都形成了钢筋网片。下部的配筋很均匀，较简单。上部的配筋稍微复杂一些，有的地方密一些，有的地方稀一些；有时中央有钢筋网，有时中央没有钢筋网。

将图 6-5-2 中 LB1、LB2、LB3 的集中标注和下方相关的文字说明摘录出来，进行对比，见图 6-5-3。通过对图 6-5-2（a）、（b）、（c）的观察和图 6-5-3 的比较发现，这三块板本属于同一块板。它们有相同的形状、大小、周边支座、板厚、下部配筋、上部支座负筋、分布筋等，不同处就在于板上部中央区域的"防裂构造钢筋网"设计不同。

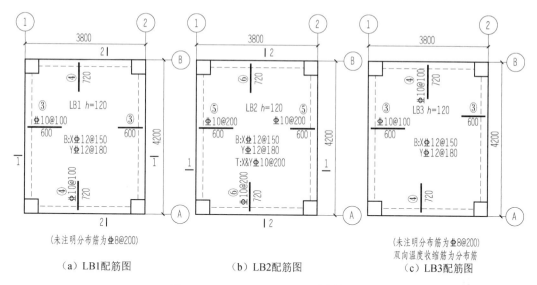

（a）LB1配筋图   （b）LB2配筋图   （c）LB3配筋图

图 6-5-2 LB1、LB2、LB3 平法施工图

LB1 h=120
B:X⎯12@150
Y⎯12@180
（另注明分布筋）

LB2 h=120
B:X⎯12@150
Y⎯12@180
T:X&Y⎯10@200

LB3 h=120
B:X⎯12@150
Y⎯12@180
（另注明：分布筋
作为温度钢筋）

图 6-5-3 LB1、LB2、LB3 的集中标注比较

6.5.2 单块双向板 LB1 的识图与钢筋计算

某楼面板 LB1 的平法施工图，见图 6-5-2（a）。板厚为 120mm，混凝土强度为 C25；周边梁的断面尺寸为 250mm×500mm；梁的保护层厚度为 20mm，板的保护层厚度为 15mm；梁的箍筋直径为 6mm，梁的上部角筋直径为 25mm；未注明的分布筋为⎯8@200；角柱断面尺寸为 400mm×400mm；另角柱位置柱角板面附加钢筋各 2⎯10，长度与相应方向的板支座负筋相同。试识读 LB1 的平法施工图，计算板内各种钢筋的设计长度、下料长度及根数，并汇总成钢筋材料明细表。

计算 LB1 钢筋长度和根数的步骤和方法如下：

1. 识读楼面板 LB1 的平法施工图

图 6-5-2（a）解读如下：

LB1 的集中标注：板的下部为双向贯通钢筋网，X 向为 ⎯12@150，Y 向为 ⎯12@180；板的上部没有贯通纵筋。

LB1 的原位标注：③号非贯通纵筋为 ⎯10@100，下方注写的 600mm 为梁中心线向跨内的延伸长度；④号非贯通纵筋也为 ⎯10@100，下方注写的尺寸为 720mm，为梁中心线向跨内的延伸长度。

通过上面的解读可判断出：LB1 的上部配筋属于图 6-5-1（b）非贯通排布形式（无防裂构造钢筋）。

2. 绘制楼板的剖面配筋图

1）绘制图 6-5-2（a）中的 1—1 和 2—2 剖面模板图。

根据轴线定位、轴距、梁截面尺寸、板厚等信息首先绘制剖面模板图并标注轴距、梁宽和板的净跨尺寸，见图 6-5-4。

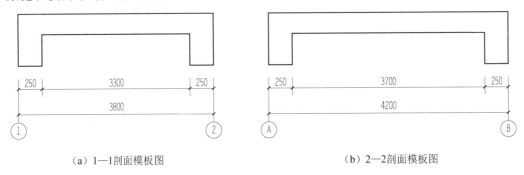

（a）1—1 剖面模板图　　　　　　　（b）2—2 剖面模板图

图 6-5-4　LB1 的 1—1 和 2—2 剖面模板图

2）在图 6-5-4 的模板图中粗绘下部纵筋、上部非贯通纵筋及上部分布筋等，并用符号标注关键部位的尺寸，见图 6-5-5。

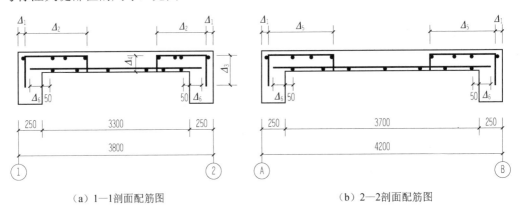

（a）1—1 剖面配筋图　　　　　　　（b）2—2 剖面配筋图

图 6-5-5　LB1 的 1—1 和 2—2 剖面配筋图

3）计算关键部位的钢筋构造和关键尺寸 $\Delta_1 \sim \Delta_6$。

本步骤需要对照图 6-4-5 进行，端支座按"铰接"考虑。

首先查表 2-4-3 和表 2-4-5，得到 $l_{ab} = l_a = 40d$。

接着依次进行计算：

$\Delta_1 =$ 梁的保护层厚度＋梁的箍筋直径＋梁上部角筋直径＝20mm＋6mm＋25mm＝51mm。

$l_a=40d=40\times10\text{mm}=400\text{mm}$，远大于梁宽 250mm，因此与前面讲的非框架梁端支座上部筋的锚固一样，直锚是不够的，只能弯锚。以后直接考虑满足弯锚条件即可。

$0.35l_{ab}=0.35\times40\times10\text{mm}=140\text{mm}<$ 梁宽 $-\varDelta_1=(250-51)\text{mm}=199\text{mm}$，满足弯锚构造要求。因此，

$\varDelta_2=600\text{mm}+$ 梁宽 $/2-\varDelta_1=600\text{mm}+250\text{mm}/2-51\text{mm}=674\text{mm}$

$\varDelta_3=15d=15\times10\text{mm}=150\text{mm}$

$\varDelta_4=$ 板厚 $-$ 板保护层厚度 $=120\text{mm}-15\text{mm}=105\text{mm}$

$\varDelta_5=720\text{mm}+$ 梁宽 $/2-\varDelta_1=(720+250/2-51)\text{mm}=794\text{mm}$

$\varDelta_6=\max(5d,$ 梁宽 $/2)=\max(5\times12\text{mm},125\text{mm})=125\text{mm}$

由于普通楼面板的钢筋直径均在 20mm 以下，半个梁宽比 $5d$ 总要大一些，所以工地上钢筋翻样工直接将下部纵筋伸至梁中线处。

讨论：关于 $\varDelta_4$ 的取值是板厚减掉一个保护层（$h-c$）还是板厚减掉两个保护层（$h-2c$）的问题。这是一个有争议的问题，图集 04G101—4 第 25 页第一次给出了明确答案（$h-15$），但是修版后的 11G101—1 第 92 页却将此标注取消，没有给出任何说法。刚修版的 16G101—1 也没有给出明确答案。另外保护层保护的是一个面或一条线，不是保护的一个点。减掉一个保护层后的负筋水平段上部有一个保护层厚度，而下方的弯钩端部正好顶在板底的模板上，对支撑负筋还是有利的。另外，图集 12G901—2 第 10 页给出了（$h-2c$）的标注，看来两者均是可行的。本例采取了减掉一个保护层的做法。

4）完善图 6-5-5，见图 6-5-6。

完善图 6-5-5 绘制钢筋时，必须将包括分布筋在内的所有钢筋均画出来；图中 1—1 和 2—2 的剖切位置并未剖到⑤号和⑥号分布筋，故将其用虚线画出，以备计算长度用。

接着标注下部纵筋、上部支座负筋及上部分布筋的具体数值，并对所有的钢筋一一进行编号，不要遗漏钢筋，也不要将不同的钢筋编成相同的号。例如，板的平法施工图中支座负筋的标注尺寸是指支座中线到跨内的延伸长度，如果梁支座的宽度不同，即使原位标注的内容都一样，也不能编相同的号。这与传统板的施工图是有区别的，传统板配筋图中支座负筋的标注尺寸有时为水平总投影长度，因此只要图纸中标注的内容一样就可以编同一个号。从这一点上来说，传统板的支座负筋标注尺寸的含义比较直接，更具有可操作性。建议平法板的支座负筋标注尺寸的含义与传统板进行对接，这样就省去了支座负筋水平端投影长度的计算。

当板块很多，图纸配筋又很复杂时，要按一定的规律对钢筋进行编号。例如，按先下部筋，接着上部贯通纵筋、上部非贯通负筋，最后分布筋的顺序进行编号；再比如按"板块"从左到右，从上到下等，这样不容易漏掉钢筋。

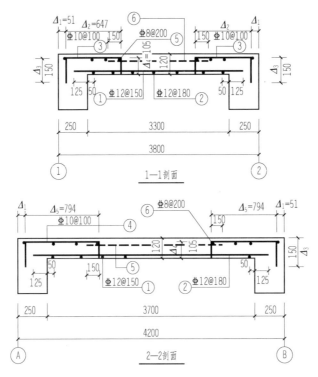

图 6-5-6　1—1、2—2 剖面配筋图

3. 按钢筋编号计算钢筋的长度和根数

计算钢筋长度时，可以参照前面介绍的非框架梁的案例，将上、下部钢筋从相应的剖面图中分离出来，直接在钢筋上计算钢筋的长度。由于本图较简单，可直接对照图 6-5-6 来计算钢筋长度。

计算钢筋根数时，需要对照板上、下部钢筋的排布图 6-4-8 和图 6-4-9 进行。

（1）①号筋　下部筋　$\Phi12@150$

$L_1=$ 板净跨 $+2\Delta_6=3300\text{mm}+2\times125\text{mm}=3550\text{mm}$

$n_1=$ (板净跨 $-2\times$ 起步距离)/间距 $+1=(3700-2\times50)/150+1=24+1=25$（根）

（2）②号筋　下部筋　$\Phi12@180$

$L_2=$ 板净跨 $+2\Delta_6=3700\text{mm}+2\times125\text{mm}=3950\text{mm}$

$n_2=(3300-2\times50)/180+1=18$(不取 17.8)$+1=19$（根）

（3）③号筋　上部支座负筋　$\Phi10@100$　两端柱内板面附加钢筋各 $2\Phi10$

$L_3=\Delta_2+\Delta_3+\Delta_4=(674+150+105)\text{mm}=929\text{mm}$

$n_3=[$ (梁净跨 $-2\times$ 起步距离)/间距 $+1+$ 柱内附加钢筋根数 $]\times2$

$\quad=[(4200-2\times400-2\times50)/100+1+4]\times2=(33+1+4)\times2=38\times2=76$（根）

（4）4 号筋　上部支座负筋　$\Phi10@100$　两端柱内板面附加钢筋各 $2\Phi10$

$L_4 = \Delta_3 + \Delta_4 + \Delta_5 = (150 + 105 + 794)\text{mm} = 1049\text{mm}$

$n_4 = [($梁净跨$-2\times$起步距离$)/$间距$+1+$柱内附加钢筋根数$] \times 2$

$\quad = [(3800 - 2 \times 400 - 2 \times 50)/100 + 1 + 4] \times 2 = (29 + 1 + 4) \times 2 = 34 \times 2 = 68$（根）

（5）⑤号筋　③号筋的分布筋　$\Phi8@200$

$L_5 =$ 板净跨$-$左侧负筋跨内净长$-$右侧负筋跨内净长$+2 \times 150\text{mm}$

$\quad = 3700\text{mm} - (\Delta_1 + \Delta_5 - 250\text{mm}) - (\Delta_1 + \Delta_5 - 250\text{mm}) + 300\text{mm}$

$\quad = 3700\text{mm} - 595\text{mm} - 595\text{mm} + 300\text{mm} = 2810\text{mm}$

$n_5 = [($负筋跨内水平段长$-$起步距离$)/$间距$+1] \times 2$

$\quad = [(\Delta_1 + \Delta_2 - 250 - 50)/200 + 1] \times 2$

$\quad = [(475 - 50)/200 + 1] \times 2 = (3 + 1) \times 2 = 8$（根）

（6）⑥号筋　④号筋的分布筋　$\Phi8@200$

$L_6 =$ 板净跨$-$左侧负筋跨内净长$-$右侧负筋跨内净长$+2 \times 150\text{mm}$

$\quad = 3300\text{mm} - (\Delta_1 + \Delta_2 - 250\text{mm}) - (\Delta_1 + \Delta_2 - 250\text{mm}) + 300\text{mm} = (3300 - 475$

$\quad\quad - 475 + 300)\text{mm} = 2650\text{mm}$

$n_6 = [($负筋跨内水平段长$-$起步距离$)/$间距$+1] \times 2$

$\quad = [(\Delta_1 + \Delta_5 - 250 - 50)/200 + 1] \times 2$

$\quad = [(595 - 50)/200 + 1] \times 2 = (3 + 1) \times 2 = 8$（根）

4．绘制钢筋材料明细表

汇总以上计算结果并绘制 LB1 钢筋材料明细表，见表 6-5-1，将表中空白处的钢筋下料长度的计算作为练习，补充完整。

表 6-5-1　LB1 钢筋材料明细表

编号	钢筋简图	规格及间距	设计长度	下料长度	数量	备注
①	3550	$\Phi12@150$	3550	3550	25	X 向下部筋
②	3950	$\Phi12@180$	3950	3950	19	Y 向下部筋
③	150　674　105	$\Phi10@100$	929		76	X 向非贯通负筋
④	105　794　150	$\Phi10@100$	1049		68	Y 向非贯通负筋
⑤	2810	$\Phi8@200$	2810	2810	8	③号筋的分布筋
⑥	2650	$\Phi8@200$	2650	2650	8	④号筋的分布筋

通过单个板块 LB1 钢筋长度和根数计算的过程发现，如果计算整层楼面的钢筋长度和根数，对照着楼板的剖面图就有点不现实了。因为我们不可能用几个剖面就把所有的

钢筋都剖到。

观察表 6-5-1 中的钢筋形状发现，LB1 中的钢筋只有两种形状：直线形筋和 U 形扣筋。其中 U 形扣筋的两个直角钩竖向长度计算较简单：板内的直角钩长为板厚减掉一个保护层（$h-c$），而端支座处的直角钩长为 15d。通过分析，计算板的钢筋长度和根数还是应该从平面图入手，原位画出所有钢筋，直接计算比较实用。计算整层楼面的钢筋时应以"板块"为单位，按照一定的顺序进行。

在计算过程中，初学者可绘制剖面图作为辅助手段来使用。

6.5.3　单块双向板 LB2 的识图与钢筋计算

下面以图 6-5-2（b）中的 LB2 为例来讲解利用平面图原位直接绘制所有钢筋，并计算钢筋长度和根数的步骤。

某楼面板 LB2 的平法施工图，见图 6-5-2（b）。板厚为 120mm，混凝土强度为 C25；周边梁的断面尺寸为 250mm×500mm；梁的保护层厚度为 20mm，板的保护层厚度为 15mm；梁的箍筋直径为 6mm，梁的上部角筋直径为 25mm；未注明的分布筋为 ⸺8@200；角柱断面尺寸为 400mm×400mm；不考虑角柱位置对板角上部钢筋的计算影响，即上部钢筋从梁边开始铺设。试识读 LB2 的平法施工图，计算板内各种钢筋的设计长度、下料长度及根数，并汇总成钢筋材料明细表。

计算 LB2 钢筋长度和根数的步骤和方法如下：

1. 识读楼面板 LB2 的平法施工图

图 6-5-2（b）解读如下：

LB2 的集中标注：板的下部为双向贯通钢筋网，X 向为 ⸺12@150，Y 向为 ⸺12@180；板的上部有双向贯通钢筋网，X、Y 向均为 ⸺10@200。

LB2 的原位标注：⑤号非贯通纵筋为 ⸺10@200，下方注写的 600mm 为梁中心线向跨内的延伸长度；⑥号非贯通纵筋也为 ⸺10@200，下方注写的尺寸为 720mm，意义与⑤号筋同。上部贯通筋 ⸺10@200 和非贯通负筋 ⸺10@200 在支座处"隔一布一"，支座上方的负筋实为 ⸺10@100。

通过上面的解读可判断出：LB2 的上部配筋属于图 6-5-1（c）上部钢筋贯通排布形式（板块中央的防裂构造钢筋由支座负筋部分贯通构成）且上部也不需要分布筋（因为板上部有双向的贯通筋）。

2. 在楼板的配筋平面布置图上绘制所有钢筋并计算关键数据

1）在楼板配筋平面布置图上绘制所有钢筋。

在楼板的配筋平面布置图上将所有钢筋原位绘制出来并编号，见图 6-5-7（图中钢筋端部的 45°小斜钩表示钢筋截断点）。绘制平面图时，用多比例绘图法将梁支座的宽度用较大的比例画出，以备画清楚支座负筋的锚固情况和标注关键数据使用。因不考虑角柱位置对板角上部钢筋的计算影响，所以平面图中省略了柱子。熟练后可在板平法施工原图上直制绘制钢筋并编号。

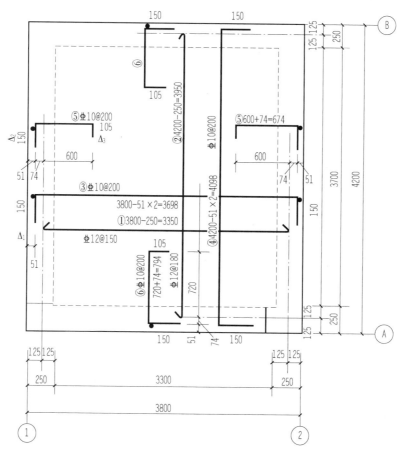

图 6-5-7　LB2 的配筋平面布置图

2）计算关键数据，并将计算结果标注到相应位置。

①端支座负筋在边梁内的竖向弯钩距边梁外边缘的距离为 Δ_1。

Δ_1＝梁的保护层＋梁的箍筋直径＋梁上部角筋直径＝20mm＋6mm＋25mm＝51mm

②端支座负筋在梁内的竖向弯钩长度 Δ_2＝15d＝15×10mm＝150mm。

③端支座负筋在跨（板）内的竖向弯钩长度 Δ_3＝板厚－板保护层＝120mm－15mm＝105mm。

3. 计算钢筋的设计长度

在图上根据关键数据在钢筋旁边直接计算其设计长度，见图 6-5-7。

4. 对照图 6-5-7 计算钢筋的根数

计算钢筋根数时，需要对照板上、下部钢筋的排布图 6-4-8 和图 6-4-9 进行。

（1）①号筋　下部筋　Φ12@150

n_1＝(板净跨－2×起步距离)/间距＋1＝(3700－2×50)/150＋1＝24＋1＝25（根）

（2）②号筋　下部筋　$\underline{\Phi}12@180$

$n_2=(3300-2\times50)/180+1=18(不取\ 17.8)+1=19（根）$

（3）③号筋　上部 X 向贯通纵筋　$\underline{\Phi}10@200$

$n_3=(板净跨-2\times起步距离)/间距+1$

$\quad=(4200-2\times250-2\times50)/200+1=18+1=19（根）$

（4）④号筋　上部 Y 向贯通纵筋　$\underline{\Phi}10@200$

$n_4=(板净跨-2\times起步距离)/间距+1$

$\quad=(3800-250\times2-2\times50)/200+1=16+1=17（根）$

（5）⑤号筋　上部 X 向非贯通支座负筋　$\underline{\Phi}10@200$

直接从图 6-5-7 上判断，因⑤号筋与③号筋"隔一布一"，①轴线上的⑤号筋应比③号贯通纵筋少 1 根，所以有

$n_5=(n_3-1)\times2=(19-1)\times2=36（根）$

（6）⑥号筋上部 Y 向非贯通支座负筋 $\underline{\Phi}10@200$

与⑤号筋道理相同，Ⓐ轴线上的⑥号筋应比④号贯通纵筋少 1 根。所以有

$n_6=(n_4-1)\times2=(17-1)\times2=32（根）$

5. 绘制钢筋材料明细表

汇总以上的计算结果并绘制 LB2 钢筋材料明细表，见表 6-5-2，将表中空白处的钢筋下料长度的计算作为练习，补充完整。

表 6-5-2　LB2 钢筋材料明细表

编号	钢 筋 简 图	规格及间距	设 计 长 度	下 料 长 度	数量	备　　注
①	3550	$\underline{\Phi}12@150$	3550	3550	25	X 向下部筋
②	3950	$\underline{\Phi}12@180$	3950	3950	19	Y 向下部筋
③	150　3698　150	$\underline{\Phi}10@200$	3998		19	X 向贯通筋
④	150　4098　150	$\underline{\Phi}10@200$	4398		17	Y 向贯通筋
⑤	150　674　105	$\underline{\Phi}10@200$	929		36	X 向非贯通负筋
⑥	105　794　150	$\underline{\Phi}10@200$	1049		32	Y 向非贯通负筋

6.5.4　多板块楼板的识图与钢筋计算

图 6-5-8 为用传统制图标准方法绘制的某楼面板 3.570m 层板的配筋图。板厚为 130mm，混凝土强度为 C25；周边梁的断面尺寸见图示；梁的保护层厚度为 25mm，板的保护层厚度为 20mm；梁的箍筋直径为 6mm，梁的上部角筋直径为 22mm；柱断面尺寸为 400mm×400mm，轴线位于柱中心；未注明的分布筋为 $\underline{\Phi}8@200$；板中央设置防裂

构造筋与分布筋相同；另为简化计算，不考虑角柱位置对板角上部钢筋的计算影响，即上部钢筋从梁边开始铺设。试识读图 6-5-8 传统板配筋图，计算板内各种钢筋的设计长度、下料长度及根数，并汇总成钢筋材料明细表。

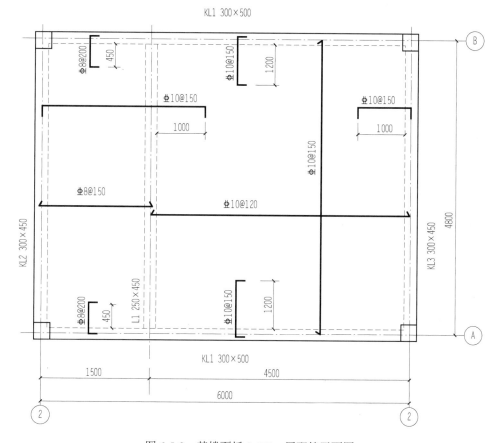

图 6-5-8   某楼面板 3.570m 层配筋平面图

计算楼板钢筋长度和根数的步骤和方法如下：

1. 识读楼面板的传统结构施工图

整层楼面板共有两个板块。

图 6-5-8 解读如下：

右板块识读：右板块为双向板，板的下部为双向贯通钢筋网，X 向为 $\Phi10@120$，Y 向为 $\Phi10@150$；板的周边支座上方均有非贯通支座负筋，X、Y 向均为 $\Phi10@150$，尺寸标注见图示；板块中央的防裂构造钢筋为 $\Phi8@200$。此板块的上部配筋样式属于图 6-5-1（d）形式。

左板块识读：左板块为单向板，板的下部为双向贯通钢筋网，X 向为 $\Phi8@150$，Y 向未画出，应为分布筋 $\Phi8@200$；板的上方 X 向有贯通纵筋 $\Phi10@150$，Y 向有非贯通支

座负筋 ⚊8@200，尺寸标注见图示。应有分布筋与上部 *X* 向上部贯通纵筋垂直形成钢筋网片。

2. 在楼板的配筋平面图上绘制所有钢筋并计算关键数据

1）在楼板的配筋平面布置图上绘制所有钢筋。

在楼板的配筋平面图上将未画出的分布钢筋原位绘制出来，并对所有钢筋进行编号，见图 6-5-9（图中钢筋端部的 45° 小斜钩表示钢筋截断点）。编号按下部筋、上部贯通筋、上部非贯通筋、分布筋依次进行。

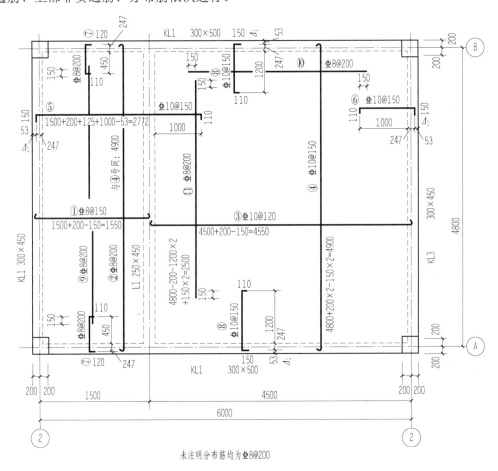

未注明分布筋均为⚊8@200

图 6-5-9　某楼面板 3.570m 层钢筋计算图

2）计算关键数据，并将计算结果标注到图中相应的位置。

端支座负筋距边梁外边缘的距离 Δ_1 的计算式为

$$\Delta_1 = 梁的保护层 + 梁的箍筋直径 + 梁上部角筋直径 = 25mm + 6mm + 22mm = 53mm$$

端支座负筋在梁内的竖向弯钩长度为 $15d$，所以有：

⑤号、⑥号、⑧号筋直径为 10mm，则 $15d = 15 \times 10mm = 150mm$。

⑦号筋直径为 8mm，则 $15d=15×8mm=120mm$。

支座负筋在跨内的竖向弯钩长度＝板厚－板保护层＝130mm－20mm＝110mm。

下部钢筋伸入支座长度＝max(5d，支座宽/2)，直接取支座宽的一半。

3. 根据关键数据计算钢筋的设计长度

根据关键数据在图 6-5-9 上直接计算钢筋的设计长度，也可在图外进行。为了保持图面简洁，图中仅列出了下部筋和部分上部筋的长度计算过程，上部其余钢筋的长度计算请读者作为练习，自行完成。

4. 对照图 6-5-9 计算钢筋的根数

下面仅列出了部分钢筋根数的计算原理，其余请读者作为练习，自行完成。

计算钢筋根数时，需要对照板上、下部钢筋的排布图 6-4-7 和图 6-4-8 进行。

（1）②号筋　左板块 Y 向下部分布筋　$\Phi8@200$

n_2＝(板净跨－2×起步距离)/间距＋1

　　＝(1500＋200－300－125－2×50)/200＋1

　　＝6＋1＝7（根）

（2）⑧号筋　右板块上部 Y 向非贯通端支座负筋　$\Phi10@150$

n_8＝［(板净跨－2×起步距离)/间距＋1］×2

　　＝［(4500＋200－300－125－2×50)/150＋1］×2

　　＝(28＋1)×2＝58（根）

（3）⑨号筋　⑤号筋的分布筋　$\Phi8@200$

n_9＝(板净跨－2×起步距离)/间距＋1

　　＝(1500＋200－300－125－2×50)/200＋1

　　＝6＋1＝7（根）

（4）⑩号筋右板块上部 X 向非贯通防裂分布筋　$\Phi8@200$

n_{10}＝(板净跨－2×起步距离)/间距＋1

　　＝(4800＋200×2－300×2－2×50)/200＋1

　　＝23＋1＝24（根）

5. 绘制钢筋材料明细表

将上面的计算结果进行汇总，然后绘制钢筋材料明细表，见表 6-5-3。

通过前面的计算练习，将表 6-5-3 补充完整。

表 6-5-3　3.570m 楼面板钢筋材料明细表

编号	钢筋简图	规格及间距	设计长度	下料长度	数量	备　注
①	1550	$\Phi8@150$	1550			左板块 X 向下部筋

续表

编号	钢筋简图	规格及间距	设计长度	下料长度	数量	备注
②	4900	⊈8@200	4900		7	左板块 Y 向下部分布筋
③	4550	⊈10@120	4550			右板块 X 向下部筋
④	4900	⊈10@150	4900			右板块 Y 向下部筋
⑤	150　2772　110	⊈10@150	3032			左板块 X 向支座贯通负筋
⑥	150　　　　110	⊈10@150				右板块 X 向端支座负筋
⑦	120　　　　110	⊈8@200				左板块 Y 向端支座构造筋
⑧	150　　　　110	⊈10@150			58	右板块 Y 向端支座负筋
⑨		⊈8@200			7	左板块⑤号筋分布筋
⑩		⊈8@200			24	右板块⑧号筋分布筋 及防裂构造筋
⑪	2500	⊈8@200	2500			右板块⑥号筋分布筋 及防裂构造筋

6.6　与楼板相关构造的引注和配筋

知识导读

　　在掌握本节内容前要熟悉与楼板相关构造的类型编号，其直接引注和配筋构造参照 16G101—1 中的相关内容。本节仅介绍抗冲切箍筋 Rh 及弯起筋 Rb 的直接引注和配筋构造、板翻边 FB 的直接引注和配筋构造两部分内容。

6.6.1　与楼板相关构造的类型编号

　　与楼板相关的构造通常有纵筋加强带、后浇带、柱帽、板开洞、板翻边、角部加强筋等。其在板平法施工图中的编号详见表 6-6-1。

表 6-6-1　楼板相关构造类型与编号

构造类型	代号	序号	说　　明
纵筋加强带	JQD	××	以单向加强纵筋取代原位置配筋
后浇带	HJD	××	与墙或梁后浇带贯通，有不同的留筋方式
局部升降板	SJB	××	板厚及配筋与所在板相同，构造升降高度≤300

续表

构造类型	代号	序号	说　明
板加腋	JY	××	腋高与腋宽可选注
板开洞	BD	××	最大边长或直径＜1m，加强筋长度有全跨贯通和自洞边锚固两种
板翻边	FB	××	翻边高度≤300
角部加强筋	Crs	××	以上部双向非贯通加强钢筋取代原位置的非贯通配筋
悬挑板阴角附加筋	Cis	××	板悬挑阴角上部斜向附加钢筋
悬挑板阳角放射筋	Ces	××	板悬挑阳角上部放射筋
柱帽	ZMx	××	适用于无梁楼盖
抗冲切箍筋	Rh	××	通常用于无柱帽无梁楼盖的柱顶
抗冲切弯起筋	Rb	××	通常用于无柱帽无梁楼盖的柱顶

6.6.2　与楼板相关构造的直接引注和配筋

1. 抗冲切箍筋 Rh 和弯起筋 Rb 的直接引注和配筋构造

抗冲切箍筋和抗冲切弯起筋，通常在无柱帽无梁楼盖的柱顶部位设置，其引注见图 6-6-1；相应平法施工图标准配筋构造见图 6-6-2。

2. 板翻边 FB 的直接引注和配筋构造

板翻边可为上翻或下翻，翻边尺寸等在引注内容中表达，翻边高度在平法施工图的标准构造详图中为≤300mm。当翻边高度＞300mm 时，设计应给予注明。

板翻边 FB 的直接引注见图 6-6-3，板翻边 FB 的标准配筋构造见图 6-6-4。

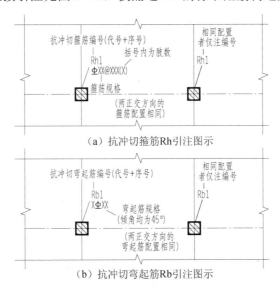

图 6-6-1　抗冲切箍筋 Rh 和弯起筋 Rb 的引注图示

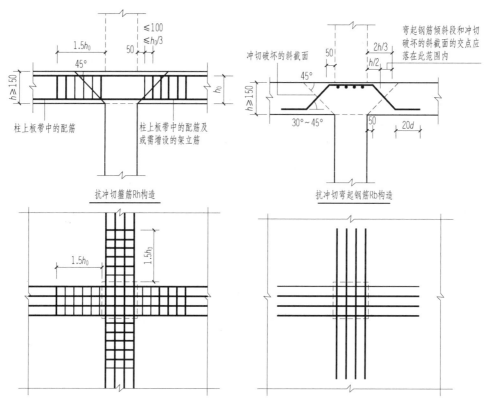

图 6-6-2　抗冲切箍筋 Rh 和弯起筋 Rb 的构造

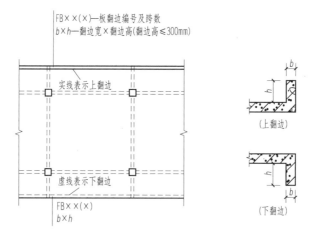

图 6-6-3　板翻边 FB 的直接引注

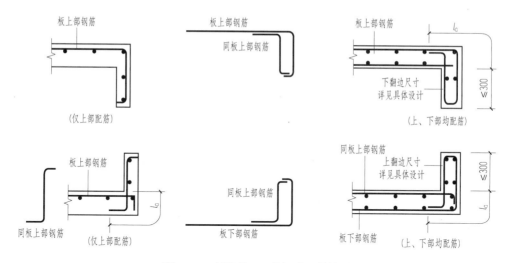

图 6-6-4 板翻边 FB 的标准配筋构造

其他与楼板相关构造的直接引注及配筋构造，详见图集 16G101—1 中的相关内容。

小　结

　　本单元论述了平法板和传统板施工图识读与钢筋计算的基本步骤和方法。

　　首先概括说明了平法板的编号和厚度的表达方式，接着介绍了楼盖板平法施工图的注写方式，即板块集中标注和板支座原位标注；然后阐述了有梁楼盖板的钢筋构造，具体涉及板内受力钢筋、构造钢筋和分布筋的设置，以及钢筋的连接、锚固等诸多方面；最后讲述了与楼板相关构造的注写和标准配筋构造等。

　　本单元介绍的是现浇钢筋混凝土结构体系中的一个重要构件，即板的平法施工图。除了接下来单元 7 的剪力墙之外，本书至此所讲解的平法施工图已经涵盖了框架结构中的梁、柱板受力构件。内容详实，论述清晰，尤其是有关钢筋混凝土楼盖板与框架梁、柱的钢筋混凝土标准构造的内容结合在一起，将帮助学生形成钢筋混凝土框架结构专业知识的一个较为完整的架构。

【复习思考题】

1．识读表 6-1-1 和表 6-1-3 中板块的编号。

2．现行混凝土规范对单、双向板的划分是如何规定的？

3．现浇有梁楼盖板内的钢筋分几类？简述其作用。

4．板纵向钢筋的连接方式有哪几种？

5．识读有梁楼盖楼面板 LB 和屋面板 WB 钢筋构造，见图 6-4-2 和图 6-4-3。

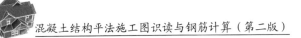

6．识读有梁楼盖板在端部支座的锚固构造，见图 6-4-5。

7．识读有梁楼盖不等跨板上部贯通纵筋连接构造，见图 6-4-4。

8．识读无支撑板端部封边构造，见图 6-4-6。

9．识读有梁楼盖板平法施工图的平面注写方式。

10．板块集中标注的内容有哪几项？板块的原位标注有哪几项内容？

【识图与钢筋计算】

1．某楼面板 LB3 的平法施工图，见图 6-5-2（c）。板厚为 120mm；混凝土强度为 C25；周边梁的断面尺寸为 250mm×500mm；梁的保护层厚度为 20mm，板的保护层厚度为 15mm；梁的箍筋直径为 6mm，梁的上部角筋直径为 25mm；未注明的分布筋为 Φ8@200；板中央设置防裂构造筋同分布筋；角柱断面尺寸为 400mm×400mm；不考虑角柱位置对板角上部钢筋的计算影响，即上部钢筋从梁边开始铺设。试识读 LB3 的平法施工图，并计算板内各种钢筋的设计长度、下料长度及根数，并汇总成钢筋材料明细表。

2．图 1 为板的传统配筋施工图，板的保护层厚度为 15mm，梁的保护层厚度为 25mm，板端支座设计按铰接考虑。试绘制图中 1—1、2—2、3—3 楼板剖面配筋图，并计算板内钢筋的设计长度、下料长度及根数，绘制钢筋材料明细表。

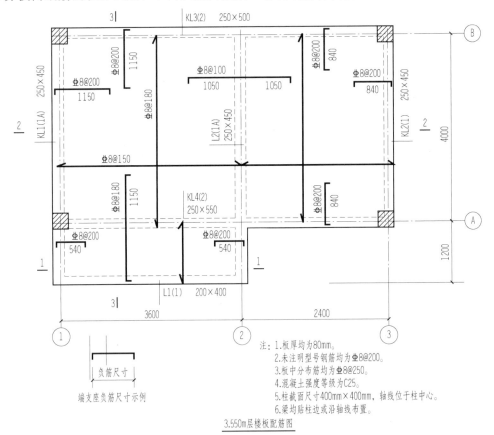

注：1.板厚均为80mm。
2.未注明型号钢筋均为Φ8@200。
3.板中分布筋均为Φ8@250。
4.混凝土强度等级为C25。
5.柱截面尺寸400mm×400mm，轴线位于柱中心。
6.梁均贴柱边或沿轴线布置。

3.550m层楼板配筋图

图 1　某楼面板传统配筋施工图

单元 **7**

剪力墙平法施工图识读与钢筋计算

教学目标与要求

教学目标 ☞

通过对本单元的学习，学生应能够：

1. 掌握剪力墙的分类、配筋构造及平法制图规则的含义。
2. 掌握剪力墙身水平和竖向钢筋构造，以及各种约束边缘构件 YBZ 和构造边缘构件 GBZ 的构造。
3. 熟悉并理解扶壁柱 FBZ、非边缘暗柱 AZ、剪力墙连梁 LL、暗梁 AL、边框梁 BKL 配筋构造及地下室外墙 DWQ 钢筋构造等。
4. 掌握剪力墙钢筋计算的方法和步骤。

教学要求 ☞

教学要点	知识要点	权重	自测分数
剪力墙及墙内钢筋分类	掌握剪力墙身、墙柱及墙梁内钢筋种类	15%	
剪力墙平法施工图的注写方式	理解剪力墙平法施工图的注写方式，熟悉并逐步掌握其注写内容的含义和阅读方法	20%	
剪力墙的钢筋构造	熟悉剪力墙的构造，具体掌握墙柱、墙身和墙梁等部位的钢筋设置要求及连接和锚固方式	40%	
剪力墙钢筋计算	掌握剪力墙身、墙梁及墙柱的钢筋计算原理和方法	25%	

── 实例引导──剪力墙平法施工图的识读 ─

下图所示为剪力墙平法施工图截面注写方式示例，以下将结合前面的平法识图知识，围绕本图所表达的图形语言及截面注写数字和符号的含义，一步一步引领学生，正确识读和理解剪力墙平法施工图。

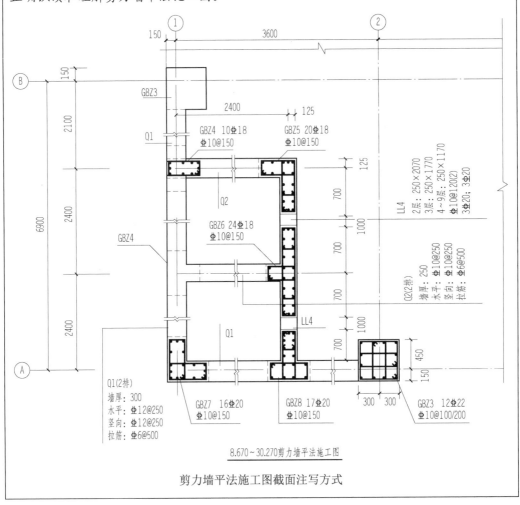

8.670～30.270剪力墙平法施工图

剪力墙平法施工图截面注写方式

7.1 剪力墙及墙内钢筋

知识导读

剪力墙构件有"一墙、二柱、三梁"的说法，即剪力墙包含一种墙身、两种墙柱（端柱和暗柱）、三种墙梁（连梁、暗梁和边框梁）。下面将对剪力墙中的墙身、墙柱、墙梁分别进行详细介绍。

7.1.1 剪力墙简介和分类

1. 剪力墙简介

GB 50010—2010《混凝土结构设计规范（2015 年版）》第 9.4.1 条规定：当竖向构件截面的长边（长度）、短边（厚度）比值大于 4 时，宜按剪力墙的要求进行设计。通俗地讲，剪力墙就是现浇钢筋混凝土受力墙体，也被称为抗震墙。顾名思义，剪力墙主要是用来承受地震时的水平力，当然同时它还能承受垂直力和水平风力。

剪力墙构件是从基础结构顶面到建筑顶层屋面的一整面墙体或连在一起的几面墙体，甚至是四周闭合的墙体；形状各异。

正是因为有了"剪力墙"这样的结构构件，才使得现代建筑越盖越高。在高层建筑迅猛发展、遍地开花的今天，看得懂剪力墙的平法施工图显得尤为重要。

在高层钢筋混凝土建筑中，有框架结构和剪力墙结构。涉及剪力墙构件的结构中，又可以再细分为剪力墙结构、框架-剪力墙结构、部分框支剪力墙结构和筒体结构。其中框架-剪力墙结构中的剪力墙通常有两种设计布置方式，一种是剪力墙与框架分开，围成筒、墙，两端没有柱子；另一种是剪力墙嵌入框架内，有端柱、有边框梁，成为"带边框的剪力墙"。

剪力墙属于混凝土结构众多受力构件（柱、梁、板、各类基础等）中的一种，剪力墙的钢筋结构图和钢筋轴测投影示意，见图 7-1-1。

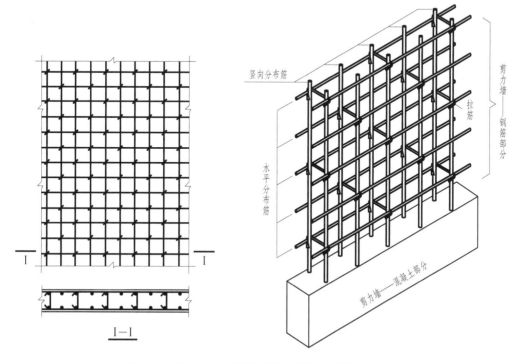

图 7-1-1　剪力墙的钢筋结构图和钢筋轴测投影示意图

剪力墙和柱子一样，也是一种非常重要的竖向结构构件。剪力墙（片状）和框架柱（杆状）在形状上不同；从受力机理上来说，两者差别更大。柱构件的内力基本上逐层呈规律性变化，而剪力墙内力基本上呈整体变化，与层关联的规律性不明显。在水平地震力和水平风力的作用下，剪力墙为弯曲变形，而框架柱呈现剪切变形。

剪力墙在平行于墙面的水平和竖向荷载作用下，整个墙体宜分别按偏心受压或偏心受拉进行正截面承载力计算，并按有关规定进行斜截面受剪承载力计算。加上剪力墙本身特有的内力变化规律与抵抗地震作用时的构造特点，决定了必须在其边缘部位加强配筋，以及在其楼层位置根据抗震等级要求加强配筋或局部加大截面尺寸。这样一来，就使得剪力墙平法施工图的配筋看起来似乎有点复杂。

2. 剪力墙的分类

为了表达清楚和识图简便，平法将剪力墙人为分成"剪力墙柱、剪力墙身和剪力墙梁"三类构件，该三类构件分别简称为"墙柱、墙身和墙梁"，并以此分类进行相应的编号。

墙柱、墙梁连同墙身都是剪力墙不可分割的一部分，它们是一个有机的整体。

下面介绍墙柱、墙梁与框架柱、框架梁的区别。

剪力墙设计与框架柱或梁类构件设计是有显著区别的。首先，柱和梁属于杆类构件，而剪力墙水平截面的长宽比相对杆类构件的高宽比要大得多；其次，柱、梁构件的内力基本上逐层、逐跨呈规律性变化，而剪力墙内力基本上呈整体变化，与层关联的规律性不明显，而且剪力墙本身特有的内力变化规律与抵抗地震作用时的构造特点，决定了必须在其边缘部位加强配筋，以及在其楼层位置根据抗震等级要求加强配筋或局部加大截面尺寸；此外，连接两片墙的水平构件功能也与普通框架梁截然不同。显然，平法将剪力墙视为剪力墙柱、剪力墙身和剪力墙梁三类构件分别绘图，只是为了表达清楚、识图简便。

7.1.2　墙身、墙柱、墙梁的编号和截面尺寸表达

1. 墙身的编号及厚度

（1）墙身的编号

墙身编号由墙身代号、序号，以及墙身所配置的水平与竖向分布钢筋的排数组成。其中，排数注写在括号内，表达形式为Q××（×排）；若排数为2，可不注。

编号时，若墙身的厚度尺寸和配筋均相同，仅墙厚与轴线的关系不同或墙身长度不同时，也可将其编为同一墙身号，但应在图中注明与轴线的几何关系。

例如，Q3（2排）表示3号剪力墙身，配2排钢筋网片。

剪力墙墙身所配置钢筋网片排数的设置，应符合图7-1-2的规定。

各排水平分布钢筋和竖向分布钢筋的直径与间距应保持一致，而且通常情况下剪力墙中的水平分布钢筋位于墙的外侧，而竖向分布钢筋位于水平分布钢筋的内侧，见

图 7-1-1。

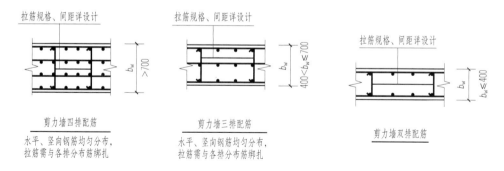

图 7-1-2　不同厚度的剪力墙钢筋排数配置

当剪力墙配置的分布钢筋多于两排时，剪力墙拉筋两端应同时钩住外排水平纵筋和竖向纵筋，还应与剪力墙内排水平纵筋和竖向纵筋绑扎在一起。

（2）墙身的厚度

剪力墙墙身的厚度由设计图纸提供，如实例引导图中的 Q1（2 排）的墙厚为 300mm。

剪力墙的墙肢截面厚度应符合下列规定：

1）剪力墙结构：一、二级抗震等级时，一般部位不应小于 160mm，且不宜小于层高或无支长度的 1/20；三、四级抗震等级时，不应小于 140mm，且不宜小于层高或无支长度的 1/25。一、二级抗震等级的底部加强部位，不应小于 200mm，且不宜小于层高或无支长度的 1/16；当墙端无端柱或翼墙时，墙厚不宜小于层高或无支长度的 1/12。

2）框架-剪力墙结构：一般部位不应小于 160mm，且不宜小于层高或无支长度的 1/20；底部加强部位，不应小于 200mm，且不宜小于层高或无支长度的 1/16。

3）框架-核心筒结构、筒中筒结构：一般部位不应小于 160mm，且不宜小于层高或无支长度的 1/20；底部加强部位，不应小于 200mm，且不宜小于层高或无支长度的 1/16。筒体底部加强部位及其上一层不宜改变墙体厚度。

2. 墙柱编号和截面尺寸

剪力墙墙柱可分为端柱和暗柱两大类。

墙柱编号由墙柱类型代号和序号组成，表达形式应符合表 7-1-1 的规定。编号时，墙柱的截面尺寸与配筋均相同，仅截面与轴线的关系不同时，可将其编为同一墙柱号。

表 7-1-1 中，约束边缘构件包括约束边缘暗柱、约束边缘端柱、约束边缘翼墙柱、约束边缘转角墙柱四种标准类型，见图 7-1-3；构造边缘构件包括构造边缘暗柱、构造边缘端柱、构造边缘翼墙柱和构造边缘转角墙柱四种标准类型，见图 7-1-4；扶壁柱、各种非边缘暗柱见图 7-1-5。另外，还有 Z 形、W 形、F 形等非标准类型的约束或构造边缘构件，见图 7-1-6。

表 7-1-1 墙柱编号

墙柱类型	代 号	序 号
约束边缘构件	YBZ	××
构造边缘构件	GBZ	××
非边缘暗柱	AZ	××
扶壁柱	FBZ	××

表 7-1-1 中的"约束边缘构件"和"构造边缘构件"的设置条件，见知识链接。

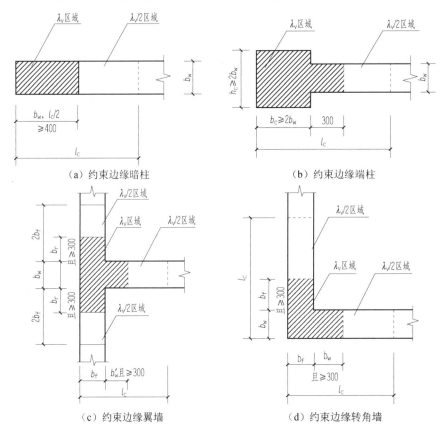

（a）约束边缘暗柱

（b）约束边缘端柱

（c）约束边缘翼墙

（d）约束边缘转角墙

图 7-1-3 约束边缘构件（标准类型）

（a）构造边缘暗柱

（b）构造边缘端柱

图 7-1-4 构造边缘构件（标准类型）

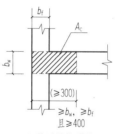

（c）构造边缘翼墙

（括号中数值用于高层建筑）

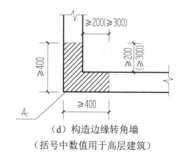

（d）构造边缘转角墙

（括号中数值用于高层建筑）

图 7-1-4（续）

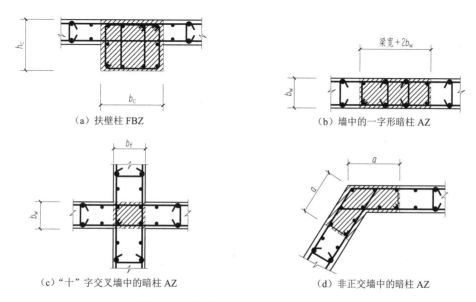

（a）扶壁柱 FBZ

（b）墙中的一字形暗柱 AZ

（c）"十"字交叉墙中的暗柱 AZ

（d）非正交墙中的暗柱 AZ

图 7-1-5　扶壁柱和各种非边缘暗柱示意

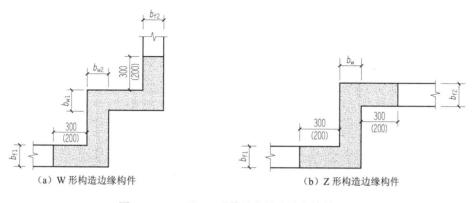

（a）W 形构造边缘构件

（b）Z 形构造边缘构件

图 7-1-6　W 形、Z 形构造和约束边缘构件

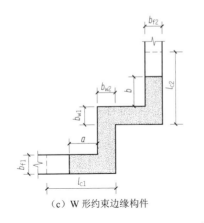

（c）W 形约束边缘构件

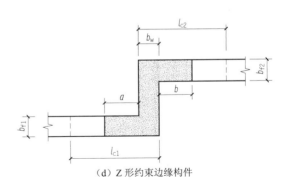

（d）Z 形约束边缘构件

图 7-1-6（续）

知识链接

GB 50010—2010《混凝土结构设计规范（2015 年版）》第 11.7.17 条规定：剪力墙两端及洞口两侧应设置边缘构件，并宜符合下列要求：

1）一、二、三级抗震等级的剪力墙，在重力荷载代表值作用下，当墙肢底截面轴压比大于表 7-1-2 规定时，其底部加强部位及其以上一层墙肢应按图 7-1-2 的规定设置约束边缘构件；当小于表 7-1-2 规定时，可按图 7-1-4 的规定设置构造边缘构件。

表 7-1-2 剪力墙设置构造边缘构件的最大轴压比

抗震等级（设防烈度）	一级（9 度）	一级（7、8 度）	二级、三级
轴压比	0.1	0.2	0.3

注：剪力墙墙肢轴压比指在重力荷载代表值作用下墙的轴压力设计值与墙的全截面面积和混凝土轴心抗压强度设计值乘积的比值，即 $N/(f_cA)$。

2）部分框支剪力墙结构中，一、二、三级抗震等级落地剪力墙的底部加强部位及以上一层的墙肢两端，宜设置翼墙或端柱，并按图 7-1-2 设置约束边缘构件；不落地的剪力墙，应在底部加强部位及以上一层剪力墙的墙肢两端设置约束边缘构件。

3）一、二、三级抗震等级的剪力墙的一般部位剪力墙，以及四级抗震等级剪力墙，应按图 7-1-4 设置构造边缘构件。

4）对框架-核心筒结构，一、二、三级抗震等级的核心筒角部墙体的边缘构件还应按下列要求加强：底部加强部位墙肢约束边缘构件的长度宜取墙肢截面高度的 1/4，且约束边缘构件范围内宜全部采用箍筋；底部加强部位以上宜按相关要求设置约束边缘构件。

约束边缘构件沿墙肢的长度 l_c、配箍特征值 λ_v、各类墙柱的截面形状与几何尺寸等均由设计图纸提供，见图 7-1-7。

仔细观察图 7-1-3～图 7-1-7 所示形状各异的墙柱类型，根据截面厚度是否与墙体同厚可将它们分为两大类：端柱和扶壁柱（比墙体厚）归为一类；其他的各类形状的墙柱（与墙体同厚）归为另一类，统称暗柱，即前面提到的剪力墙柱分为端柱和暗柱两大类。

剪力墙柱表

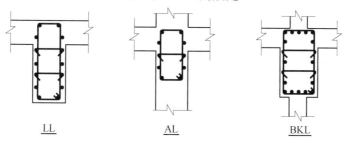

YBZ2	YBZ3	YBZ4
−0.030～12.270	−0.030～12.270	−0.030～12.270
22Φ20	18Φ22	20Φ20
Φ10@100	Φ10@100	Φ10@100

图 7-1-7　某工程的剪力墙柱表（局部）示例

特别提示

在框架-剪力墙结构中，部分剪力墙的端部设有端柱，有端柱的墙体在楼盖处宜设置边框梁或暗梁。端柱和扶壁柱中纵筋构造应按框架柱在顶层的构造做法，见图 4-4-17 和图 4-4-18；而暗柱纵筋在顶层楼板处的做法通常同剪力墙墙身中竖向分布钢筋。

3. 墙梁编号

剪力墙的墙梁可分为连梁、暗梁和边框梁三种类型，见图 7-1-8。墙梁编号由墙梁类型代号和序号组成，表达形式应符合表 7-1-3 的规定。

LL　　　　　　　AL　　　　　　　BKL

图 7-1-8　连梁 LL、暗梁 AL 和边框梁 BKL 示意

表 7-1-3　剪力墙的墙梁编号

墙梁类型	代号	序号
连梁	LL	××
连梁（对角暗撑配筋）	LL（JC）	××
连梁（交叉斜筋配筋）	LL（JX）	××
连梁（集中对角斜筋配筋）	LL（DX）	××
连梁（跨高比不小于 5）	LLK	××
暗梁	AL	××
边框梁	BKL	××

注：1. 在具体工程中，当某些墙身需设置暗梁或边框梁时，宜在剪力墙平法施工图中绘制暗梁或边框梁的平面布置图并编号，以明确其具体位置。

　　2. 跨高比不小于 5 的连梁按框架梁设计时，代号为 LLK。

（1）连梁 LL

连梁设置在所有剪力墙身中上、下洞口之间的位置，其实就是"窗间墙"的范围。连梁连接被一串洞口分割开的两片墙肢，当抵抗地震作用时使两片连接在一起的剪力墙协同工作。连梁实为剪力墙身洞口处的水平加强带，其上、下部纵向钢筋自洞口边伸入墙体内长度不小于 l_{aE}，且不小于 600mm。

（2）暗梁 AL 和边框梁 BKL

GB 50010—2010《混凝土结构设计规范（2015 年版）》规定：剪力墙周边应设置端柱和梁作为边框（边框梁），端柱截面尺寸宜与同层框架柱相同，且应满足框架柱的要求；当墙周边仅有（框架）柱而无（边框）梁时，应设置暗梁，其高度可取 2 倍墙厚。

前面提到，剪力墙有两种布置方式：一种是剪力墙围成筒，墙两端没有柱子；另一种是剪力墙嵌入框架内，有端柱、有边框梁，成为"带边框的剪力墙"。因此，暗梁、边框梁用于框架-剪力墙结构中的"带边框的剪力墙"。两者的区别在于截面宽度是否与墙同宽。其抗震等级按框架部分，构造按框架梁，纵筋应伸入端柱中进行锚固。

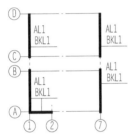

图 7-1-9　暗梁、边框梁布置简图

在具体工程中，当某些带有端柱的剪力墙墙身需要设置暗梁或边框梁时，宜在剪力墙平法施工图中绘制暗梁或边框梁的平面布置图并编号，以明确其具体位置。

暗梁和边框梁均设置在楼面和屋面位置并与墙身现浇在一起，图 7-1-9 为其平面布置简图。

如何理解端柱、暗柱、暗梁、连梁和边框梁，见特别提示。

特别提示

- 归入剪力墙柱的端柱、暗柱等，不是普通概念的柱。因为这些墙柱不可能脱离整片剪力墙独立存在，也不可能独立变形。称其为墙柱，是其配筋都是由竖向纵筋和水平箍筋构成的，绑扎方式与柱相同。但与柱不同的是墙柱同时与墙身混凝土和钢筋完整地结合在一起。因此，墙柱实质上是剪力墙边缘的集中配筋加强部位（即剪力墙边缘的竖向加强带）。

- 归入剪力墙梁的暗梁、边框梁等，也不是普通概念的梁。因为这些墙梁不可能脱离整片剪力墙独立存在，也不可能像普通概念的梁一样独立受弯变形。实际上暗梁、边框梁不属于受弯构件。称其为墙梁，是因为其配筋都是由纵向钢筋和横向箍筋构成的，绑扎方式与梁基本相同，同时又与墙身的混凝土与钢筋完整地结合在一起。因此，暗梁、边框梁实质上是剪力墙在楼层位置的水平加强带。

- 归入剪力墙梁中的连梁虽然属于水平构件，但其主要功能是将两片剪力墙连接在一起，当抵抗地震作用时使两片连接在一起的剪力墙协同工作，剪力墙连梁实为剪力墙洞口处的水平加强带。连梁的形状与深梁基本相同，但受力原理却有较大区别。

4. 剪力墙洞口和地下室外墙编号

剪力墙洞口和地下室外墙编号见表7-1-4。

表7-1-4　剪力墙洞口和地下室外墙编号

类　型	代　号	序　号	特　征
矩形洞口	JD	××	通常为在内墙墙身或连梁上的设备管道预留洞
圆形洞口	YD	××	
地下室外墙	DWQ	××	

7.1.3　剪力墙内钢筋

1. 剪力墙内钢筋的分类

剪力墙由墙身、墙柱和墙梁组成。墙身内的钢筋有水平分布筋、竖向分布筋和拉筋三种；墙柱的钢筋与普通柱类似，有纵筋和箍筋两种；墙梁内的钢筋与普通梁类似，有上、下部纵筋、箍筋、腰筋（可不单独设置，而由墙身的水平分布筋来替代）及拉筋。

剪力墙内钢筋的详细分类，见图7-1-10。

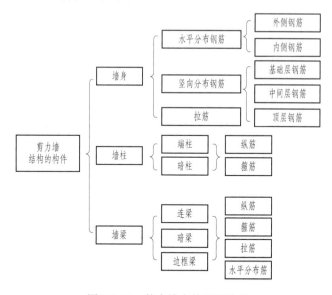

图7-1-10　剪力墙内的钢筋分类

2. 剪力墙内各种钢筋的层次关系

因为墙柱（特别是各种暗柱 AZ）、墙梁（特别是暗梁 AL、连梁 LL）与墙身镶嵌在一起，钢筋互相贴靠着，所以综合分析剪力墙内各种钢筋的层次关系，弄清楚哪些钢筋在外侧，哪些钢筋在内侧，对于读者学习下面剪力墙的钢筋构造很有用，尤其对剪力墙的钢筋计算至关重要。由于边框梁的宽度大于剪力墙的厚度，剪力墙中的竖向分布钢筋可以很顺利地从边框梁内穿过，互不碍事，因此边框梁和剪力墙分别满足各自钢筋的保护层厚度要求即可。

当剪力墙内设置暗梁和连梁时，它们的箍筋不是位于墙中水平分布筋的外侧，而是与墙中的竖向分布筋在同一层面上，其钢筋的保护层厚度与墙的竖向分布筋一致。因此只要墙中水平分布筋的保护层厚度满足要求，就不需要另外单独考虑暗梁和连梁的钢筋保护层了。

（1）连梁或暗梁与墙身的钢筋摆放层次关系

连梁或暗梁与墙身的钢筋摆放层次关系，见图7-1-11。

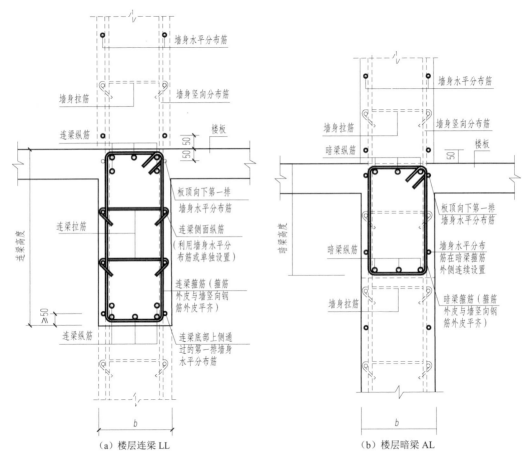

（a）楼层连梁 LL　　　　　　　　（b）楼层暗梁 AL

图 7-1-11　连梁、暗梁与墙身钢筋排布构造及层次关系

1）剪力墙中的水平分布钢筋在最外侧第一层（从外至内），在连梁或暗梁高度范围内也应布置剪力墙的水平分布钢筋。

2）剪力墙中的竖向分布钢筋及连梁、暗梁中的箍筋，应紧靠水平分布钢筋的内侧，属于第二层次；竖向分布筋和箍筋在水平方向错开布置，不应重叠放置。

3）连梁或暗梁中的上、下部纵筋位于剪力墙竖向分布钢筋和暗梁箍筋的内侧，属于第三层次。

（2）暗柱与墙身的钢筋摆放层次关系

剪力墙身的竖向分布钢筋不需要进入端柱和暗柱范围，但水平分布钢筋需要穿越端柱、暗柱或在其远端锚固。

当剪力墙端部设置暗柱时，暗柱的箍筋不是位于墙中水平分布筋的外侧，箍筋内皮与墙中的水平分布筋内皮平齐；暗柱的纵向钢筋与墙中的竖向分布钢筋在同一层面并紧靠水平分布钢筋，见图 7-1-12。

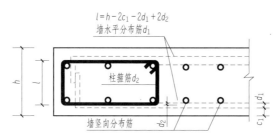

图 7-1-12　墙端部暗柱与墙身钢筋的摆放层次图

暗柱保护层的讨论：假设墙的水平分布筋直径均为 12mm，墙的保护层厚度为 15mm，暗柱的纵筋直径为 22mm，箍筋直径为 10mm。那么

暗柱箍筋的保护层

$c_g＝(15＋12－10)mm＝17mm$

暗柱纵筋的保护层

$c_z＝(15＋12)mm＝27mm＞纵筋的直径 22mm$

从以上的计算结果分析：暗柱箍筋的保护层厚度 17mm 如果按普通柱来比较，比 20mm 稍差那么一点，但可以达到墙保护层厚度 15mm 的要求；暗柱纵筋的保护层 27mm 基本可以满足普通柱受力纵筋最小保护层的要求。而前面讲到，剪力墙暗柱和普通柱是不同的，暗柱是剪力墙的竖向配筋加强带，是剪力墙的一部分，所以笔者认为暗柱保护层满足墙保护层的要求就可以了。从这个意义上来说，暗柱的保护层就不需要另外单独来考虑，按照图 7-1-12 绑扎就位就可以施工了。

总结：暗柱 AZ、暗梁 AL、连梁 LL 的保护层不需要另外考虑，按图 7-1-11 和图 7-1-12 满足墙的最小保护层要求即可；端柱和边框梁的保护层需要分别按柱和梁的要求来取值。

7.2　剪力墙平法识图规则解读

知识导读

本部分内容主要讲剪力墙平法施工图的两种注写方式，包括列表注写方式和截面注写方式。若要深入的学习该部分内容，首先要熟练掌握剪力墙平法施工图的两种注写方式。

7.2.1 剪力墙平法施工图的表示方法

1. 剪力墙的三种注写方式

剪力墙平法施工图在剪力墙平面布置图上采用列表注写方式、截面注写方式或者平面注写方式表达。三种注写方式不同，但表达的内容完全相同。

在剪力墙平法施工图中，必须按规定注明各结构层的楼面标高、结构层高及相应的结构层号。除此之外，还应注明上部结构嵌固部位的具体位置。

剪力墙的墙梁和墙身平法施工图有两种注写方式：列表注写方式和平面注写方式。

墙柱（剪力墙边缘构件）平法施工图有三种注写方式：列表注写、截面注写和平面注写。

2. 墙柱（剪力墙边缘构件）平面注写方式

墙柱（剪力墙边缘构件）平面注写方式是在剪力墙平法施工图上，分别在相同编号的墙柱中选取其中一个，在其上注写截面尺寸和配筋数值来表达墙柱的平法施工图；设计人员在墙柱平面图中，应将墙柱阴影区进行填充，以便施工人员确认墙柱的形状，然后按图集 12G101—4 中的钢筋排布规则即可完成钢筋的施工。

墙柱的平面注写方式是 12G101—4（第一次出版发行，实行日期为 2013 年 2 月 1 日）首次提出的墙柱的一种新的设计表达方式，但需要与图集配合才能完成钢筋的施工。鉴于目前很少见到平面注写的墙柱设计图纸，本书暂不涉及这部分内容。

下面分别讲述剪力墙平法施工图的列表注写方式和截面注写方式。

7.2.2 剪力墙平法施工图的列表注写方式

剪力墙列表注写方式是分别在剪力墙柱表、剪力墙身表和剪力墙梁表中，对应于剪力墙平面布置图上的编号，用绘制截面配筋图并注写几何尺寸与配筋具体数值的方式，来表达剪力墙平法施工图。

剪力墙的构造比较复杂，除了剪力墙自身的配筋外，还有暗梁、连梁、边框梁、暗柱和端柱等。在剪力墙平法施工图列表注写方式中，表示的内容包括剪力墙平面布置图和剪力墙表（剪力墙梁表、剪力墙身表、剪力墙柱表和墙洞口表等）、结构标高及结构层高表等。

下面将详细讲述剪力墙列表注写方式的施工图所包含的具体内容。

（1）剪力墙平面布置图及结构标高和层高表

1）剪力墙平面布置图。某工程的剪力墙平面布置图，见图 7-2-1。

剪力墙施工图与常规表示方法相同。平面布置图表明定位轴线、剪力墙的编号、形状及与轴线的关系，剪力墙按照约束边缘构件和构造边缘构件分别进行编号，如 YBZ1、YBZ2、……，GBZ1、GBZ2、……。本例的图名是－0.030～12.270 的剪力墙平法施工图，对照左侧的表格，知道图纸表达的只是 1～3 层底部加强部位的剪力墙平法施工图。因此，图中的墙柱编号均为 YBZ1、YBZ2 等；如果是 4 层以上的剪力墙平法施工图，图中的墙柱代号应该为 GBZ1、GBZ2 等。除此之外，图中还有连梁（LL1、LL2 等）、墙身（Q1、Q2 等）及圆形洞口（YD1）。

层号	标高/m	层高/m
层面2	65.670	
塔面2	62.370	3.30
层面1（塔层1）	59.070	3.30
16	55.470	3.60
15	51.870	3.60
14	48.270	3.60
13	44.670	3.60
12	41.070	3.60
11	37.470	3.60
10	33.870	3.60
9	30.270	3.60
8	26.670	3.60
7	23.070	3.60
6	19.470	3.60
5	15.870	3.60
4	12.270	3.60
3	8.670	3.60
2	4.470	4.20
1	-0.030	4.50
-1	-4.530	4.50
-2	-9.030	4.50
层号	标高/m	层高/m

结构层楼面标高
结构层高

上部结构嵌固部位
-0.030

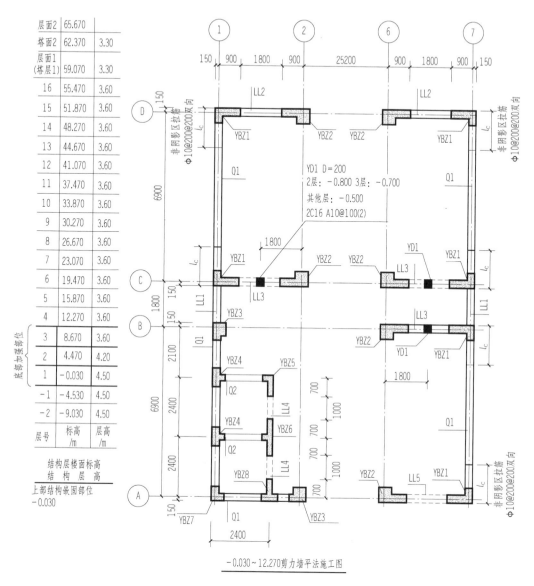

－0.030～12.270剪力墙平法施工图

图 7-2-1　某办公楼工程剪力墙的平面布置图示例

2）结构标高和结构层高表。剪力墙的结构标高和层高表，见图 7-2-1 左侧，与前面讲过的梁、柱等的结构标高和层高表意义相同，不再赘述。

（2）剪力墙柱表

图 7-2-1 所示某办公楼工程－0.030～12.270m 的剪力墙柱表（部分）见图 7-2-2。

在图 7-2-2 所示剪力墙柱表中表达的内容有以下规定：

1）注写墙柱编号，绘制该墙柱的截面配筋图，标注墙柱几何尺寸。

无论是端柱、暗柱，还是扶壁柱等均需标注完整的几何尺寸。

剪力墙柱表

截面	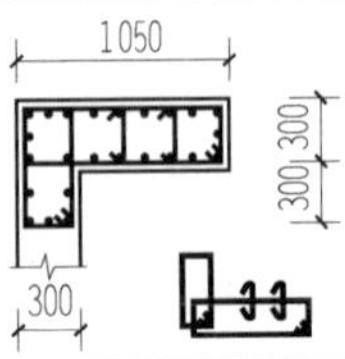	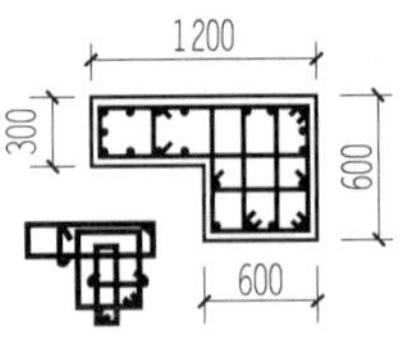	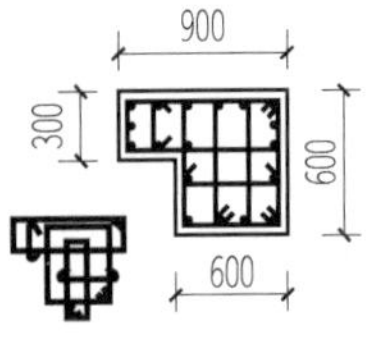	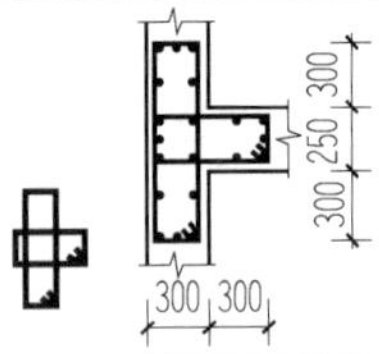
编号	YBZ1	YBZ2	YBZ3	YBZ4
标高	−0.030～12.270	−0.030～12.270	−0.030～12.270	−0.030～12.270
纵筋	24Φ20	22Φ20	18Φ22	20Φ20
箍筋	Φ10@100	Φ10@100	Φ10@100	Φ10@100
截面				
编号	YBZ5		YBZ6	YBZ7
标高	−0.030～12.270		−0.030～12.270	−0.030～12.270
纵筋	20Φ20		23Φ20	16Φ20
箍筋	Φ10@100		Φ10@100	Φ10@100

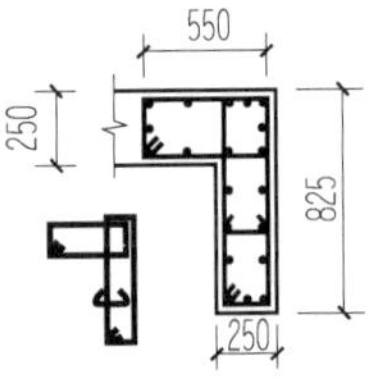

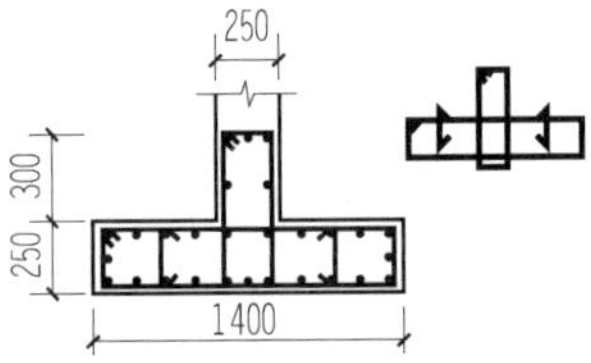

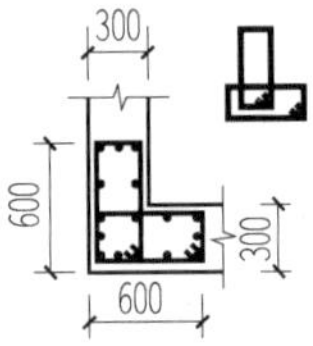

图 7-2-2　某办公楼工程的剪力墙柱表

2）注写各段墙柱的起止标高。

各段墙柱的起止标高，自墙柱嵌固部位往上，以变截面位置或截面未变但配筋改变处为界分段注写。本例墙柱嵌固部位标高为−0.030m，各墙柱的起止标高均为−0.030～12.270m。

3）注写各段墙柱的纵向钢筋和箍筋。

注写值应与在表中绘制的截面配筋图对应一致。纵向钢筋注总配筋值，墙柱箍筋的注写方式与柱箍筋相同。

特别提示

对于约束边缘构件，除注写阴影部位的箍筋外，还需在剪力墙平面布置图中注写非阴影区内布置的拉筋（或箍筋）。

所有墙柱纵向钢筋搭接长度范围内的箍筋间距应按标准构造要求进行加密。

（3）剪力墙身表

图 7-2-1 所示某办公楼工程−0.030～59.070m 剪力墙身表见图 7-2-3。

在图 7-2-3 剪力墙身表中表达的内容有以下规定：

1）注写墙身编号。注意在编号后的括号内必须含有水平与竖向分布钢筋的排数，若为两排时可省略不写。图 7-2-3 中墙身的编号为 Q1 和 Q2，说明均为两排钢筋网片。

剪力墙身表

编号	标高	墙厚	水平分布筋	垂直分布筋	拉筋(双向)
Q1	−0.030∼30.270	300	Φ12@200	Φ12@200	Φ6@600@600
	30.270∼59.070	250	Φ10@200	Φ10@200	Φ6@600@600
Q2	−0.030∼30.270	250	Φ10@200	Φ10@200	Φ6@600@600
	30.270∼59.070	200	Φ10@200	Φ10@200	Φ6@600@600

图 7-2-3 某办公楼工程−0.030m∼59.070m 剪力墙身表

2）注写各段墙身起止标高。自墙身嵌固部位往上，以变截面位置或截面未变但配筋改变处为界分段注写。本例的墙身 Q1 分两个标高段：第一段墙身起止标高为−0.030∼30.270；第二段墙身起止标高为 30.270∼59.070。

3）注写墙身厚度。例如，1 号墙身 Q1，第一标高段−0.030∼30.270 的墙厚为 300mm，而第二标高段 30.270∼59.070 墙厚为 250mm。

4）注写水平分布钢筋、竖向分布钢筋和拉筋的具体数值。注写数值为一排水平分布钢筋和竖向分布钢筋的规格与间距；各排数值均保持一致。设置几排已在墙身编号后面括号内表达。

（4）剪力墙梁表

图 7-2-1 所示某办公楼工程 1∼16 层的剪力墙梁表见图 7-2-4。

编号	所在楼层号	梁顶相对标高高差	梁截面 b×h	上部纵筋	下部纵筋	箍筋
LL1	2∼9	0.800	300×2000	4Φ22	4Φ22	Φ10@100(2)
	10∼16	0.800	250×2000	4Φ20	4Φ20	Φ10@100(2)
	屋面1		250×1200	4Φ20	4Φ20	Φ10@100(2)
LL2	3	−1.200	300×2520	4Φ22	4Φ22	Φ10@150(2)
	4	−0.900	300×2070	4Φ22	4Φ22	Φ10@150(2)
	5∼9	−0.900	300×1770	4Φ22	4Φ22	Φ10@150(2)
	10∼屋面1	−0.900	250×1770	3Φ22	3Φ22	Φ10@150(2)
LL3	2		300×2070	4Φ22	4Φ22	Φ10@100(2)
	3		300×1770	4Φ22	4Φ22	Φ10@100(2)
	4∼9		300×1170	4Φ22	4Φ22	Φ10@100(2)
	10∼屋面1		250×1170	3Φ22	3Φ22	Φ10@100(2)
LL4	2		250×2070	3Φ20	3Φ20	Φ10@120(2)
	3		250×1770	3Φ20	3Φ20	Φ10@120(2)
	4∼屋面1		250×1170	3Φ20	3Φ20	Φ10@120(2)
AL1	2∼9		300×600	3Φ20	3Φ20	Φ8@150(2)
	10∼16		250×500	3Φ18	3Φ18	Φ8@150(2)
BKL1	屋面1		500×750	4Φ22	4Φ22	Φ10@150(2)

图 7-2-4 某办公楼工程 1∼16 层剪力墙梁表

在图 7-2-4 剪力墙梁表中表达的内容有以下规定：

1）注写墙梁编号，如 LL1、LL2、…、LL(JX)1、BKL1 等。

2）注写墙梁所在楼层号。

3）注写墙梁顶面标高高差，指相对于墙梁所在结构标高的高差值。高于者为正值，低于者为负值，当无高差时不注。

4）注写墙梁截面 $b \times h$。

5）注写墙梁上部纵筋、下部纵筋和箍筋的具体数值。

6）当墙梁的侧面纵筋与剪力墙身的水平分布筋相同时，表中不注；否则应补充注明梁侧面纵筋的具体数值。注写时，以大写字母 G 打头，接续注写直径与间距。

（5）剪力墙列表注写方式的综合表达

图 7-2-1～图 7-2-4 是采用列表注写方式表达的剪力墙平法施工图实例。限于图幅，无法同时将一个剪力墙的墙梁、墙身、墙柱在书的一页上同时表达。实际进行设计时，仅需一张图纸即可完整表达包括所有墙梁、墙身、墙柱的剪力墙平法施工图。

图 7-2-2～图 7-2-4 在墙身、墙柱、墙梁表中表达剪力墙身、墙柱、墙梁的几何尺寸和配筋，而且直接在剪力墙平面布置图上表达墙洞的内容。这表明在实际设计时，可以根据具体情况，灵活地混合采用不同的表达方式来绘制图纸。

7.2.3 剪力墙平法施工图的截面注写方式

图 7-2-5 所示为某建筑剪力墙平法施工图截面注写方式实例。剪力墙平法施工图截面注写方式与柱平法施工图截面注写方式相似。

1. 截面注写方式的一般要求

截面注写方式是在分标准层绘制的剪力墙平面布置图上，直接在墙柱、墙身、墙梁上注写截面尺寸和配筋具体数值的方式。

选用适当比例原位放大绘制剪力墙平面布置图，其中对墙柱绘制配筋截面图；对所有墙柱、墙身、墙梁及洞口分别按规定进行编号，并分别在相同编号的墙柱、墙身、墙梁及洞口中选择一根墙柱、一道墙身、一根墙梁、一处洞口进行注写。

截面注写方式实际上是一种综合方式，采用该方式时剪力墙的墙柱需要在原位绘制配筋截面，属于完全截面注写；而墙身和墙梁则不需要绘制配筋，实际上是平面注写。为了表述简单，将其统称为截面注写方式。

墙柱表示方法与柱平法施工图截面注写方式一致，连梁的表示方法常采用梁平法施工图平面注写方式。

2. 剪力墙柱的截面注写

以图 7-2-5 中的 GBZ3 为例进行讲述。

在墙柱截面配筋图上集中标注以下内容：

1）墙柱编号：见表 7-1-1，如图 7-2-5 中有构造边缘构件 GBZ1、GBZ3 等。如若干墙柱的截面尺寸与配筋均相同，仅截面与轴线的关系不同，可将其编为同一墙柱号。

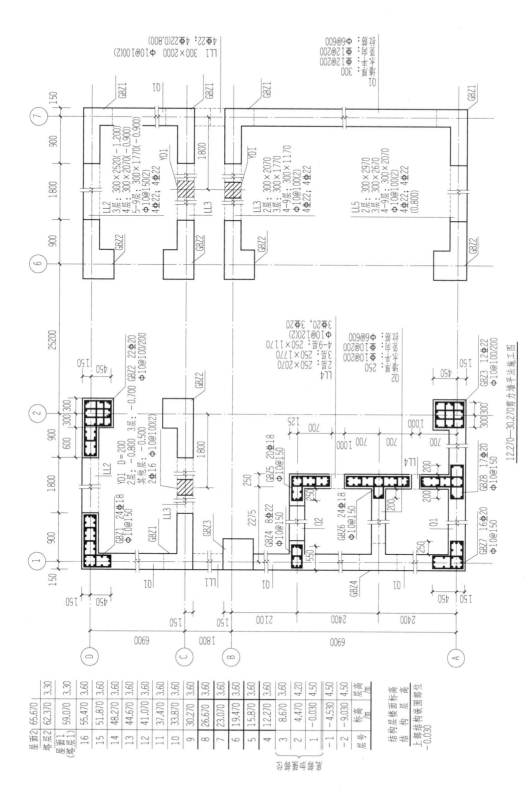

图 7-2-5　某建筑剪力墙平法施工图截面注写方式实例

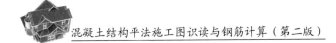

2）墙柱全部纵筋：如 GBZ3 的全部纵筋为 12Φ22。

3）墙柱箍筋：如 GBZ3 的箍筋为 ϕ10@100/200，箍筋的复合方式见截面图示。

4）注明几何尺寸。所有墙柱均采用原位标注的方式来表达几何尺寸，如 GBZ3 的截面尺寸为 600×600，轴线偏心情况见图示。

关于截面配筋图集中注写的说明：

1）墙柱竖向纵筋的注写：对于约束边缘构件，所注纵筋不包括设置在墙柱扩展部位的竖向纵筋，该部位的纵筋规格与剪力墙身的竖向分布筋相同，但分布间距必须与设置在该部位的拉筋保持一致，且应小于或等于墙身竖向分布筋的间距。对于构造边缘构件则无墙柱扩展部分。墙柱纵筋的分布情况在截面配筋图上直观绘制清楚。

2）墙柱核心部位箍筋与墙柱扩展部位拉筋的注写：墙柱核心部位的箍筋注写竖向分布间距，且应注意采用同一间距（全高加密），箍筋的复合方式应在截面配筋图上直观绘制清楚；墙柱扩展部位的拉筋不注写竖向分布间距，其竖向分布间距与剪力墙水平分布筋的竖向分布间距相同，拉筋应同时拉住该部位的墙身竖向分布筋和水平钢筋，拉筋应在截面配筋图上直观绘制清楚。

3）各种墙柱截面配筋图上应原位加注几何尺寸和定位尺寸。

4）在相同编号的其他墙柱上可仅仅注写编号及必要附注。

图 7-2-6 所示为剪力墙约束边缘端柱 YBZ 和构造边缘端柱 GBZ 的截面注写示意，其余不再赘述。

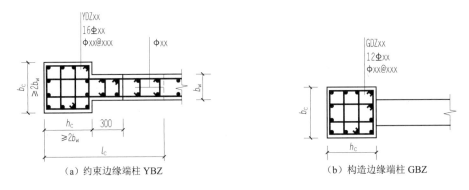

（a）约束边缘端柱 YBZ   （b）构造边缘端柱 GBZ

图 7-2-6　剪力墙约束边缘端柱 YBZ 和构造边缘端柱 GBZ 的截面注写示意

约束边缘构件除需要注明阴影部分具体尺寸外，还需注明约束边缘构件沿墙肢长度 l_c，约束边缘翼墙中沿墙肢长度尺寸为 $2b_f$ 时可不注。除了注写阴影部位的箍筋外，还需注写非阴影区内布置的拉筋（或箍筋）。当仅仅 l_c 不同时，可编为同一构件，但应单独注明 l_c 的具体尺寸并标注非阴影区内布置的拉筋（或箍筋）。

3. 剪力墙身的注写

以图 7-2-5 中的剪力墙身为例进行讲述。

从相同编号的墙身中选择一道墙身,集中标注按顺序有以下内容:

1)墙身编号:例如,2 号墙身 Q2 后没有括号,说明 Q2 有两排钢筋网片。若干墙身的厚度尺寸和配筋均相同,仅墙厚与轴线的关系不同或墙身的长度不同时,也可将其编为同一墙身号。

2)墙厚尺寸:如 Q2 的墙厚为 250mm。

3)水平分布钢筋/竖向分布钢筋/拉筋:$\Phi10@200/\Phi10@200/\phi6@600$ 双向。

4. 剪力墙梁的注写

以图 7-2-5 中的剪力墙梁 LL3 为例进行讲述。

从相同编号的墙梁中选择一道墙梁,集中标注按顺序有以下内容:

1)墙梁编号:见表 7-1-3,如图中的 3 号连梁 LL3。

2)所在楼层号/对应的截面尺寸:如 2 层为 300×2070,3 层为 300×1770 等。

3)箍筋(肢数):如 $\phi10@100(2)$。

4)上部纵筋;下部纵筋:如 $4\Phi22$;$4\Phi22$。

关于剪力墙梁的注写说明:

1)当墙梁的侧面纵筋与剪力墙身的水平分布筋相同时,设计不注,施工按标准构造详图;当墙身水平分布钢筋不能满足连梁、暗梁及边框梁的梁侧面纵向构造钢筋的要求时,应补充注明梁侧面纵筋的具体数值,注写时,以大写字母 G 打头,接续注写直径与间距。

例如,$G\phi10@150$,表示墙梁两个侧面纵筋对称配置为 HPB300 级构造钢筋,直径 $\phi10$,间距为 150mm。

又如,$N\Phi10@150$,表示墙梁两个侧面纵筋对称配置为 HRB400 级受扭钢筋,直径 $\Phi10$,间距为 150mm。

2)与墙梁侧面纵筋配合的拉筋不注写。与单元 5 梁的拉筋规定相同。

3)在相同编号的其他墙梁上,可仅注写编号及必要附注。

5. 剪力墙洞口的表示方法

无论采用列表注写方式还是截面注写方式,剪力墙上洞口均可在剪力墙平面布置图上原位表达。洞口的具体表示方法如下:

1)在剪力墙平面布置图上绘制洞口示意,并标注洞口中心的平面定位尺寸。

例如,图 7-2-5 中的圆形洞口,编号均为 YD1。洞口中心的平面定位尺寸为:①～②轴线之间的 YD1 在 C 轴线上,距②轴线尺寸为 1800mm。

2）在洞口中心位置引注，有如下四项内容：

① 洞口编号：矩形洞口为 JD××，圆形洞口为 YD××，如 JD2、JD3、YD1、YD2。

② 洞口几何尺寸：矩形洞口为洞宽×洞高（$b×h$），圆形洞口为洞口直径 D。

例如，图 7-2-5 中的 YD1 的原位标注的第二项内容：$D=200\text{mm}$。

③ 洞口中心相对标高，指相对于结构层楼（地）面标高的洞口中心高度。当其高于结构层楼面时为正值，低于结构层楼面时为负值。

例如，图 7-2-5 中的 YD1 的原位标注的第三项内容：2 层：-0.800；3 层：-0.700；其他层：-0.500。

④ 洞口每边补强钢筋。

例如，图 7-2-5 中的 YD1 的原位标注的第四项内容：2Φ16　ϕ10@100（2）。

首先根据 YD1 的位置，根据 2 层的 LL3 的断面和顶标高，可判断出 YD1 位于本层连梁的中部位置。所以 2Φ16 和 ϕ10@100（2）表示在圆洞上、下水平设置的每边补强纵筋与箍筋具体数值。

关于五种不同情况洞口补强的介绍如下：

a. 当圆形洞口设置在连梁中部 1/3 范围（且圆洞直径不应大于 1/3 梁高）时，需注写在圆洞上下水平设置的每边补强纵筋与箍筋。

b. 当圆形洞口设置在墙身或暗梁、边框梁位置，且洞口直径不大于 300mm 时，此项注写为洞口上下左右每边布置的补强纵筋的具体数值。

c. 当圆形洞口直径大于 300mm，但不大于 800mm 时，其加强钢筋在标准构造详图中按照圆外切正六边形的边长方向布置（请参考对照本章中相应的标准构造详图），设计仅需注写六边形中一边补强钢筋的具体数值。

d. 当矩形洞口的洞宽、洞高均不大于 800mm 时，此项注写为洞口每边补强钢筋的具体数值，如果按标准构造详图设置补强钢筋时可不注。当洞宽、洞高方向补强钢筋不一致时，分别注写洞宽方向、洞高方向补强钢筋，以"/"分隔。

【例 7-2-1】矩形洞口原位注写为：JD2　400×300　$+3.100$　3Φ14

表示 2 号矩形洞口，洞宽 400mm，洞高 300mm，洞口中心高于本结构层楼面 3100mm，洞口每边补强钢筋为 3Φ14。

【例 7-2-2】矩形洞口原位注写为：JD4　500×400　-1.500

表示 4 号矩形洞口，洞宽 500mm，洞高 400mm，洞口中心低于本结构层楼面 1500mm，洞口每边补强钢筋按标准构造进行配置。

【例 7-2-3】矩形洞口原位注写为：JD5　800×400　$+3.200$　3Φ20/3Φ16

表示 5 号矩形洞口，洞宽 800mm，洞高 400mm，洞口中心高于本结构层楼面 3200mm，洞宽方向补强钢筋为 3Φ20，洞高方向补强钢筋为 3Φ14。

e. 当矩形或圆形洞口的洞宽或直径大于 800mm 时，在洞口的上、下需设置补强暗梁，此项注写为洞口上、下每边暗梁的纵筋与箍筋的具体数值（在标准构造详图中，补强暗梁梁高一律定为 400mm，施工时按标准构造详图取值，设计不注。当设计者采用与标准构造详图不同的做法时，应另行注明），圆形洞口时还需注明环向加强钢筋的具体数值；当洞口上、下边为剪力墙连梁时，此项免注；洞口竖向两侧设置边缘构件时，亦不在此项表达（当洞口两侧不设置边缘构件时，设计者应给出具体做法）。

【例 7-2-4】矩形洞口原位注写为：JD6　1800×2200　+1.800　6Φ20　Φ8@150（2）

表示 6 号矩形洞口，洞宽 1800mm，洞高 2200mm，洞口中心高于本结构层楼面 1800mm，洞口上、下设置补强暗梁，每边暗梁纵筋为 6Φ20，箍筋为 Φ8@150，双肢箍。

【例 7-2-5】圆形洞口原位注写为：YD3　1200　+1.600　6Φ22　Φ8@150（2）2Φ18

表示 3 号圆形洞口，直径 1200mm，洞口中心高于本结构层楼面 1600mm，洞口上、下设置补强暗梁，每边暗梁纵筋为 6Φ22，双肢筋为 Φ8@150，环向加强钢筋为 2Φ18。

6. 地下室外墙的表示方法

地下室外墙编号由墙身代号和序号组成，表达为 DWQ××，如 DWQ1、DWQ2 等。

地下室外墙平面注写方式包括集中标注和原位标注两部分内容。

集中标注包括墙体编号、厚度、贯通筋和拉筋等，原位标注包括附加非贯通筋。当仅设置贯通筋，未设置附加非贯通筋时，则仅做集中标注。

（1）地下室外墙的集中标注

地下室外墙的集中标注，包括的内容如下：

1）注写地下室外墙的编号，包括代号、序号、墙身长度（注写为××～××轴）。

例如，图 7-2-7 中的 DWQ1，集中标注的第一项内容为 DWQ1（①～⑥）。

2）注写地下室外墙厚度 b_w＝×××。

例如，图 7-2-7 中的 DWQ1，集中标注的第二项内容为 b_w＝250。

3）注写地下室外墙的外侧、内侧贯通筋和拉筋。

① 以 OS 代表外墙外侧贯通筋。其中，外侧水平贯通筋以 H 打头注写，外侧竖向贯通筋以 V 打头注写。

② 以 IS 代表外墙内侧贯通筋。其中，内侧水平贯通筋以 H 打头注写，内侧竖向贯通筋以 V 打头注写。

③ 以 tb 打头注写拉筋直径、强度等级及间距，并注明"双向"或"梅花双向"。

【例 7-2-6】图 7-20 中的 DWQ1 集中标注的内容为

DWQ1（①～⑥），b_w＝250

OS：HΦ18@200 VΦ20@200

IS：HΦ16@200 VΦ18@200

tbΦ6@400@400 双向

第一行表示：1 号地下室外墙，长度范围为①～⑥之间，墙厚为 250mm。

第二行表示：外侧水平贯通筋为 Φ18@200，竖向贯通筋为 Φ20@200。

第三行表示：内侧水平贯通筋为 $\Phi16@200$，竖向贯通筋为 $\Phi18@200$。

第四行表示：双向拉筋为 $\Phi6$，水平间距为 400mm，竖向间距为 400mm。

（2）地下室外墙的原位标注

地下室外墙的原位标注主要表示在外墙外侧配置的水平非贯通筋或竖向非贯通筋。

1）在外墙外侧配置水平非贯通筋。

当配置水平非贯通筋时，在地下室墙体平面图上原位标注。在地下室外墙外侧绘制粗实线段代表水平非贯通筋，在其上注写钢筋编号并以 H 打头注写钢筋强度等级、直径、分布间距，以及自支座中线向两边跨内的伸出长度值。当自支座中线向两侧对称伸出时，可仅在单侧标注跨内伸出长度，另一侧不注，此种情况下非贯通筋总长度为标注长度的 2 倍。边支座处非贯通筋的伸出长度值从支座外边缘算起。

例如，图 7-2-7 中的地下室外墙平法施工图中 DWQ1 外侧水平非贯通筋①号和②号钢筋。在粗实线段上方均注写为 H$\Phi18@200$；在粗实线段下方①号筋标注为 2400，②号筋在单侧标注为 2000 字样。表示②号筋自支座中线向两侧对称伸出，②号筋总长度为 4000mm，而①号筋的伸出长度值 2400mm、2000mm 是从支座外边缘算起的。

2）在外墙外侧配置竖向非贯通筋。

当在地下室外墙外侧底部、顶部、中层楼板位置配置竖向非贯通筋时，应补充绘制地下室外墙竖向截面轮廓图并在其上原位标注。表示方法为在地下室外墙竖向截面轮廓图外侧绘制粗实线段代表竖向非贯通筋，在其上注写钢筋编号并以 V 打头注写钢筋强度等级、直径、分布间距，以及向上（下）层的伸出长度值，并在外墙竖向截面图名下注明分布范围（××～××轴）。

地下室外墙中层楼板处竖向非贯通钢筋向层内的伸出长度值从板中间算起，当上、下两侧伸出长度值相同时可仅注写一侧，如图 7-2-7 中④号筋；地下室外墙底部竖向非贯通钢筋向层内的伸出长度值从基础底板顶面算起，如图中③号筋；地下室外墙顶部竖向非贯通钢筋向层内的伸出长度值从顶板底面算起，如图中⑤号筋。

又如，图 7-2-7 中的 DWQ1 外侧竖向非贯通筋布置图中，在粗实线段左方注写有 V$\Phi20@200$、V$\Phi18@200$ 字样，在粗实线段右方注写有 2100、1500 等，在外墙竖向截面图名下注明的分布范围为①～⑥轴之间。其他含义请读者根据上面的讲述自己尝试着进行解读。

地下室外墙外侧非贯通筋通常采用"隔一布一"方式与集中标注的贯通筋间隔布置，其标注间距应与贯通筋相同，两者组合后的实际分布间距为各自标注间距的 1/2。

地下室外墙外侧水平、竖向非贯通筋配置相同者，可仅选择一处注写，其他可仅注写编号。

当在地下室外墙顶部设置通长加强钢筋时应注明。

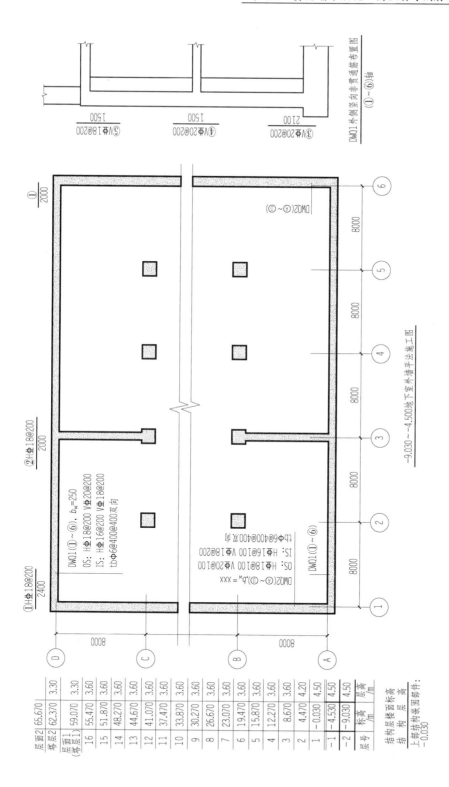

图 7-2-7　某建筑地下室外墙平法施工图示例

7.3 剪力墙身标准配筋构造解读

知识导读

剪力墙平法施工图中的剪力墙是由墙柱、墙身和墙梁三类构件构成的。墙柱、墙梁与框架柱、框架梁在配筋形式上有些类似，可以借鉴对比来学习和记忆，切记不能混为一谈。

本节将对墙身钢筋构造进行阐述，首先对剪力墙墙身的标准配筋构造进行解读。

另外，剪力墙的配筋构造应符合下列要求：

1）墙竖向分布钢筋可在同一高度搭接，搭接长度不应小于 $1.2l_a$。

2）墙中水平分布钢筋应伸至墙端，并向内水平弯折 $10d$，d 为钢筋直径。

3）端部有翼墙或转角的墙，内墙两侧和外墙内侧的水平分布钢筋应伸至翼墙或转角外边，并分别向两侧水平弯折 $15d$。在转角墙处，外墙外侧的水平分布钢筋应在墙端外角处弯入翼墙，并与翼墙外侧的水平分布钢筋搭接。

4）带边框的墙，水平和竖向分布钢筋宜分别贯穿柱、梁或锚固在柱、梁内。

7.3.1 剪力墙墙身水平钢筋构造解读

剪力墙身内的钢筋有水平分布钢筋、竖向分布钢筋和拉筋。

当无抗震设防要求时，墙水平及竖向分布钢筋直径不宜小于 8mm，间距不宜大于 300mm。可利用焊接钢筋网片进行墙内配筋。

对于房屋高度不大于 10m 且不超过 3 层的墙，其截面厚度不应小于 120mm，其水平与竖向分布钢筋的配筋率均不宜小于 0.15%。

1. 剪力墙墙身水平钢筋交错搭接构造

剪力墙水平分布钢筋的搭接长度不应小于 $1.2l_{aE}$（$1.2l_a$）。同排水平分布钢筋的搭接接头之间，以及上、下相邻水平分布钢筋的搭接接头之间，沿水平方向的净间距不宜小于 500mm，见图 7-3-1。

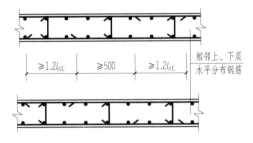

图 7-3-1 剪力墙墙身水平钢筋交错搭接构造

2. 剪力墙墙身端部无暗柱和有暗柱、转角墙及翼墙时水平钢筋构造

剪力墙端部无暗柱和有暗柱、转角墙及翼墙时水平钢筋构造见图 7-3-2。

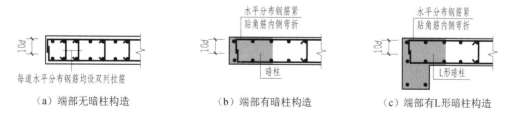

（a）端部无暗柱构造　　　（b）端部有暗柱构造　　　（c）端部有L形暗柱构造

图 7-3-2　剪力墙墙身端部无暗柱和有暗柱时水平钢筋构造

图 7-3-2 解读如下：

1）端部无暗柱时剪力墙水平分布钢筋端部构造做法见图 7-3-2（a）。

2）端部有暗柱时：由于暗柱中的箍筋较密，墙中的水平分布钢筋也可以伸至暗柱远端纵筋内侧水平弯折 $10d$，见图 7-3-2（b）和（c）。

3）墙水平分布钢筋在暗柱内无须满足锚固长度要求，只需满足剪力墙与暗柱的连接构造。除端柱之外，即便边缘构件尺寸足够大，墙体水平分布钢筋伸入暗柱阴影部分长度 $\geq l_{aE}$（l_a），也应该将水平分布钢筋伸至暗柱远端且在末端设置弯钩。

3. 墙身水平钢筋在转角墙内的钢筋构造

墙身水平钢筋在转角墙内的钢筋构造见图 7-3-3。墙身内侧钢筋伸至远端外排竖向分布钢筋内侧弯折 $15d$；墙身外侧水平分布钢筋在转角墙柱处有三种构造可供选择，见图 7-3-3。

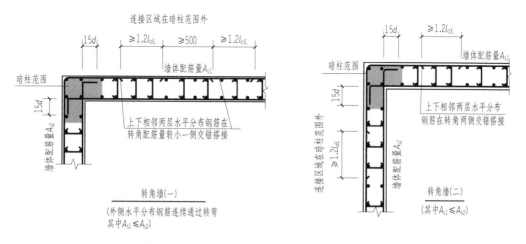

图 7-3-3　墙身水平钢筋在转角墙内的钢筋构造

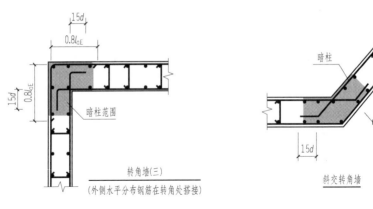

图 7-3-3（续）

4. 墙身水平钢筋在翼墙内的钢筋构造

墙身水平钢筋在翼墙内的钢筋构造见图 7-3-4。

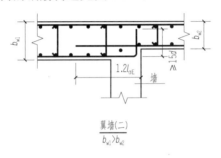

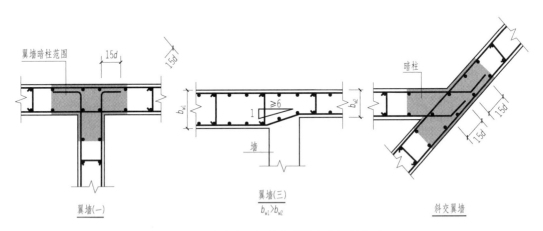

图 7-3-4　墙身水平钢筋在翼墙内的钢筋构造

5. 墙身水平钢筋在端柱内的钢筋构造

墙身水平筋在端柱内的钢筋构造，见图 7-3-5。

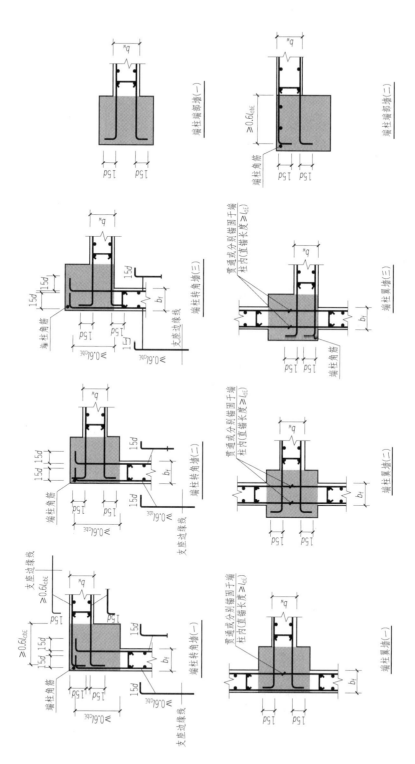

图 7-3-5　墙身水平钢筋在端柱内的钢筋构造

位于端柱纵向筋内侧的墙水平分布钢筋（端柱节点中图示黑色墙体水平分布钢筋）伸入端柱的长度 $\geq l_{aE}$ 时，可直锚。其他情况，剪力墙水平分布钢筋应伸至端柱对边紧贴角筋弯折 $15d$。

6. 墙身水平分布钢筋在楼板和屋面板处的排布构造

墙身水平分布钢筋在楼板和屋面板处的排布构造见图 7-3-6。剪力墙层高范围最下一排水平分布筋距底部板顶 50mm，最上一排水平分布筋距顶部板顶不大于 100mm。当层顶位置设有宽度大于剪力墙厚度的边框梁时，最上一排水平分布筋距顶部边框梁底 100mm，边框梁内部不设置水平分布筋。

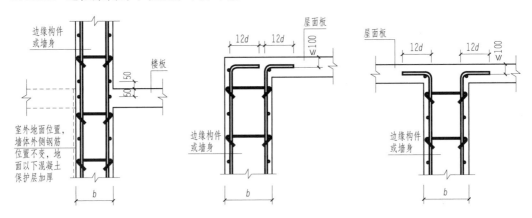

图 7-3-6　墙身水平分布钢筋在楼板和屋面板处的排布构造

剪力墙层高范围最下一排拉筋位于底部板顶以上第二排水平分布筋位置处，最上一排拉筋位于层顶部板底（梁底）以下第一排水平分布筋位置处。

7.3.2　剪力墙墙身竖向钢筋构造解读

1. 墙插筋在基础内的锚固构造

墙插筋在基础内的锚固构造有三种，见图 7-3-7。读者可以与单元 4 中的图 4-4-2（柱插筋在基础内的锚固构造）进行对比来学习和记忆。

2. 墙身竖向钢筋连接构造

墙身竖向钢筋连接区位置和接头构造见图 7-3-8。

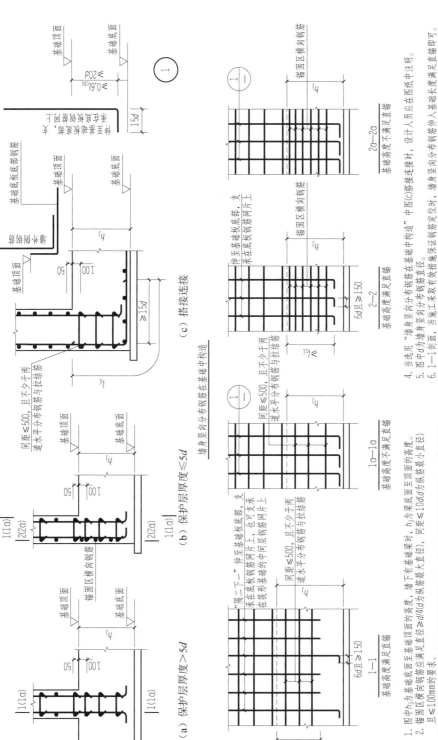

图 7-3-7　墙插筋在基础内的锚固构造

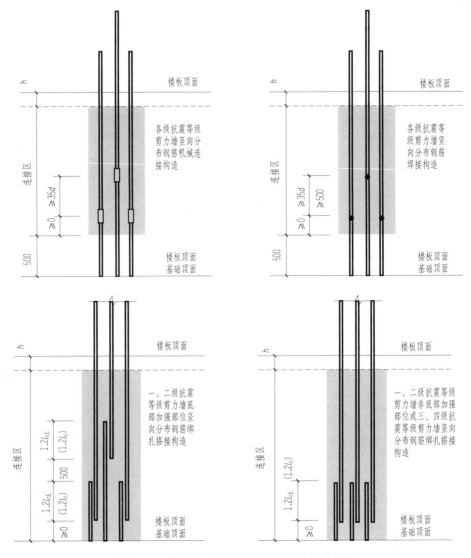

图 7-3-8　墙身竖向钢筋连接区位置和接头构造

图 7-3-8 解读如下：

1）图中 h 为楼板、暗梁或边框梁高度的较大值。剪力墙竖向钢筋应连续穿越 h 高度范围，在图示的连接区进行连接。

2）当不同直径的钢筋绑扎搭接时，搭接长度按较小直径计算；当不同直径的钢筋焊接或机械连接时，两批连接接头间距 $35d$ 按较小直径计算。

3）当接头位置要求高低错开时，接头面积百分率不大于 50%。

3. 墙身竖向钢筋变截面处的钢筋构造

墙身竖向钢筋变截面处的钢筋构造见图 7-3-9。

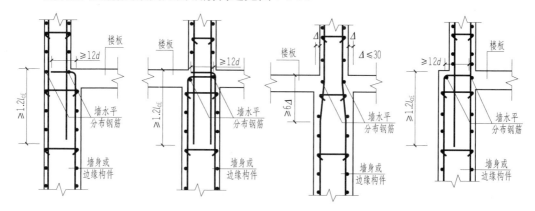

图 7-3-9　墙身竖向钢筋变截面处的钢筋构造

4. 墙身竖向钢筋在板顶及锚入连梁的钢筋构造

墙身竖向钢筋在板顶及锚入连梁的钢筋构造见图 7-3-10。

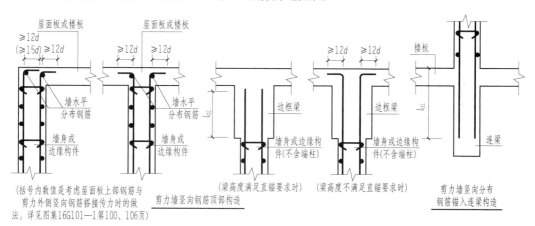

图 7-3-10　墙身竖向钢筋在板顶及锚入连梁的钢筋构造

5. 剪力墙墙身竖向分布钢筋排布构造

剪力墙暗柱和端柱内均不需要摆放墙身的竖向分布钢筋。

剪力墙墙身的第一道竖向分布筋的起步距离 s，见图 7-3-11。

图 7-3-11 为约束边缘暗柱钢筋排布构造图，图中 s 为剪力墙竖向分布钢筋的间距，c 为边缘构件箍筋混凝土保护层厚度。

墙身的第一道竖向分布筋的起步距离 s 在所有暗柱和端柱处都适用。

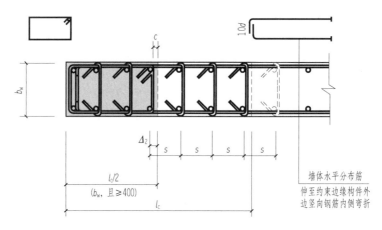

图 7-3-11　约束边缘暗柱钢筋排布构造

7.3.3　剪力墙墙身拉筋构造解读

剪力墙墙身的拉筋应设置在竖向分布筋和水平分布筋的交叉点处，并同时钩住竖向分布筋与水平分布筋。拉筋的规格和间距，设计施工图上均有标注。

墙身拉筋布置方式有"矩形"和"梅花"两种构造，见图 7-3-12。设计人员应注明采用哪种方式。例如，施工图纸中注有拉筋Φ6@600（梅花），表示拉筋采用梅花双向布置，HPB300 级钢筋，直径 6mm，其中剪力墙拉筋水平间距为 600mm，竖向间距为600mm。

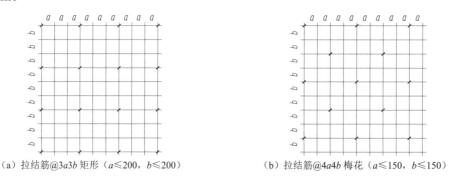

（a）拉结筋@3a3b 矩形（a≤200，b≤200）　　　（b）拉结筋@4a4b 梅花（a≤150，b≤150）

图 7-3-12　矩形拉筋与梅花拉筋示意

拉筋排布方案：层高范围由底部板顶向上第二排水平分布筋处开始设置，至顶部板底向下第一排水平分布筋处终止，见图 7-3-6；墙身宽度范围由距边缘构件边第一排墙身竖向分布筋处开始设置，见图 7-3-11。

7.4　剪力墙柱标准配筋构造解读

7.4.1　剪力墙端柱和小墙肢的钢筋构造

剪力墙端柱和小墙肢（矩形截面独立墙肢的截面高度不大于截面厚度的 4 倍）的竖

向钢筋、箍筋及插筋锚固构造，与单元 4 框架柱完全相同，此处不再赘述。

7.4.2　剪力墙暗柱钢筋构造

（1）暗柱竖向钢筋连接构造

剪力墙暗柱竖向钢筋连接区和接头构造，见图 7-4-1。

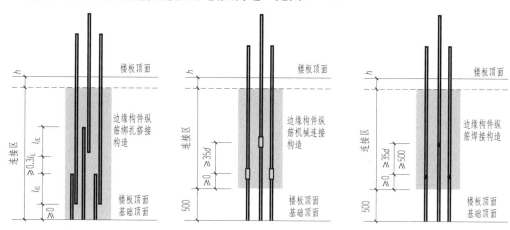

图 7-4-1　剪力墙暗柱竖向钢筋连接区和接头构造

图 7-4-1 的解读可参照图 7-3-8 的解读。另外，暗柱箍筋具体数值见设计图纸标注。

（2）剪力墙上起约束边缘构件纵筋锚固构造

剪力墙上起边缘构件纵筋锚固构造，见图 7-4-2。要求边缘构件纵筋从楼面板标高处往下直线锚固长度为 $1.2l_{aE}$。

（3）剪力墙暗柱其他构造

剪力墙暗柱纵筋在基础内的锚固构造，见图 7-4-3。

剪力墙暗柱柱顶和变截面处的纵筋构造，参见图 7-3-9 和 7-3-10。

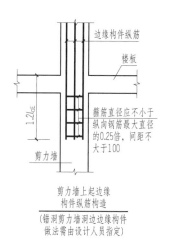

图 7-4-2　剪力墙上起边缘构件纵筋锚固构造

特别提示

端柱锚固区横向钢筋要求与端柱纵筋在基础内的锚固构造应按单元 4 中的图 4-4-2（柱插筋在基础内的锚固构造）执行。

应注意：对于所有的端柱和暗柱，在纵筋绑扎搭接长度范围内的箍筋直径不小于 $d/4$（d 为搭接钢筋最大直径），间距不应大于 100mm 及 $5d$（d 为搭接钢筋最小直径）。

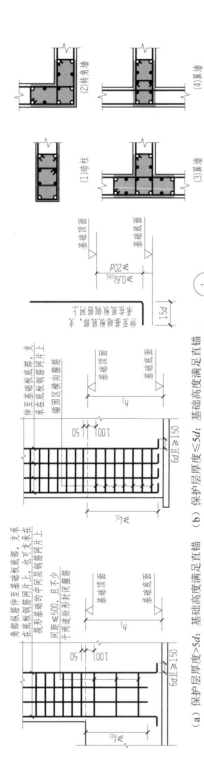

（1）造柱　（2）转角墙　（3）翼墙　（4）翼墙

边缘构件角部纵筋

注：1. 图中 h_j 为基础底面至基础顶面的高度，墙下有基础梁时，h_j 为梁底面至基础顶面的高度。
2. 锚固区横向钢筋应满足直径≥$d/4$（d 为纵筋最大直径），间距≤10d（d 为纵筋最小直径），且≤100mm的要求。
3. 当边缘构件纵筋在基础中保护层厚度不一致，保护层厚度不大于5d的部分应设置横向钢筋。
4. 图中 d 为边缘构件纵筋的直径。
5. 当边缘构件（包括造柱）一侧纵筋位于基础外侧，基础高度满足直锚时，边缘构件所有纵筋伸至基础钢筋网上，当基础高度不满足直锚时构造按本图(b)构造。
6. 伸至基础钢筋网上的纵筋端部弯折。
7. 应将钢筋网上的点状钢筋，图示红色点状钢筋表示。

（a）保护层厚度>5d：基础高度满足直锚

（b）保护层厚度≤5d：基础高度满足直锚

（c）保护层厚度>5d：基础高度不满足直锚

（d）保护层厚度≤5d：基础高度不满足直锚

图7-4-3　边缘构件纵向钢筋在基础内的锚固构造

7.5　剪力墙梁标准配筋构造解读

7.5.1　剪力墙连梁 LL、LLK 配筋构造解读

剪力墙连梁 LL、LLK 上部纵筋、下部纵筋和箍筋由设计图纸提供。剪力墙连梁 LL 配筋构造见图 7-5-1。剪力墙连梁 LLK 纵向钢筋、箍筋加密区构造，见图 7-5-2。

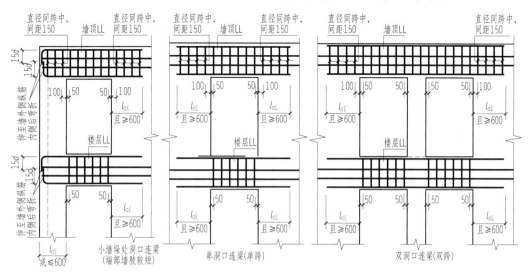

图 7-5-1　剪力墙连梁 LLK 纵向钢筋、箍筋加密区构造

图 7-5-1 解读如下：

1）当端部洞口连梁的纵向钢筋在端支座的直锚长度≥l_{aE}且≥600mm 时，可不必上（下）弯折。

2）洞口范围内的连梁箍筋详见具体工程设计。

3）连梁设有交叉斜筋、对角暗撑及集中对角斜筋的做法见图集 16G101—1 的第 81 页。

剪力墙连梁 LLK 纵向钢筋、箍筋加密区构造见图 7-5-2。

图 7-5-2 解读如下：

1）梁上部通长钢筋与非贯通钢筋直径相同时，连接位置宜位于跨中 $l_n/3$ 范围内；梁下部钢筋连接位置宜位于靠近支座 $l_n/3$ 范围内；且在同一连接区段内钢筋接头面积百分率不宜大于 50%。

2）当梁纵筋（不包括架立筋）采用绑扎搭接接长时，搭接区内箍筋直径不小

于 *d*/4（*d* 为搭接钢筋最大直径），间距不应大于 100mm 及 5*d*（*d* 为搭接钢筋最小直径）。

3）梁侧面构造钢筋做法同连梁 LL。

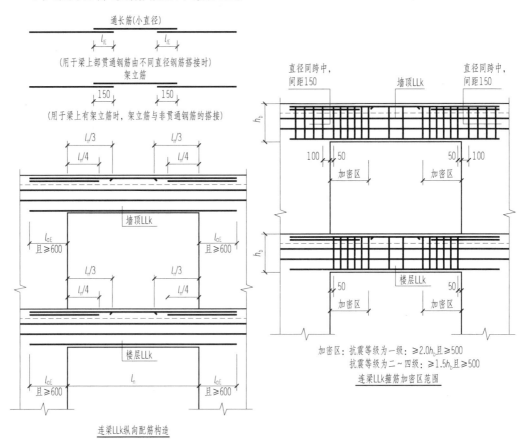

图 7-5-2　剪力墙连梁 LLK 纵向钢筋、箍筋加密区构造

7.5.2　剪力墙柱、连梁、墙身配筋的排布构造

图 7-5-3 为剪力墙柱、连梁及墙身配筋的整体排布示意图。

前面对剪力墙柱、连梁、墙身的配筋构造进行了单独的学习，为帮助学生对剪力墙的钢筋配置情况有一个整体的空间概念，请仔细观察图 7-5-3，这对理解前面墙柱、连梁、墙身的配筋构造是有帮助的。

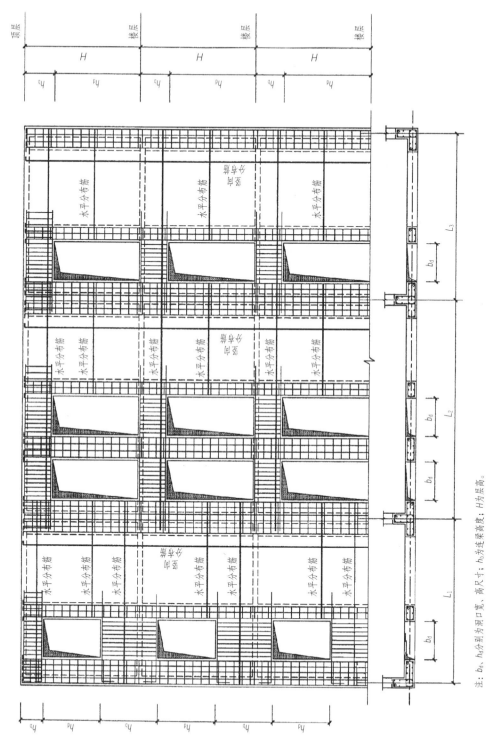

图 7-5-3　剪力墙墙柱、连梁及墙身配筋的整体排布示意

注：b_d、h_d 分别为洞口宽、高尺寸；h_b 为连梁高度；H 为层高。

7.5.3 剪力墙连梁 LL、暗梁 AL、边框梁 BKL 侧面纵筋和拉筋构造

剪力墙连梁 LL、暗梁 AL、边框梁 BKL 侧面纵筋和拉筋构造，见图 7-5-4。

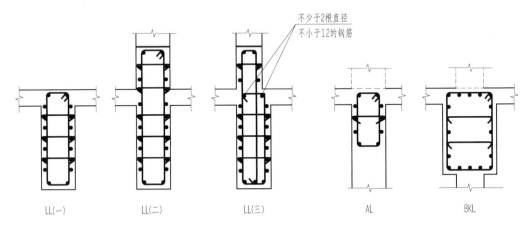

图 7-5-4　连梁、暗梁和边框梁侧面纵筋和拉筋构造

图 7-5-4 解读如下：

1）当墙身水平分布钢筋满足连梁、暗梁及边框梁的侧面构造纵筋的要求时，该筋配置同墙身水平分布钢筋，梁表中不标注；当不满足时，应在梁表中补充注明梁侧面纵筋的具体数值（其在支座内的锚固要求同连梁中受力钢筋）。

2）当设计未注明连梁、暗梁和边框梁的拉筋时，应按下列规定取值：当梁宽≤350mm 时为 6mm，梁宽>350mm 时为 8mm；拉筋间距为两倍箍筋间距，竖向沿侧面水平筋隔一拉一。

3）剪力墙的竖向钢筋连续贯穿边框梁和暗梁。

7.5.4 剪力墙端部洞口连梁钢筋排布构造

剪力墙端部洞口连梁钢筋排布构造见图 7-5-5。

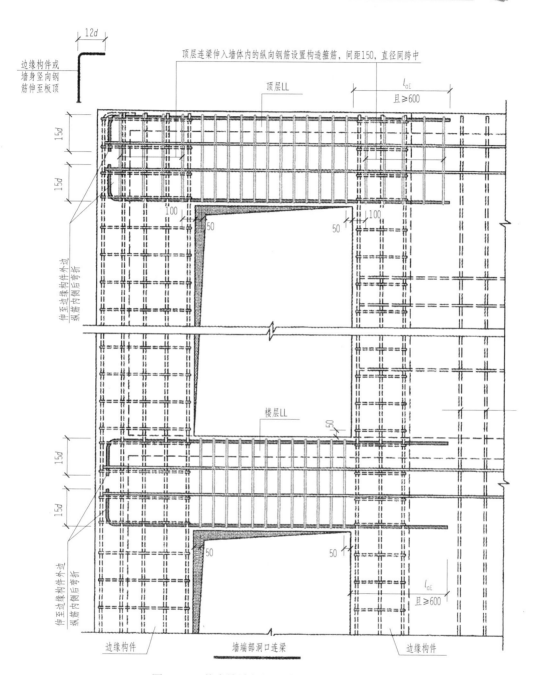

图 7-5-5　剪力墙端部洞口连梁钢筋排布构造

图 7-5-5 解读如下：

1）中间层端部洞口连梁的纵筋及顶层端部洞口连梁的下部纵筋，在端支座的直锚长度 $\geq l_{aE}$ 且 $\geq 600mm$ 时，可不必上（下）弯锚，但应伸至边缘构件外边竖向钢筋的内侧位置（见 12G901-1 第 3-14 页注 7）。

2）当设计未单独设置连梁侧面纵筋时，墙身水平分布筋作为连梁侧面纵筋在连梁范围内拉通连续配置。当单独设置连梁侧面纵筋时，侧面纵筋伸入洞口以外支座范围的锚固长度为 l_{aE} 且 $\geq 600mm$；端部洞口单独设置的连梁侧面纵筋在剪力墙端部边缘构件内的锚固要求与剪力墙水平分布筋相同。

3）墙梁侧面纵向钢筋设计时应符合下列规定：当连梁截面高度 $\geq 700mm$ 时，其侧面构造钢筋直径应 $\geq 10mm$，间距应 $\leq 200mm$；当跨高比 ≤ 2.5 时，侧面构造纵筋的面积配筋率应 $\geq 0.3\%$。

4）当设计未注明连梁、暗梁和边框梁的拉筋时，应按下列规定取值：当梁宽 $\leq 350mm$ 时为 6mm，梁宽 $> 350mm$ 时为 8mm；拉筋间距为两倍箍筋间距，竖向沿侧面水平筋隔一拉一。

7.5.5 剪力墙跨层和顶层连梁钢筋排布构造

剪力墙跨层连梁的钢筋排布构造见图 7-5-6，剪力墙顶层连梁的钢筋排布构造见图 7-5-7。

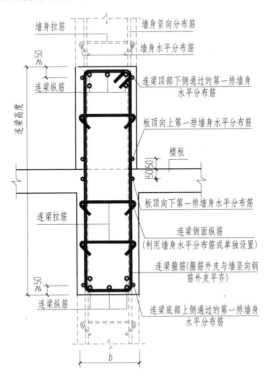

图 7-5-6 跨层连梁的钢筋排布构造

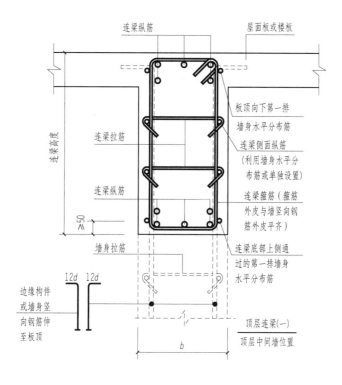

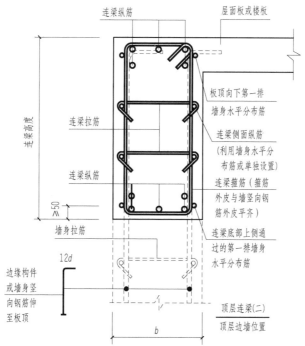

图 7-5-7　顶层连梁的钢筋排布构造

图 7-5-6 和图 7-5-7 解读如下：

1）为便于施工中的安装绑扎，若进入连梁底部以上的第一排墙身水平分布筋与梁底的距离小于 50mm，可仅将此根钢筋向上调整使其与梁底间距为 50mm；若进入跨层连梁顶部以下的第一排墙身水平分布筋与梁顶的距离小于 50mm，可仅将此根钢筋向下调整使其与梁顶间距为 50mm；其他墙身水平分布筋原位置不变。

2）图 7-5-5 解读亦适用于图 7-5-6 和图 7-5-7。

7.6 剪力墙洞口补强和地下室外墙钢筋构造解读

7.6.1 剪力墙洞口补强钢筋构造

剪力墙上通常需要为采暖、通风、消防等设备的管道开洞，或者为嵌入设备开洞。剪力墙上的洞口最常用的有矩形和圆形两种形状。洞边通常需要配置加强钢筋。当剪力墙较厚时，某些设备如消防器材箱的厚度小于墙厚，嵌入墙身即可。为了满足设备通过或嵌入要求，需要在剪力墙上设计洞口或壁龛。洞口的加强钢筋通常可参照标准构造详图，但在剪力墙平法施工图上应清楚地表达剪力墙洞口的位置和几何尺寸。壁龛的配筋构造应由设计人员给定。

剪力墙洞口补强钢筋构造分以下六种情况：

1）当剪力墙矩形洞口的洞宽和洞高均≤800mm 时；

2）当剪力墙矩形洞口的洞宽和洞高均>800mm 时；

3）当剪力墙的圆形洞口直径≤300mm；

4）当剪力墙的圆形洞口的直径>300mm，但≤800mm 时；

5）当剪力墙的圆形洞口的直径>800mm；

6）当圆形洞口处在连梁中部时。

在以上六种情况下，剪力墙洞口补强钢筋标准构造见图 7-6-1。

7.6.2 地下室外墙的钢筋构造

本节地下室外墙仅仅适用于起挡土作用的地下室外围护墙。地下室外墙中墙柱、连梁及洞口等的表示方法同地上剪力墙。

地下室外墙 DWQ 的钢筋构造，见图 7-6-2。

设计时应特别注意：

1）设计者应根据具体情况判断扶壁柱或内墙是否作为墙身水平方向的支座，以选择合理的配筋方式。

2）本节提供了"顶板作为外墙的简支支承""顶板作为外墙的弹性嵌固支承"两种做法，设计者应指定选用哪种做法。

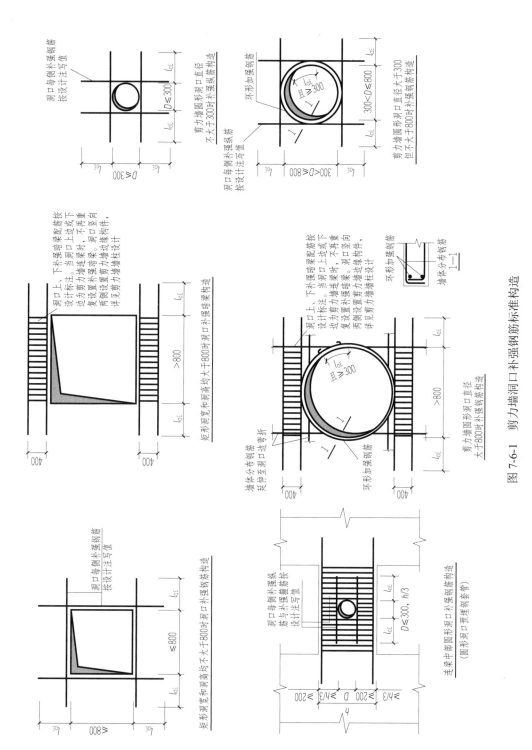

图 7-6-1　剪力墙洞口补强钢筋标准构造

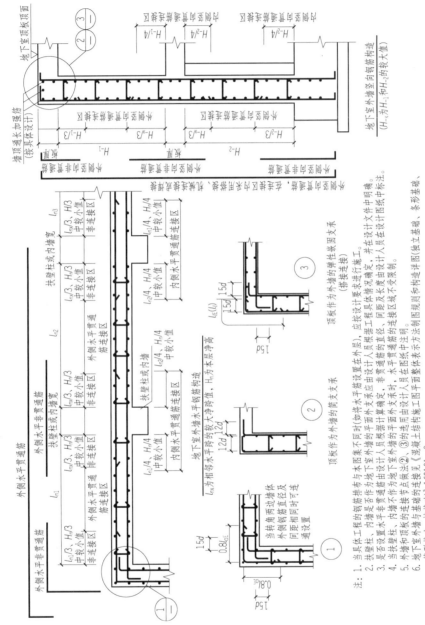

图 7-6-2　地下室外墙 DWQ 钢筋构造

注：
1. 当具体工程的钢筋排布与本图集不同时应做好水平筋设置在外层，应根据设计人员施工平面外水平面外支承力是否作为地下室外墙的水平面外支承而定，由设计人员在设计文件中明确，并在设计文件中明确，进行施工。
2. 扶壁柱和暗柱是否设置作为地下室外墙的水平面外支承，由设计人员根据地下室外墙的水平面外支承而定，水平贯通筋在图纸中说明。
3. 当扶壁柱、内墙不作为地下室外墙的水平面外支承时，水平贯通筋的直径及间距由设计人员在设计图纸中标注。
4. 水平贯通筋的连接见注②、③的做法。
5. 外墙和顶板的连接构造详见现浇混凝土结构施工图平面整体表示方法制图规则和构造详图《独立基础、条形基础、筏形基础、桩基础》16G101—3。
6. 地下室外墙与基础的连接《混凝土结构施工图平面整体表示方法制图规则和构造详图（独立基础、条形基础、筏形基础、桩基础）》16G101—3。

7.7 剪力墙平法施工图识读与钢筋计算示例

知识导读

前面对剪力墙的概念、剪力墙内钢筋种类、剪力墙平法施工图的识图规则，以及墙身、墙柱、墙梁等的标准配筋构造一一做了介绍，本节通过一个典型案例帮助读者更好地理解和掌握剪力墙平法施工图的识图规则；通过计算墙身、墙柱、墙梁的钢筋长度使读者对墙身、墙柱、墙梁的标准配筋构造能有更深的理解，最终达到识读剪力墙平法施工图的目的。

7.7.1 剪力墙平法施工图案例

图 7-7-1 是某工程的剪力墙平法施工图（局部），工程相关信息汇总见表 7-7-1。要求识读该图并计算 Q3、LL2（D轴线上的）和 GBZ1 的钢筋。

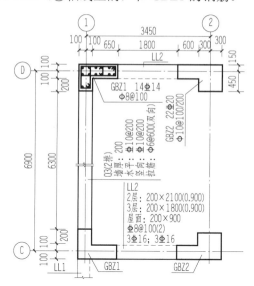

图 7-7-1 某工程的剪力墙平法施工图（局部）

表 7-7-1 工程相关信息汇总

层号	结构标高/m	层高/m	
屋面	12.250	—	混凝土：C30（梁、柱、墙）；
3	8.350	3.9	抗震等级：三级；现浇板厚 110mm；
2	4.450	3.9	基底保护层：40mm；连梁上下纵筋保护层 20mm；
1	−0.050	4.5	柱插筋保护层 $c > 5d$ 且基底双向钢筋直径均为 $\Phi22mm$；
基顶	−1.050	1	墙及暗柱纵筋采用绑扎搭接、连梁侧面及暗柱保护层满足墙的保护层即可
基底	−1.950	0.9（基础厚度）	

下面分别讲述 Q3、GBZ1 和 LL2 的平法施工图识读和钢筋计算。

7.7.2 剪力墙的墙身 Q3 平法施工图识读与钢筋计算

剪力墙的墙身 Q3 平法施工图识读和钢筋计算步骤如下：

1. 识读剪力墙身 Q3 平法施工图

（1）从图 7-7-1 中读出的内容

3 号剪力墙身位于①号轴线上，墙厚为 200mm；墙身两端为转角墙柱 GBZ1，墙身总长为 6900mm 加上 200mm，即 7100mm；墙身有两排钢筋网，水平分布钢筋为 Φ10@200，竖向分布钢筋也是 Φ10@200，拉筋 Φ6@600 为矩形双向设置。

（2）从表 7-7-1 中读出的内容

该工程为 3 层，基础厚度为 0.9m；基底、基顶及各层结构标高见表；底层层高为 5.5m，2 层和 3 层的层高均为 3.9m；混凝土强度、板厚及抗震等级等信息见表中文字部分，不再赘述。

2. 计算剪力墙身 Q3 水平钢筋的长度和总根数

（1）画出剪力墙身 Q3 的水平钢筋计算简图

图中剪力墙身 Q3 两端为转角墙柱 GBZ1，通过分析得到，墙身水平钢筋伸入转角墙柱 GBZ1 的构造应参照图 7-3-3，本案例选择按照图 7-3-3 中的转角墙（三）执行。内侧水平分布筋伸至转角墙柱对边钢筋的内侧弯折 15d，外侧水平分布筋在转角处搭接。墙内、外侧水平分布筋构造、长度均不同。

剪力墙身 Q3 的水平分布钢筋计算简图，见图 7-7-2；为方便计算水平筋的根数，一般需要将 Q3 竖向插筋在基础内的构造画出来，见图 7-7-3 下部基础部分（可单独画出）。

（2）根据图 7-7-2 计算 Q3 内侧水平筋的单根长度

1）查表计算关键数据。

查表 2-4-2，得到墙的保护层厚度为 15mm，基底钢筋网的保护层厚度为 40mm。

根据题目给定的条件 C30 混凝土、HRB400 级钢筋、三级抗震，查表 2-4-6，得到 l_{aE}=37d。

2）单根水平筋长度 l 计算。

l=墙身总长$-$2×墙保护层厚度$-$2×墙水平筋直径$-$2×暗柱 GBZ1 纵筋直径

$\quad$ $+$2×15d

$\quad$ =(6300$+$400$+$400$-$2×15$-$2×10$-$2×14$+$2×15×10)mm

$\quad$ =7322mm

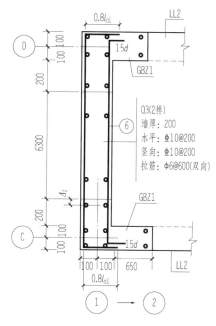

图 7-7-2　Q3 水平筋长度计算简图

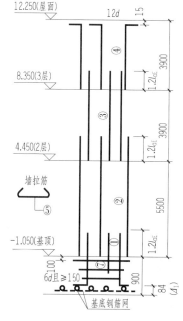

图 7-7-3　Q3 竖向筋长度计算简图

（3）内侧水平筋（$\Phi10@200$）根数的计算

1）基础内水平筋根数 n_j 的计算，需要参照图 7-3-7 进行。

因基础厚度 $h_j=900\text{mm}>l_{aE}=37d=37\times10\text{mm}=370\text{mm}$，满足直锚。又已知基础插筋保护层厚度 $>5d$，所以墙身竖向插筋在基础内的锚固构造应该选用图 7-3-7（a）的做法。则有

$n_j=(l_{aE}-100)/500+1=(370-100)/500+1\approx2$（根）

2）1 层水平筋根数 n_1 的计算，需要参照图 7-3-6 进行。

从图 7-3-6 中的左侧图得到，1 层墙身最下最上一排水平筋距基顶和顶部板顶均取 50mm。

$n_1=$（楼层结构高度－层顶起步距离－层底起步距离）/水平筋间距＋1
　　$=(5500-50-50)/200+1=27+1=28$（根）

3）2 层水平筋根数 n_2 的计算。

从图 7-3-6 中的左侧图得到，2 层墙身最下最上一排水平筋距底部板顶和顶部板顶均取 50mm。

$n_2=$（楼层结构高度－层顶起步距离－层底起步距离）/水平筋间距＋1
　　$=(3900-50-50)/200+1=19+1=20$（根）

4）3（顶）层水平筋根数 n_3 的计算。

从图 7-3-6 得到，剪力墙层高范围最下一排水平分布筋距底部板顶 50mm，最上一排水平分布筋距顶部板顶不大于 100mm。

$n_3=$（楼层结构高度－层顶起步距离－层底起步距离）/水平筋间距＋1
　　$=(3900-100-50)/200+1=19(18.75$ 取整$)+1=20$（根）

5）水平筋单排总根数 n 的计算。

$n = n_j + n_1 + n_2 + n_3 = 2 + 28 + 20 + 20 = 70$（根）

本步骤仅计算内侧水平分布钢筋的长度和根数，外侧水平分布钢筋的长度和根数由学生作为练习自行完成。

3. 计算剪力墙身 Q3 竖向分布筋的长度和总根数

（1）画出剪力墙身 Q3 的竖向钢筋计算简图

因为本工程抗震等级为三级，参照墙身竖向钢筋连接构造图 7-3-8 得到竖向分布筋可在同一部位搭接；案例中也规定了钢筋采用绑扎搭接。

据此画出 Q3 的竖向钢筋计算简图 7-7-3。

（2）计算剪力墙身 Q3 竖向分布筋（⏀10@200）单排根数

此步骤需要参照图 7-3-11 进行。

1）首先计算图 7-3-11 中暗柱虚线边缘（假定）到暗柱纵筋中心线的距离 Δ_2：

Δ_2 = 暗柱箍筋保护层厚度 + 暗柱箍筋直径 + 暗柱纵筋直径的一半

$\quad = (15 + 8 + 14/2)\text{mm} = 30\text{mm}$

2）计算竖筋单排根数：

竖筋单排根数 $= (6300 + 30 + 30)/200 - 1 = 32 - 1 = 31$（根）

（3）计算竖向筋的双排总根数

竖向筋的双排总根数 $= 31 \times 2 = 62$（根）

（4）计算剪力墙身 Q3 竖向分布筋的单根长度

1）计算关键数据和关键构造。

参照图 7-3-10 得到墙身竖向分布钢筋顶部弯钩水平段长度为 $12d = 12 \times 10 = 120\text{mm}$。

另外，墙身竖向插筋在基础内的锚固构造由前述步骤得知应选用图 7-3-7（a）的做法。

所以伸至基础板底板的插筋底部水平弯钩长度为

$\max\{6d, 150\} = \max\{6 \times 10\text{mm}, 150\text{mm}\} = 150\text{mm}$

根据图 7-3-7（a）和基础高度满足直锚条件，可知墙身 Q3 竖向插筋在基础内的构造应按图 7-3-7（a）中的 1—1 剖面图来应用。插筋应"隔二下一"伸至基础板底部支在底板的钢筋网上，据此可计算出伸至基础底板的单排竖筋（暂称为长插筋）根数为（31 −1）／3＋1＝11 根，双排应为 22 根。则未伸至底板底部的双排竖筋（暂称为短筋）总根数应为 62−22＝40 根。

2）计算伸至基础底板底部的竖向长插筋长度 L_j。

此步骤需根据计算简图 7-7-3 进行计算。

首先计算图中墙身竖向插筋底部到基底的距离 Δ_1：

Δ_1 = 基础保护层厚度 + 基底双向钢筋的直径 = $40\text{mm} + 22\text{mm} + 22\text{mm} = 84\text{mm}$

L_j = 基础高度 − 竖筋底部水平弯钩的保护层厚度 Δ_1 + 竖筋底部水平弯钩长度 $+ 1.2l_{aE}$

$\quad = (900 - 84 + 150\text{m} + 1.2 \times 370)\text{mm}$

＝1410mm

短插筋长度 $L_{短}=l_{aE}+1.2l_{aE}=2.2l_{aE}=2.2\times37\times10mm=814mm$

3）计算一层、二层、三层竖向钢筋的长度 L_1、L_2、L_3：

$L_1=$ 底层（至基顶）层高 $+1.2l_{aE}=(5500+1.2\times370)mm=5944mm$

$L_2=$ 二层层高 $+1.2l_{aE}=(3900+1.2\times370)mm=4344mm$

$L_3=$ 顶层层高－墙保护层厚度 $+12d=(3900-15+12\times10)mm=4005mm$

4）计算单根竖向长筋和短筋的总长度：

$L_{长}=L_j+L_1+L_2+L_3=(1410+5944+4344+4005)mm=15703mm$

$L_{短}=l_{aE}+1.2l_{aE}+L_1+L_2+L_3=(2.2\times370+5944+4344+4005)mm=15107mm$

亦可参照计算简图 7-7-3 用下列方法直接计算，得到单根竖向钢筋长度：

$L_{长}=$ 从基底到屋面总高度－墙竖筋顶部保护层厚度－竖筋底部水平弯钩的保护层 Δ_1
　　　$+$ 竖筋顶部水平弯钩长度 $12d+$ 竖筋底部水平弯钩长度 $+1.2l_{aE}\times$ 总层数

　　$=(12250+1050+900-15-84+120+150+1.2\times370\times3)mm$

　　$=15703mm$

$L_{短}=$ 从基顶到屋面总高度－墙竖筋顶部保护层厚度＋竖筋顶部水平弯钩长度 $12d$
　　　$+1.2l_{aE}\times$ 总层数＋基础内直锚长度 l_{aE}

　　$=(12250+1050-15+120+1.2\times370\times3+370)mm$

　　$=15107mm$

可以看出两种计算造价长度的方法，结果是一致的，但后一种方法较简单。

4. 计算剪力墙身拉筋的长度和总根数

（1）计算拉筋的长度

墙身拉筋水平段的投影长度＝墙厚－2×墙保护层＋2×拉筋直径

$\qquad\qquad\qquad\qquad=(200-2\times15+2\times6)mm=182mm$

（2）计算拉筋的道数（$\Phi6@600$ 矩形）

由图 7-3-6 拉筋排布方案可知，层高范围由底部板顶向上第二排水平分布筋处开始设置，至顶部板底向下第一排水平分布筋处终止。因此可得如下结论：每层的层高范围内上、下各一排水平分布筋处不需要设置拉筋。

1）沿墙水平方向的拉筋道数。

由图 7-3-11 可知，拉筋在墙身宽度范围由距边缘构件边第一排墙身竖向分布筋处开始设置。

由前面计算可知，单排的竖向分布筋根数为 31 道，则有

沿墙水平方向的拉筋道数 $=(31-1)\times200\div600+1=11$（道）

2）基础内竖向的拉筋道数计算。

由前面计算可知基础内水平筋为 2 排，因此拉筋竖向也设 2 道。则有

基础内拉筋总道数 $=11\times2=22$（道）

3）一层竖向的拉筋道数计算。

由前面计算可知，一层水平分布筋单排为 28 根，需要设置拉筋的水平筋根数＝28－2＝26（根）。则有

拉筋道数＝(26－1)×200÷600＋1＝10（道）

因此，一层拉筋总道数＝11×10＝110 道。

4）二层或三层拉筋道数计算。

由前面计算可知，二层、三层水平分布筋根数均为 20 根，需要设置拉筋的道数＝20－2＝18 根。则有

拉筋道数＝(18－1)×200÷600＋1＝7（道）

因此，二层或三层拉筋道数＝11×7＝77 道。

5）拉筋总道数。

拉筋总根数＝基础内拉筋道数＋底层拉筋道数＋二层拉筋道数＋三层拉筋道数
　　　　　＝22＋110＋77×2＝286（道）

在图 7-7-3 中，各层的钢筋已编号，将以上计算结果汇总，见表 7-7-2。将表中空白处作为下料长度计算的练习，补充完整。

表 7-7-2　Q3 钢筋材料明细表

编号	钢筋简图	规格	设计长度	下料长度	数量	备注
①	⌐150 ⌐ 1260	Φ10@200	1410		22	基础长插筋
②	5944	Φ10@200	5944	5944	62	1 层竖向筋
③	4344	Φ10@200	4344	4344	62	2 层竖向筋
④	3885 ⌐120	Φ10@200	4005		62	3 层竖向筋
⑤	96 ╱ 182 ╲ 96	Φ6@600	374	374	286	拉筋
⑥	150⌐ 7022 ⌐150	Φ10@200	7322		70	内侧水平分布筋
⑦	814	Φ10@200	814	814	40	基础短插筋

7.7.3　剪力墙的转角墙柱 GBZ1 平法施工图识读与钢筋计算

剪力墙的转角墙柱 GBZ1 平法施工图识读和钢筋计算步骤如下：

1. 识读剪力墙的转角墙柱 GBZ1 平法施工图

从图 7-7-1 和表 7-7-1 中读出的内容如下：

1 号转角墙柱 GBZ1 为构造边缘暗柱，全部纵筋为 14Φ14，箍筋为 Φ8@100。混凝

土强度、柱插筋保护层等信息见表 7-7-1，此处略。

2．计算暗柱 GBZ1 的钢筋长度

步骤跟前面讲过的框架柱钢筋长度计算的步骤基本一致。因暗柱的配筋比框架柱简单，有些过程可以合并，主要步骤如下：

1）绘制转角墙柱 GBZ1 纵剖面模板图（步骤同框架柱），见图 7-7-4 左侧纵剖轮廓图（将图 7-7-4 左侧图中的纵筋抽走即为模板图）。

2）关键数据和关键部位计算。

① 查表 2-4-8 计算 l_{lE}。

$l_{lE}=52d=52×14mm=728mm$

② 暗柱 GBZ1 插筋在基础内的锚固计算。

参照图 7-3-10 得到墙柱顶部钢筋弯钩水平段为 $12d$。

另外，基础厚度 $h_j=900mm>l_{aE}=37d=37×14mm=518mm$，因保护层厚度 $c>5d$，所以暗柱插筋在基础内的锚固构造应该选用图 7-4-3（a）的做法。

所以，插筋下端直钩水平长度为 $max\{6d, 150mm\}=max\{6×14mm, 150mm\}=150mm$。

③ 计算 Δ_1、Δ_2（见图 7-7-4 中标注）。

$\Delta_1=$基础保护层厚度＋基底双向钢筋的直径$=(40+22+22)mm=84mm$

$\Delta_2=$连梁上部纵筋保护层厚度＋连梁箍筋直径＋连梁纵筋直径

　　$=(20+8+16)mm=44mm$

其中，Δ_2 的计算应参照图 7-5-7 进行。

另暗柱顶筋弯钩长度与墙身竖向分布筋相同，所以弯钩水平段长度为 $12d=12×14mm=168mm$。

3）绘制 GBZ1 的纵向剖面配筋图 7-7-4。

在模板图中绘制暗柱纵筋，得到 GBZ1 纵剖配筋图 7-7-4，并将计算出来的关键数据标注到位。

案例中规定暗柱纵筋采用绑扎搭接。此步骤应该参照暗柱纵筋连接构造图 7-4-1 进行。图中纵筋搭接接头只要位于连接区内，就符合图 7-4-1 的连接构造要求，都是可行的。工地上通常做法是接头尽量靠近下方。

本例纵筋截断点露出基顶或楼面的高度规定为 $l_{lE}+500mm$（短筋）和 $2.3l_{lE}+500mm$（长筋）；当然也可以规定为 l_{lE}（短筋）和 $2.3l_{lE}$（长筋），这都是可行的。

4）计算 GBZ1 箍筋总道数 n 并绘制 GBZ1 的箍筋。

① 计算基础内的箍筋道数。

此步骤应参照图 7-4-3 执行。

因基础厚度 $h_j=900mm>l_{aE}=37d=37×14mm=518mm$，满足直锚。又已知基础插筋保护层厚度$>5d$，所以墙柱竖向插筋在基础内的锚固构造应该选用图 7-4-3（a）的做法。

则有

$n_j=(l_{aE}-100)/500+1=(518-100)/500+1≈2$（道）

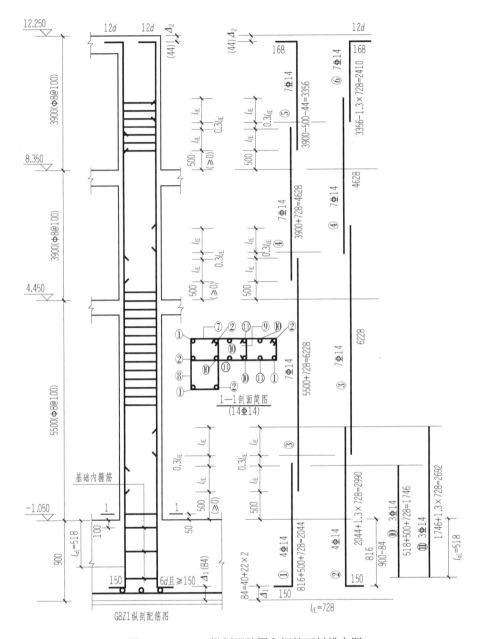

图 7-7-4　GBZ1 纵剖配筋图和钢筋下料排布图

② 计算从基顶到暗柱顶（−1.050～12.250m）的箍筋道数 $n_上$。

因为箍筋规格为 Φ8@100，因此搭接长度范围内就不需要另外箍筋加密了。

$n_上 = (12250+1050-50-44)/100+1 = 133$（道）

③ 计算 GBZ1 箍筋总道数 n。

箍筋总道数 $n = n_j + n_上 = 2+133 = 135$（道）

5）根据图 7-7-4 直接计算纵筋的造价总长度。

根据图 7-4-3 可知,只有 7 根角筋伸至基础板底部的钢筋网上(称长筋),其余 7 根插筋深入基础内 l_{aE} 即可(称短筋)。

GBZ1 长筋的造价总长度＝单根长筋长度×长筋根数

$$=(从基底到暗柱顶总高度-\Delta_1-\Delta_2+150+12d+l_{lE}×3)×7$$
$$=(12250+1050+900-84-44+150+168+728×3)mm×7$$
$$=16574mm×7=116018mm$$

GBZ1 短筋的造价总长度＝单根短筋长度×短筋根数

$$=(从基顶到暗柱顶总高度+l_{aE}-\Delta_2+12_d+l_{lE}×3)×7$$
$$=(12250+1050+518-44+168+728×3)mm×7$$
$$=16126mm×7=112882mm$$

6）绘制 GBZ1 钢筋施工下料的排布示意图。

绘制 GBZ1 钢筋施工下料的排布示意图,见图 7-7-4 右侧。首先在分离出来的纵筋上直接计算分段的纵筋长度,然后根据钢筋的形状、长度、规格等对钢筋进行编号。

7）绘制钢筋材料明细表。

将计算结果进行汇总,绘制钢筋材料明细表 7-7-3。暗柱箍筋编号见图 7-7-4 的 1—1 剖面简图。表中⑨号筋的根数比⑦号筋和⑧号筋均少了 2 道,这是因为基础内的 2 道箍筋为非复合箍。

另外,箍筋外包设计尺寸的计算由学生作为练习自行完成,答案在表 7-7-3 中。

表 7-7-3　GBZ1 钢筋材料明细表

编号	钢筋简图	规　格	设 计 长 度	下 料 长 度	数　　量
①	2044 | 150	$\Phi 14$	2194		4
②	2990 | 150	$\Phi 14$	3140		4
③	6228	$\Phi 14$	6228	6228	14
④	4628	$\Phi 14$	4628	4628	14
⑤	168 | 3356	$\Phi 14$	3524		7
⑥	168 | 2410	$\Phi 14$	2578		7
⑦	166 | 925 / 816 | 275	$\Phi 8@100$	2182		135
⑧	166 | 475 / 366 | 275	$\Phi 8@100$	1282		135
⑨	109 / 186 \ 109	$\Phi 8@100$	404	404	133
⑩	1746	$\Phi \mathrm{I} \mathrm{IV}$	1746	1746	3

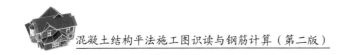

续表

编号	钢筋简图	规格	设计长度	下料长度	数量
⑪	2692	ⲫ14	2692	2692	3

注：设计总长度——ⲫ14 为 229.348m，ⲫ8 为 514.082m。

7.7.4 剪力墙连梁 LL2 平法施工图识读与钢筋计算

Ⓓ轴线上的连梁 LL2 平法施工图识读和钢筋计算步骤如下：

1. Ⓓ轴线上的连梁 LL2 平法施工图识读

从图 7-7-1 和表 7-7-1 中读出的内容如下：

Ⓓ轴线上的连梁 LL2 有 3 根，包括 1 根墙顶（屋面）连梁和 2 根跨层连梁（2 层和 3 层楼面处的连梁），而 2 层和 3 层的跨层连梁顶标高比楼面结构标高高出 0.90m。连梁 LL2 的上、下部纵筋均为 3ⲫ16，箍筋为 Φ8@100（2）。另本例特别规定，连梁的侧面纵筋（腰筋）与墙身水平分布筋不同，为 ⲫ12@200。

混凝土强度、梁上、下保护层等信息见表 7-7-1，此处略。

2. 计算每层连梁 LL2 的钢筋长度

步骤跟前面讲过的框架梁钢筋长度计算的步骤大致相同。因连梁的配筋比框架梁简单，有些过程可以合并，主要步骤如下：

1）绘制连梁 LL2 的纵剖面模板图（步骤同框架梁），见图 7-7-5 左侧纵剖轮廓图。

2）关键数据和关键部位计算。

首先判断纵筋是否能达到直锚条件。本步骤应参照图 7-5-1 进行。

$l_{aE}=37d=37×16mm=592mm<$连梁的左右支座宽度（850mm 和 1200mm），所以应选择直锚构造。

直锚长度＝max$\{l_{aE}，600mm\}$＝max$\{592mm，600mm\}$＝600mm

因连梁侧面纵筋直径规定为 12mm，其在两侧墙柱内的锚固长度与上下纵筋同，取600mm。

3）绘制 LL2 的纵向剖面配筋图 7-7-5。

① 绘制连梁纵筋、箍筋和侧面纵筋（腰筋）。

首先在连梁模板图 7-7-5 中绘制上、下部纵筋，并将计算出来的关键数据标注到位；然后绘制连梁箍筋，净跨内箍筋为 Φ8@100，支座锚固区内箍筋为 Φ8@150，定位箍筋的位置见图示；最后绘制连梁侧面的纵筋 ⲫ12@200，可绘制一根或几根作代表即可，见图 7-7-5。

② 连梁拉筋规格的确定。

当设计未注明连梁、暗梁和边框梁的拉筋时，应按下列规定取值：当梁宽≤350mm 时为 6mm，梁宽＞350mm 时为 8mm；拉筋间距为两倍箍筋间距，竖向沿侧面水平筋隔一拉一。据此规定，确定连梁 LL2 拉筋的规格为 ⲫ6@200。

另外，图 7-7-5 右侧为连梁横剖面配筋简图。

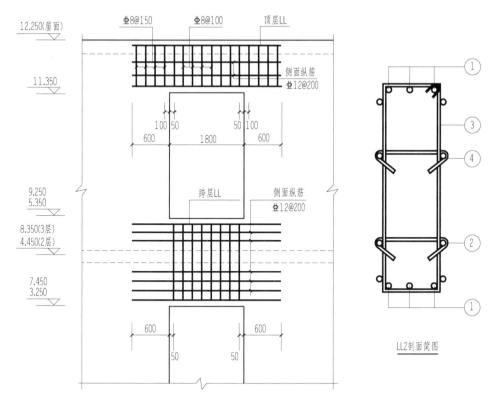

图 7-7-5　LL2 的纵向剖面配筋图

4）计算连梁 LL2 的钢筋长度。

① 计算顶层连梁 LL2 的钢筋长度。

顶层连梁的上、下部纵筋和侧面纵筋的长度

＝洞口宽＋两端锚固长度

＝(1800＋600×2)mm＝3000mm

侧面纵筋的根数计算应对照图 7-5-5 和墙身水平筋的排布构造 7-3-6 进行。

侧面纵筋（腰筋）的根数＝［(梁高 900－50－100)/200－1］×2＝(4－1)×2＝6（根）

腰筋和箍筋外包设计尺寸的计算由读者作为练习自行完成，答案在表 7-7-4 中。

箍筋道数＝洞口范围道数＋一端锚固区内道数×2

　　　　　＝(1800－100)/100＋1＋［(600－100)/150＋1］×2

　　　　　＝17＋1＋(4＋1)×2＝28（道）

拉筋水平段投影长度＝梁宽－墙水平筋保护层×2＋拉筋直径×2

　　　　　　　　　＝(200－15×2＋6×2)mm＝182mm

请注意，当洞口范围箍筋道数为偶数且单侧腰筋根数为奇数时，按下列公式计算拉筋道数。

拉筋道数＝(洞口范围箍筋道数/2)×单侧腰筋根数＋单侧腰筋根数

　　　　　＝(18/2)×3＋3

　　　　　＝9×3＋3＝30（道）

汇总以上计算结果，得到顶层连梁 LL2 的钢筋材料明细表 7-7-4。表中钢筋编号见图 7-7-5 右侧连梁的横剖面简图。③号箍筋的下料长度作为练习由学生完成。

表 7-7-4 顶层连梁 LL2 的钢筋材料明细表

编号	钢筋简图	规格	设计长度	下料长度	数量
①	3000	Φ16	3000	3000	6
②	3000	Φ12@200	3000	3000	6
③	969 / 150 / 860 / 259	Φ8@100（150）	2456		28
④	96 / 182 / 96	Φ6@200	374	374	30

② 计算 3 层连梁 LL2 的钢筋长度。

3 层连梁的上、下部纵筋和侧面纵筋的长度与顶层相同，也应该为 3000mm。

侧面纵筋的根数计算应对照跨层连梁钢筋排布图 7-5-4 和墙身水平筋的排布构造 7-3-6 进行。

侧面纵筋（腰筋）的根数＝[（梁高 1800－50×2－50×2)/200－1]×2＝7×2＝14（根）

腰筋和箍筋外包设计尺寸的计算由读者作为练习自行完成，答案在表 7-7-5 中。

3 层连梁箍筋道数＝洞口范围道数＝(1800－100)/100＋1＝18（道）

拉筋水平段投影长度＝梁宽－墙水平筋保护层×2＋拉筋直径×2

$$＝(200－15×2＋6×2)mm＝182mm$$

拉筋道数＝(箍筋道数/2)×单侧腰筋根数＋单侧腰筋根数＝(18/2)×7＋7＝70（道）

特别提示

拉筋根数计算时，拉筋的水平间距为两倍箍筋间距，而竖向沿侧面水平筋隔一拉一。

汇总以上计算结果，得到 3 层的跨层连梁 LL2 的钢筋材料明细表 7-7-5。3 号箍筋的设计长度和下料长度作为练习由读者完成。

③ 计算 2 层连梁 LL2 的钢筋长度。

2 层的跨层连梁 LL2 的钢筋材料明细，见表 7-7-6。

参照 3 层连梁钢筋长度和根数的计算方法，2 层连梁的钢筋计算作为练习，由学生自行完成箍筋的设计尺寸和下料尺寸计算，以及侧面纵筋和拉筋的根数计算，并将计算结果填到表格的空白处。

表 7-7-5 3 层跨层连梁 LL2 的钢筋材料明细表

编号	钢筋简图	规格	设计长度	下料长度	数量
①	3000	Φ16	3000	3000	6

续表

编号	钢筋简图	规 格	设计长度	下料长度	数 量
②	3000	⏀12@200	3000	3000	14
③	150 | 1760	⏀8@100			18
④	96 | 182 | 96	⏀6@200	374	374	70

表 7-7-6　2 层跨层连梁 LL2 的钢筋材料明细表

编号	钢筋简图	规 格	设计长度	下料长度	数 量
①	3000	⏀16	3000	3000	6
②	3000	⏀12@200	3000	3000	
③	150 | 2060	⏀8@100			18
④	96 | 182 | 96	⏀6@200	374	374	

小　结

本单元论述了剪力墙平法施工图识图与钢筋计算的基本方法。

首先介绍剪力墙及墙内钢筋的分类、编号规则和截面尺寸的表达方式；接着详细讲解了剪力墙平法施工图的两种注写方式，即剪力墙平法施工图列表注写和截面注写方式；然后进一步阐述了剪力墙不同部位钢筋的构造，涉及墙柱、墙身和墙梁的钢筋设置要求和连接、锚固的方式；最后通过剪力墙的钢筋计算环节把本章内容进行了有效串联。

通过剪力墙身、墙柱、墙梁的钢筋计算方法和过程，进一步巩固了读者对剪力墙标准配筋构造的理解和识读剪力墙平法施工图时对标准构造的灵活应用。

本单元是继单元 4～单元 6 全面地讲解了柱、梁、板平法施工图之后，系统阐述的又一种重要的竖向承重构件——剪力墙及其平法施工图识读的方法。虽然涉及规范构造内容繁多，但层层论述，随着认识理解的深入，引领读者对平法施工图的正确识读建立起完整而清晰的概念。

【复习思考题】

1．平法将剪力墙分为哪三种构件？

2．墙柱、墙梁与框架柱、框架梁有什么区别？

3．剪力墙构件有"一墙、二柱、三梁"的说法，含义是什么？

4．约束边缘构件包括哪四种标准类型？构造边缘构件包括哪四种标准类型？

5．如何理解端柱、暗柱、暗梁、连梁和边框梁？

6．剪力墙内钢筋的详细分类是什么？

7．剪力墙暗柱、暗梁、连梁、端柱和边框梁的保护层分别按什么要求来取值？

8．剪力墙平法施工图主要有哪两种注写方式？

9．剪力墙柱、墙身表和墙梁表分别包含哪些内容？

10．剪力墙截面注写方式施工图包含哪些内容？

11．识读剪力墙身的标准配筋构造。

12．识读剪力墙柱的标准配筋构造。

13．识读剪力墙梁的标准配筋构造。

14．识读剪力墙洞口补强和地下室外墙配筋构造。

15．矩形洞口原位注写为：JD2 600×400 +3.000 3Φ18/3Φ14 表示的含义是什么？

16．圆形洞口原位注写为：YD1 D=200 2层：−0.800 3层：−0.700 其他层：−0.500 2Φ16 Φ10@100(2)表示的含义是什么？

【识图与钢筋计算】

识读图1剪力墙平法施工图，工程信息见表1。要求计算 Q2、GBZ1、LL3 的钢筋并绘制钢筋材料明细表。

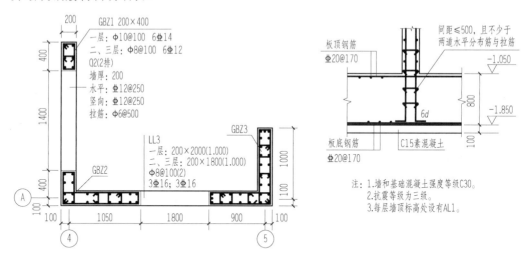

图1 剪力墙平法施工图

表1 工程信息表

层 号	墙顶标高/m	层高/m	
3	11.650	3.6	剪力墙、基础混凝土强度等级为 C30，抗震等级为三级，基础保护层厚度为 40mm，现浇板厚为 100mm。钢筋直径 $d \le 14$mm 时为绑扎搭接，$d > 14$mm 时为焊接。1层结构层高为 4.5m+1m=5.5m
2	8.050	3.6	
1	4.450	4.5	
基础	−1.050	基顶到一层地面1.0	

板式楼梯平法施工图识读与钢筋计算

教学目标与要求

教学目标 ☞

通过对本单元的学习，学生应能够：

1. 掌握板式楼梯的平法分类、配筋构造及平法制图规则的含义。
2. 熟悉 AT 型楼梯的平面注写内容和标准配筋构造。
3. 掌握 AT 型楼梯钢筋计算的方法。

教学要求 ☞

教学要点	知识要点	权重	自测分数
板式楼梯的分类	了解板式楼梯的种类，掌握其构件组成和相应特征	10%	
板式楼梯平法施工图表示方法	熟悉板式楼梯平面布置图，掌握其平面注写方式的集中标注和外围标注	20%	
AT 型楼梯平面注写和标准配筋构造	理解 AT 型楼梯的适用条件和平面注写内容，掌握其标准配筋构造和钢筋排布构造	40%	
AT 型楼梯钢筋计算	掌握 AT 型楼梯钢筋计算步骤和方法	30%	

实例引导——BT 型楼梯平法施工图的识读

下图所示为 BT 型楼梯平法施工图平面注写方式示例。通过以往所学相关知识和本单元的学习，能够读懂下图所表达的图形语言含义及平面注写的数字和符号的含义，最终达到识读平板楼梯平法施工图的目的。

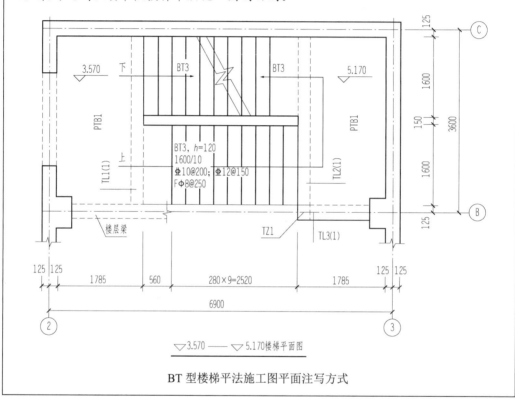

BT 型楼梯平法施工图平面注写方式

8.1　板式楼梯和梁板式楼梯简介

本章着重介绍 16G101—2 平板楼梯平法施工图的分类以及最常用的 AT 型楼梯平法施工图识读和钢筋计算。

8.1.1　楼梯的分类

按位置不同可分为室内楼梯和室外楼梯。

按施工方式不同可分为现浇和预制。

按使用性质不同可分为主要楼梯、辅助楼梯、安全楼梯（太平梯）和防火楼梯等。

按材料不同可分为钢楼梯、钢筋混凝土楼梯、木楼梯、钢与混凝土混合楼梯等。

按形式不同可分为直上楼梯、曲尺楼梯、双折楼梯（又称转弯楼梯、双跑楼梯、平行楼梯）、三折楼梯、弧形楼梯、螺旋形楼梯、有中柱的盘旋形楼梯、剪刀式楼梯和交叉楼梯等。

根据梯跑结构形式不同可分为梁板式楼梯、板式楼梯、悬挑楼梯和旋转楼梯等。

8.1.2 板式楼梯的构件组成

以一个楼梯间所包含的构件为例，一个完整的现浇钢筋混凝土板式楼梯主要有踏步板（TB）、平台梁 PTL（层间平台梁和楼层平台梁）和平台板（PTB）（层间平台板和楼层平台板）等，见图 8-1-1。

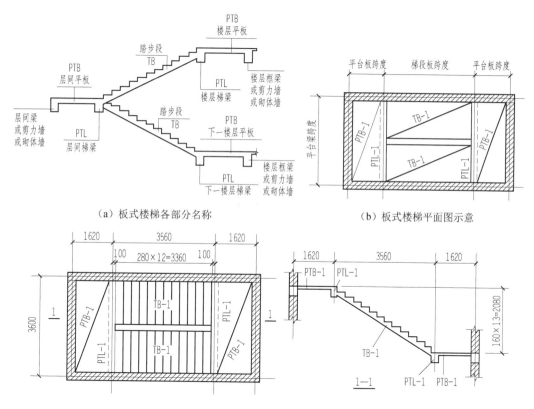

（a）板式楼梯各部分名称

（b）板式楼梯平面图示意

（c）某楼梯间平面图、剖面图示例

图 8-1-1 板式楼梯的构件组成

8.1.3 梁板式楼梯的构件组成

以一个楼梯间所包含的构件为例，一个完整的现浇钢筋混凝土梁板式楼梯（或梁式楼梯）主要有踏步板（TB）、梯段梁（TL）、平台板（PTB）和平台梁（PTL）等，见图 8-1-2。

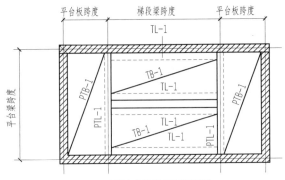

（a）梁板式楼梯平面图示意

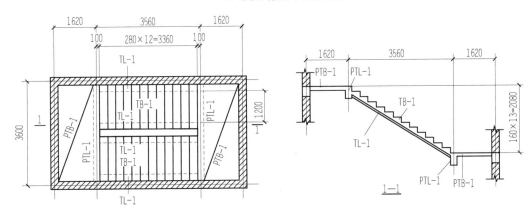

（b）某楼梯间平面图、剖面图示例

图 8-1-2　梁板式楼梯的构件组成

特别提示

　　现浇钢筋混凝土板式楼梯的梯段板在计算时，简化为斜向搁置的简支单向板，计算轴线是倾斜的，所以斜板最小的正截面高度（即板厚）是指锯齿形踏步凹角处垂直于计算轴线的最小厚度。为了保证斜板有足够的刚度，一般可取斜板的斜向净跨度的 1/30～1/25。

8.2　平法施工图中板式楼梯的分类

　　根据梯板的截面形状和支座位置的不同，平法楼梯包含了 12 种类型，见表 8-2-1。下面仅介绍 AT～DT 型板式楼梯特征，其余类型见图集 16G101—2 中的相关内容。

8.2.1　AT～DT 型板式楼梯截面形状与支座位置

　　AT～DT 型板式楼梯截面形状与支座位置示意见图 8-2-1。

表 8-2-1　楼梯类型

梯板代号	适用范围		是否参与结构整体抗震计算	示意图所在页码	注写及构造图所在页码
	抗震构造措施	适用结构			
AT	无	剪力墙、砌体结构	不参与	11	第 23、24 页
BT				11	第 25、26 页
CT	无	剪力墙、砌体结构	不参与	12	第 27、28 页
DT				12	第 29、30 页
ET	无	剪力墙、砌体结构	不参与	13	第 31、32 页
FT				13	第 33、34、35、39 页
GT	无	剪力墙、砌体结构	不参与	14	第 36、37、38、39 页
ATa	有	框架结构、框剪结构中框架部分	不参与	15	第 40、41、42 页
ATb			不参与	15	第 40、43、44 页
ATc			参与	15	第 45、46 页
CTa	有	框架结构、框剪结构中框架部分	不参与	16	第 47、41、48 页
CTb				16	第 47、43、49 页

注：ATa、CTa 低端设滑动支座支承在梯梁上，ATb、CTb 低端设滑动支座支承在挑板上。

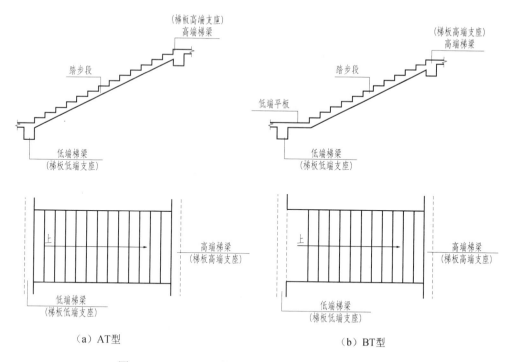

图 8-2-1　AT～DT 型板式楼梯截面形状与支座位置示意

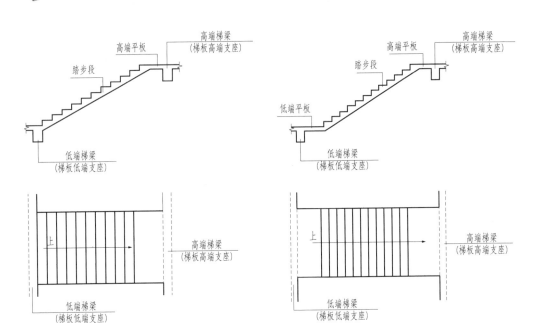

（c）CT型　　　　　　　　　　　　（d）DT型

图 8-2-1 （续）

8.2.2　AT～DT 型板式楼梯的特征

AT～DT 型板式楼梯具备以下特征：

1）AT～DT 每个代号代表一段带上下支座的梯板。梯板的主体为踏步段，除踏步段之外，梯板可包括低端平板或高端平板。

2）AT～DT 各型梯板具有特定的剖切面形状，如 AT 型梯板全部由踏步段构成，BT 型梯板由低端平板和踏步段构成，CT 型梯板由踏步段和高端平板构成，而 DT 型梯板由低端平板、踏步段和高端平板构成。

3）AT～DT 各型梯板的两端分别以低端和高端的梯梁为支座。

4）AT～DT 各型梯板的型号、板厚、上、下部纵筋及分布钢筋等内容由设计者在平法施工图中注明。梯板上部纵筋向跨内伸出的水平投影长度见相应的标准构造详图，设计不注，但设计者应予以校核；当标准构造详图规定的水平投影长度不满足具体工程要求时，应由设计者另行注明。

> **特别提示**
>
> 平台梁按双向受弯构件计算，当支承在梯柱上时，其构造做法同单元 5 中的框架梁 KL；当支承在梁上时，其构造做法同单元 5 中的非框架梁 L。

8.3　板式楼梯平法施工图的表示方法

知识导读

现浇混凝土板式楼梯平法施工图有平面注写、剖面注写和列表注写三种表达方式，设计者可根据工程具体情况任选一种。单元 8 案例引导图是采用平面注写方式表达的楼梯平法施工图。

本节主要表述梯板的表达方式，与楼梯相关的梯柱、梯梁及平台板的平法注写方式分别按单元 4～单元 6 的内容执行，本节不再赘述。

8.3.1　楼梯平面布置图

楼梯平面布置图应按照楼梯标准层采用适当比例集中绘制，或按标准层与相应标准层的梁平法施工图一起绘制在同一张图上（梁平法施工图详见单元 5）。

为方便施工，在集中绘制的板式楼梯平法施工图中，宜注明各结构层的楼面标高、结构层高及相应的结构层号。

8.3.2　楼梯的平面注写方式

平面注写方式采用在楼梯平面布置图上注写截面尺寸和配筋具体数值的方式来表达楼梯施工图。平面注写的内容包括集中标注和外围标注。

（1）集中标注的内容

集中标注的内容有五项，具体规定如下：

1）梯板类型代号与序号：如 AT1、AT2、AT3、AT4……

2）梯板厚度：注写为 $h=\times\times\times$。当为带平板的梯板且梯段板厚度和平板厚度不同时，可在梯段板厚度后面括号内以字母 P 打头注写平板厚度。

【例 8-3-1】$h=130$（P150），表示梯段板厚度 130mm，梯板平板段厚度为 150mm。

3）踏步段总高度和踏步级数：之间以"/"分隔。

4）梯板支座上部纵筋、下部纵筋：之间以"；"分隔。

5）梯板分布筋：以 F 打头注写分布钢筋具体值，该项也可在图中统一说明。

【例 8-3-2】平面图中梯板类型及配筋的完整标注示例如下（AT 型）：

AT3，$h=130$	梯板类型及编号，梯板板厚
1800/12	踏步段总高度/踏步级数
⊈10@200；⊈12@150	上部纵筋；下部纵筋
Fϕ8@250	梯板分布筋（可统一说明）

（2）外围标注的内容

楼梯外围标注的内容包括楼梯间的平面尺寸、楼层结构标高、层间结构标高、楼梯

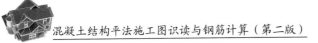

的上下方向、梯板的平面几何尺寸、平台板配筋、梯梁及梯柱配筋等。

8.3.3 楼梯的剖面注写方式

剖面注写方式需在楼梯平法施工图中绘制楼梯平面布置图和楼梯剖面图，注写方式分平面注写和剖面注写两部分。

（1）楼梯平面布置图注写内容

楼梯平面布置图注写内容包括楼梯间的平面尺寸、楼层结构标高、层间结构标高、楼梯上下方向、梯板的平面几何尺寸、梯板类型及编号、平台板配筋、梯梁及梯柱配筋等。

（2）楼梯剖面图注写内容

楼梯剖面图注写内容包括梯板集中标注，梯梁、梯柱编号，梯板水平及竖向尺寸，楼层结构标高，层间结构标高等。

其中，梯板集中标注的内容有四项，具体规定如下：

1）梯板类型及编号：如 AT××。

2）梯板厚度：注写为 $h=×××$。当梯板由踏步段和平板构成，且踏步梯段板厚度和平板厚度不同时，可在梯段板厚度后面括号内以字母 P 打头注写平板厚度。

3）梯板配筋：注明梯板上部纵筋和梯板下部纵筋，用分号";"将上部纵筋与下部纵筋的配筋值分隔开来。

4）梯板分布筋：以 F 打头注写分布筋具体值，该项也可在图中统一说明。

【例 8-3-3】剖面图中梯板配筋的完整标注示例如下（AT 型）：

AT2，$h=120$ 梯板类型及编号，梯板板厚

$⏀10@200$；$⏀12@150$ 上部纵筋；下部纵筋

Fϕ8@250   梯板分布筋（可统一说明）

8.3.4 楼梯的列表注写方式

楼梯的列表注写方式是用列表方式注写梯板截面尺寸和配筋具体数值的方式来表达楼梯施工图。

列表注写方式的具体要求同剖面注写方式，仅将剖面注写方式中梯板配筋注写项改为列表注写项即可。

梯板列表格式见表 8-3-1。

表 8-3-1 梯板列表注写方式

梯板类型编号	踏步高度/踏步级数	板厚 h	上 部 纵 筋	下 部 纵 筋	分 布 筋
AT1	1480/9	100	$⏀10@200$	$⏀12@200$	$\phi8@250$
CT1	1480/9	140	$⏀10@150$	$⏀12@120$	$\phi8@250$
CT2	1320/8	100	$⏀10@200$	$⏀12@200$	$\phi8@250$

8.4　AT 型楼梯平面注写和标准配筋构造

8.4.1　AT 型楼梯的平面注写方式与适用条件

1．AT 型楼梯的适用条件

两梯梁之间的一跑矩形梯板全部由踏步段构成，即踏步段两端均以梯梁为支座。凡是满足该条件的楼梯均归为 AT 型，如平行双跑楼梯（图 8-4-1）、平行双分楼梯、交叉楼梯和剪刀楼梯等。

2．AT 型楼梯平面注写方式

AT 型楼梯平面注写方式，见图 8-4-1。

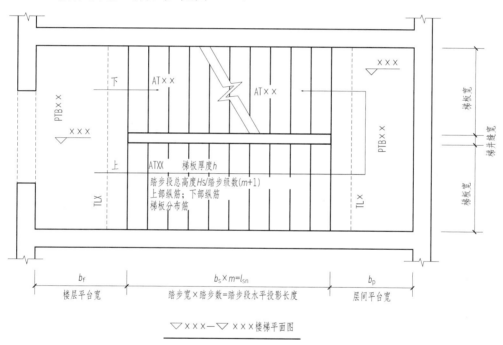

图 8-4-1　AT 型楼梯平面注写方式

其中，集中注写的内容有 5 项，第 1 项为梯板类型代号与序号 ATXX，第 2 项为梯板厚度 h，第 3 项为踏步段总高度 H_s/踏步级数（$m+1$），第 4 项为上部纵筋和下部纵筋，第 5 项为梯板的分布钢筋（可直接标注，也可统一说明）。

3．AT 型楼梯平面注写实例解读

【例 8-4-1】图 8-4-2 为 AT3 楼梯平法施工图设计实例，从图中能读出哪些内容？平面注写方式包括集中标注和外围标注。

图中集中标注有 5 项内容：第 1 项为梯板类型代号与序号 AT3；第 2 项为梯板厚度 $h=120\mathrm{mm}$；第 3 项为踏步段总高度 $H_{\mathrm{s}}=1800\mathrm{mm}$，踏步数为 12 级（步）；第 4 项梯板上部纵筋为 $\Phi10@200$，下部纵筋为 $\Phi12@150$；第 5 项梯板的分布筋为 $\Phi8@250$。

外围标注的内容：楼梯间的平面尺寸开间为 3600（$1600\times2+125\times2+150$）mm，进深为 6900（$1785\times2+3080+125\times2$）mm；楼层平台的结构标高为 5.370m；层间平台的结构标高为 3.570m；梯板的平面几何尺寸梯段宽 1600mm，梯段的水平投影长度为 3080mm；梯井宽 150mm；楼层和层间平台宽均为 1785mm；墙厚 250mm；楼梯的上、下方向箭头。图中楼层和层间平台板、梯梁、梯柱的配筋的注写内容略。

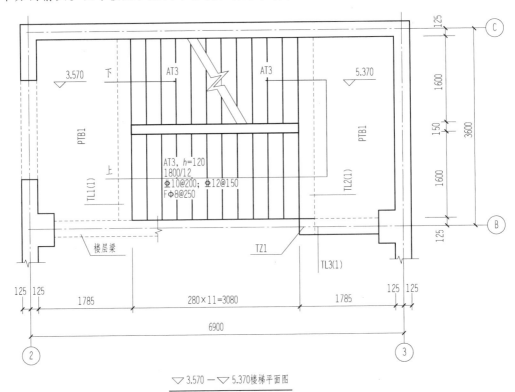

∇3.570 — ∇5.370楼梯平面图

图 8-4-2　AT3 楼梯平法施工图（平面注写方式）设计实例

8.4.2　AT 型楼梯的标准配筋构造

1. AT 型楼梯的标准配筋构造

AT 型楼梯的标准配筋构造见图 8-4-3。此图取自 16G101—2 第 24 页。

2. AT 型楼梯梯板钢筋排布构造

AT 型楼梯梯板钢筋排布构造见图 8-4-4。此图取自 12G901—2 第 10 页。

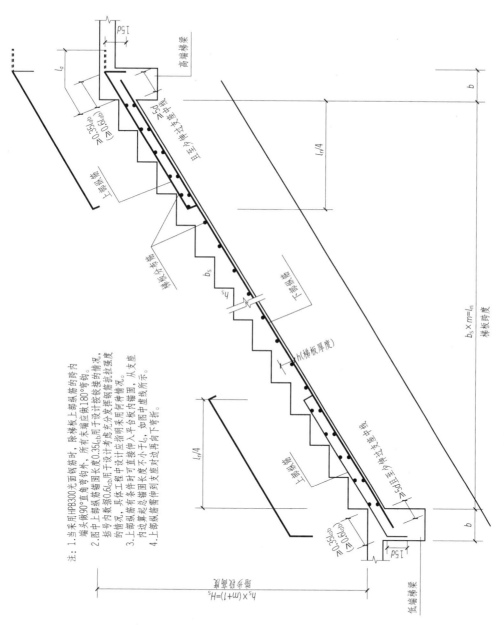

图 8-4-3　AT 型楼梯的标准配筋构造

注：1.当采用HPB300光面钢筋时，除梯板上部纵筋的跨内端头做90°直角弯角钩外，所有末端应做180°弯钩。

2.图中上部纵筋锚固长度0.35l_{ab}用于设计考虑钢筋抗拉强度的情况，括号内数据0.6l_{ab}用于设计按铰接的情况。具体工程中设计应指明何种情况。

3.上部纵筋有条件时可直接伸入平台板内锚固，从支座内边算起总锚固长度不小于l_a，如图中虚线所示。

4.上部纵筋需伸到支座对边再向下弯折。

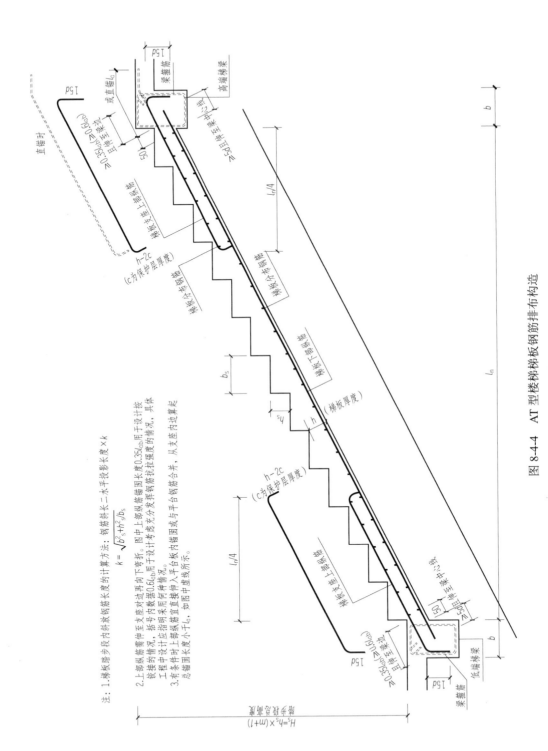

图 8-4-4 AT 型楼梯梯板钢筋排布构造

注：1.楼板踏步段内斜向斜板钢筋长度的计算方法：钢筋斜长＝水平投影长度×k

$$k=\frac{\sqrt{b_s^2+h_s^2}}{b_s}$$

2.上部纵筋需伸至座对边再向下弯折。图中上部纵筋锚固长度0.35l_{ab}用于设计按铰接时的情况，括号内数据0.6l_{ab}用于设计考虑充分发挥钢筋抗拉强度时的情况，具体工程中设计应指明采用何情况。

3.当梯板上部纵筋直接伸入平台板内锚固或平台板合并，从座内边算起总锚固长度不小于l_a，如图中虚线所示。

8.5 AT 型楼梯平法施工图识读与钢筋计算

8.5.1 AT 型板式楼梯钢筋计算预备知识

1. AT 型梯板的基本尺寸

AT 型梯板的基本尺寸有梯板净跨度 l_n、梯板净宽度 b_n、踏面宽度 b_s、踢面高度 h_s、平台梁（梯梁）宽度 b、梯板厚度 h。

2. 梯板斜放钢筋长度计算系数 k

梯板斜放钢筋长度计算系数 k 在楼梯钢筋计算中占有很重要的位置，其公式见图 8-4-4 的注 1。利用这个系数，可以很容易地将水平长度换算成与斜梯板平行的斜向长度。

$$梯板斜长＝梯板水平净跨度 l_n \times k$$

3. 梯板下部受力纵筋在梯梁内的锚固长度取值

梯板下部受力纵筋两端分别锚入高端梯梁和低端梯梁内，锚固长度要满足 $\geqslant 5d$ 且 $\geqslant bk/2$，即取 $\max\{5d, bk/2\}$。

4. 梯板分布钢筋的起步距离

梯板的钢筋构造与楼板大致相同，所以梯板的分布钢筋起步距离为 50mm，见图 8-4-4。

5. AT 型楼梯梯板钢筋计算公式

AT 型楼梯的梯板钢筋计算公式见表 8-5-1。

表 8-5-1 AT 型楼梯梯板钢筋计算公式

钢筋名称	钢筋详称		计 算 公 式
梯板下部钢筋	下部受力纵筋	长度	$L=l_n \times k+2\max\{5d, bk/2\}$
		根数	$n=(b_n-2\times 板\ c)/间距+1$
	下部分布筋	长度	$L=b_n-2\times 板\ c$
		根数	$n=(l_n \times k-2\times 50)/间距+1$
梯板上部钢筋	上部支座负筋（锚入梯梁内）	长度	$L=(l_n/4+b-梁\ c-梁箍筋直径)\times k+15d+(h-2\ 板\ c)$
		根数	$n=(b_n-2\ 板\ c)/间距+1$
	负筋的分布筋	长度	$L=b_n-2\ 板\ c$（同下部分布筋）
		根数	$n=\left[(l_n/4)\times k-50\right]/间距+1$
备注	上部支座负筋直锚入高端平台板内时的长度公式：$L=k\times l_n/4+(h-2\ 板\ c)+l_a$		

注：1. 计算根数时，每个商取整数，只入不舍。

2. 上部支座负筋锚入支座的直段长度，当设计按铰接时 $\geqslant 0.35l_{ab}$；设计考虑充分发挥钢筋抗拉强度时 $\geqslant 0.6l_{ab}$。

3. 当采用光面钢筋时，末端应做 $180°$ 弯钩。

8.5.2 AT 型楼梯平法施工图识读与钢筋计算示例

AT3 楼梯平法施工图见图 8-5-1。解读图形并应用图集 16G101—2 中的标准配筋构造计算梯板的钢筋长度。图 8-5-1 中梯板上部负筋在支座处设计按铰接考虑，梯梁箍筋直径为 6mm。

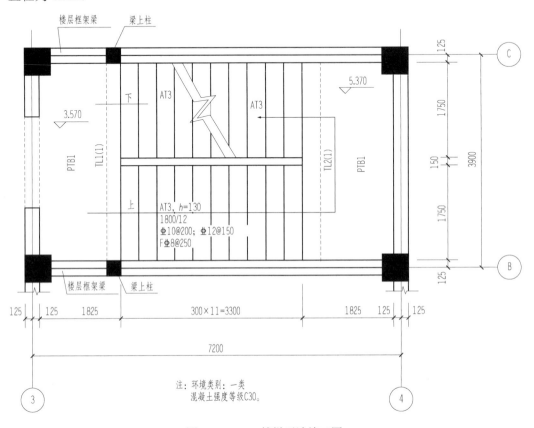

图 8-5-1　AT3 楼梯平法施工图

1. 识读 AT3 平板楼梯平法施工图

从图 8-5-1 中读出的内容如下：

（1）外围标注内容解读

楼梯间的平面尺寸开间为 3900mm，进深为 7200mm；楼层平台的结构标高为 5.370m；层间平台的结构标高为 3.570m；梯板的平面几何尺寸梯段宽 1750mm，梯段的水平投影长度为 3300mm；梯井宽 150mm；楼层和层间平台宽均为 1825mm。图下方有文字说明：混凝土强度等级为 C30，环境类别为一类。另外还有墙厚 250mm，楼梯的上下方向箭头等。

（2）集中标注内容解读

图中集中标注有 5 项内容，第 1 项为梯板类型代号与序号 AT3；第 2 项为梯板厚度

$h=130\text{mm}$；第 3 项为踏步段总高度 $H_s=1800\text{mm}$，踏步级数为 12 级（步）；第 4 项梯板上部纵筋为 $\Phi10@200$，下部纵筋为 $\Phi12@150$；第 5 项梯板的分布筋为 $\Phi8@250$。

根据以上解读内容，可以获得与楼梯钢筋计算相关的信息，见表 8-5-2。

表 8-5-2　与 AT3 楼梯钢筋计算相关的信息

名　称	数　值	名　称	数　值
板保护层厚度	板 $c=15$	基本锚固长度	$l_{ab}=35d$
梯梁保护层厚度	梁 $c=20$	锚固长度	$l_a=35d$
踏面宽度	$b_s=300$	梯板水平净跨	$l_n=3300$
踢面高度	$h_s=1800/12=150$	梯板净宽	$b_n=1750$
梯板厚度	$h=130$	梯梁宽	$b_{TL}=200$

斜坡系数：$k=\sqrt{b_s{}^2+h_s{}^2}/b_s=\sqrt{300^2+150^2}/300=1.118$

下部纵筋在支座内锚固长度=$\max(5d,\ bk/2)=\max(5\times12,\ 200\times1.118/2)=111.8$（mm）

上部负筋在支座内直段锚固长度$\geqslant0.35l_{ab}=0.35\times35\times10=122.5$（mm）

2. AT3 平板楼梯的梯板钢筋计算

本步骤需要对照表 8-5-1 进行。

（1）计算下部钢筋长度和根数

1）计算下部纵筋（$\Phi12@150$）长度和根数。

$L=l_n\times k+2\max(5d,\ bk/2)=(3300\times1.118+2\times111.8)\text{mm}=3913\text{mm}$

$n=(b_n-2c_{板})/间距+1=(1750-2\times15)/150+1=12+1=13$（根）

2）计算下部分布筋（$\Phi8@250$）长度和根数。

$L=b_n-2c_{板}=(1750-2\times15)\text{mm}=1720\text{mm}$

$n=(l_n\times k-2\times50)/间距+1=(3300\times1.118-2\times50)/250+1=16$（根）

（2）计算上部钢筋长度和根数

1）计算上部支座负筋（$\Phi10@200$）长度和根数。

$L=(l_n/4+b-c_{梁}-梁箍筋直径)\times k+15d+(h-2c_{板})$

$\quad=(3300/4+200-20-6)\text{mm}\times1.118+15\times10\text{mm}+(130-2\times15)\text{mm}\approx1367\text{mm}$

$n=\left[(b_n-2c_{板})/间距+1\right]\times2$

$\quad=\left[(1750-2\times15)/200+1\right]\times2=(9+1)\times2=20$（根）

2）计算负筋的分布筋（$\Phi8@250$）长度和根数。

$L=b_n-2c_{板}=(1750-2\times15)\text{mm}=1720\text{mm}$

$n=\left[(k\times l_n/4-50)/间距+1\right]\times2$

$\quad=\left[(1.118\times3300/4-50)/250+1\right]\times2=(4+1)\times2=10$（根）

（3）计算 $\Phi8$、$\Phi10$、$\Phi12$ 的总长度

$L(8)=1720\text{mm}\times10+1720\text{mm}\times16=44720\text{mm}$

$L(10)=1367\text{mm}\times20=27340\text{mm}$

$L(12)=3913\text{mm}\times13=50869\text{mm}$

小　结

本单元论述了板式楼梯平法施工图识图的基本方法。

首先概述了板式楼梯的构件组成和分类，然后简要说明了板式楼梯平法施工图的表示方法，最后详细介绍了 AT 型楼梯的平面注写和标准配筋构造。

本单元介绍的是现浇钢筋混凝土结构体系中的附属构件板式楼梯。虽然在结构内力分析的重要性上，板式楼梯不及框架或框剪结构——梁、板、柱(墙)等构件，但由于楼梯建筑功能十分重要，而且其造型的复杂和多样性，因此从结构构造和施工图表达两方面学好本单元，依然是学生学习掌握结构专业知识的一个必不可少的组成部分。

【复习思考题】

1. 板式楼梯和梁板式楼梯各由哪些构件组成？两者有何不同之处？
2. 什么是板式楼梯的厚度？
3. 现浇混凝土板式楼梯平法施工图有哪三种表达方式？
4. 板式楼梯的平面注写方式包括哪两种标注？
5. 楼梯的剖面注写方式包括哪些内容？
6. 楼梯的列表注写方式包括哪些内容？
7. AT 型楼梯的适用条件是什么？
8. AT 型楼梯的平面注写包含哪些内容？
9. 识读 AT 型楼梯的标准配筋构造，见图 8-4-3 和图 8-4-4。

【识图与钢筋计算】

某工程的楼梯平法施工图，见图 8-4-2。解读图中的平法标注并应用图集 16G101—2 中的标准配筋构造计算梯板中各类钢筋的总长度。图 8-4-2 中梯板上部负筋在支座处设计按铰接考虑，梯梁箍筋直径为 6mm，环境类别为一类，混凝土强度为 C25。

基础平法施工图识读与钢筋计算

教学目标与要求

教学目标 ☞

通过对本单元的学习，学生应能够：

1. 熟悉独立基础的平法制图规则和标准配筋构造。
2. 熟悉筏形基础的平法制图规则和标准配筋构造。
3. 掌握基础内的钢筋配置及排布构造。
4. 掌握独立基础和筏形基础内钢筋的计算。

教学要求 ☞

教学要点	知识要点	权重	自测分数
独立基础的平法识图规则和配筋构造	熟悉平法独立基础的集中标注和原位标注，重点掌握单柱独立基础的配筋构造和钢筋排布构造	30%	
独立基础的钢筋计算	掌握独立基础底板的钢筋长度和根数计算	20%	
筏形基础的平法识图规则和配筋构造	熟悉筏形基础构件的编号、识图规则；掌握并灵活运用筏形基础的钢筋构造	35%	
筏形基础主梁的钢筋计算	掌握筏形基础主梁钢筋长度和箍筋道数的计算方法	15%	

———— 实例引导——独立基础的平法施工图的识读 ————

下图所示为阶形普通独立基础的平法施工图平面注写方式示例。通过以往所学相关知识和对本单元的学习，读者应能够读懂下图所表达的图形语言含义及平面注写的数字和符号的含义，最终达到识读独立基础的平法施工图的目的。

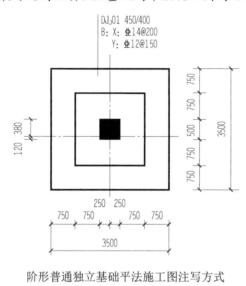

阶形普通独立基础平法施工图注写方式

9.1 独立基础平法施工图识读与钢筋计算

9.1.1 独立基础平法识图规则解读

1. 独立基础的平法编号和竖向尺寸表达

（1）独立基础的平法编号

平法根据外形不同将独立基础分成了普通和杯口两类，每一类又细分为阶形和坡形。其对应编号见表 9-1-1，编号对应的示意图见表 9-1-2。

表 9-1-1 独立基础平法编号

类　　型	基础底板截面形式	代号	序号	说　　明
普通独立基础	阶形	DJ$_J$	××	下标 J 表示阶形，下标 P 表示坡形； 单阶截面即为平板独立基础； 坡形截面基础底板可为四坡、三坡、双坡及单坡
普通独立基础	坡形	DJ$_P$	××	
杯口独立基础	阶形	BJ$_J$	××	
杯口独立基础	坡形	BJ$_P$	××	

表 9-1-2 各种编号的独立基础对应示意图

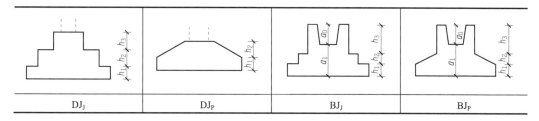

| DJ$_J$ | DJ$_P$ | BJ$_J$ | BJ$_P$ |

例如，DJ$_J$4 表示 4 号阶形普通独立基础，BJ$_P$2 表示 2 号杯口坡形独立基础。杯口独立基础与预制柱配套，一般用于工业厂房；普通独立基础与现浇柱配套，是民用建筑最常用也是最常见的基础类型。至于阶形和坡形，设计师可任选其中一种。

（2）独立基础的竖向尺寸表达

普通独立基础的竖向尺寸注写只有一组，如 $h_1/h_2/h_3/\cdots\cdots$；杯口独立基础的竖向尺寸标注有两组，一组表达杯口内（自上而下注写），另一组表达杯口外（自下而上注写），两组尺寸以"，"分隔，注写为 a_0/a_1，$h_1/h_2/h_3/\cdots\cdots$其含义见表 9-1-2 所示。其中杯口深度 a_0 为预制柱子插入杯口的尺寸加 50mm。

【例 9-1-1】当阶形截面普通独立基础 DJ$_J$4 的竖向尺寸注写为 350/300/300 时，表示 $h_1=350$mm、$h_2=300$mm、$h_3=300$mm，基础底板总厚度为 $h_1+h_2+h_3=950$mm。

【例 9-1-2】当坡形截面普通独立基础 DJ$_P$3 的竖向尺寸注写为 400/300 时，表示 $h_1=400$mm、$h_2=300$mm，基础底板总厚度为 $h_1+h_2=700$mm。

【例 9-1-3】当坡形截面杯口独立基础 BJ$_P$6 的竖向尺寸注写为 400/300，300/200/200 时，表示 $a_0=400$mm、$a_1=300$mm，$h_1=300$mm、$h_2=200$mm、$h_3=200$mm。

2. 独立基础的平面注写方式

独立基础平法施工图有平面注写和截面注写两种表达方式。工程中主要采用平面注写方式，因此本书主要讲述平面注写方式。

绘制独立基础平面布置图时，应将独立基础平面与柱子一起绘制。基础平面图上应标注基础定位尺寸；当柱子中心与建筑轴线不重合时，应标注偏心尺寸。编号相同且定位尺寸相同的基础，可仅选择一个进行标注。

独立基础的平面注写方式是指直接在独立基础平面布置图上进行竖向尺寸、底板配筋等数据项目的注写，可分为集中标注和原位标注两部分内容，见图 9-1-1。

（1）独立基础的集中标注内容

集中标注是在基础平面图上集中引注基础编号、截面竖向尺寸、配筋三项必注内容，以及基础底面标高（与基础底面基准标高不同时）和必要的文字注解两项选注内容。以图 9-1-2 为例讲解集中标注内容的含义。

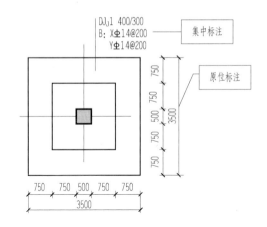

图 9-1-1　独立基础平面注写方式

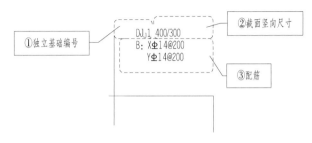

图 9-1-2　独立基础的集中标注

1）第一项注写独立基础的编号，此项为必注值，见表 9-1-1。例如，图 9-1-2 中的编号"DJ$_J$1"表示 1 号阶形普通独立基础。

2）第二项注写独立基础截面的竖向尺寸，此项为必注值，见表 9-1-2。例如，图 9-1-2 中的第二项"400/300"表示该独立基础的截面竖向尺寸 $h_1=400\text{mm}$、$h_2=300\text{mm}$，基础底板总厚度为 700mm。

3）第三项注写独立基础的底板配筋，此项为必注值。

普通和杯口独立基础的底板双向配筋注写规定如下：

① 以 B 代表各种独立基础底板的底部配筋。

② X 向配筋以 X 打头、Y 向配筋以 Y 打头注写；当两向配筋相同时，则以 X&Y 打头注写。

【**例 9-1-4**】独立基础底板配筋标注为 B：XΦ14@200，YΦ16@150；表示基础底板底部配置 HRB335 级钢筋，X 向直径为 Φ14，分布间距为 200mm；Y 向直径为 Φ16，分布间距为 150mm，见图 9-1-3。

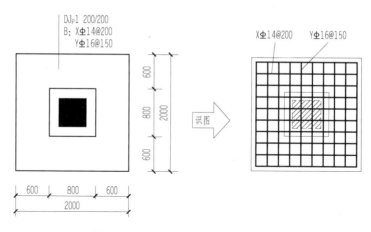

图 9-1-3   独立基础底板双向配筋示意

例如，图 9-1-2 中的第三项"B：XΦ14@200，YΦ14@200"表示独立基础 DJ$_J$1 底板的底部配筋 X 向直径为 Φ14，分布间距为 200mm；Y 向配筋与 X 向相同。

4）第四项注写基础底面标高，此项为选注值。当独立基础的底面标高与基础底面基准标高不同时，应将独立基础底面标高直接注写在"（ ）"内。

5）第五项注写必要的文字注解，此项为选注值。当独立基础的设计有特殊要求时，宜增加必要的文字注解。

例如，图 9-1-2 的集中标注中没有第四项和第五项内容，所以选择不用注写。

（2）独立基础的原位标注

原位标注是在基础平面布置图上标注独立基础的平面尺寸，见图 9-1-1。

普通独立基础采用平面注写方式的集中标注和原位标注综合设计表达示例，见单元 9 案例引导图和图 9-1-1。

3. 多柱独立基础

独立基础通常为单柱独立基础，也可为多柱独立基础（双柱或四柱等）。多柱独立基础的编号、几何尺寸和配筋的标注方法与单柱独立基础相同。

当为双柱独立基础且柱距较小时，通常与单柱独立基础一样仅配置基础底部钢筋即可；当柱距较大时，除了基础底部配筋外，还需要在两柱间配置基础顶部钢筋或者设置基础梁；当为四柱独立基础时，通常可设置两道平行的基础梁，需要时可在两道基础梁之间配置基础顶部钢筋。

多柱独立基础顶部配筋和基础梁配筋的注写方法规定如下：

（1）注写无基础梁的双柱独立基础底板顶部配筋

无基础梁的双柱独立基础底板的顶部配筋，通常对称分布在双柱中心线两侧，注写为：双柱间纵向受力钢筋/分布钢筋。

【例 9-1-5】某无基础梁的双柱独立基础配筋项注写为"T：11Φ18@100/Φ10@200"，

以 T 打头代表独立基础底板的顶部配筋,表示独立基础顶部配置 HRB400 级纵向受力钢筋,直径为 Φ18,设置 11 根,间距为 100mm;分布筋为 HPB300 级钢筋,直径为 Φ10,分布间距为 200mm,见图 9-1-4。

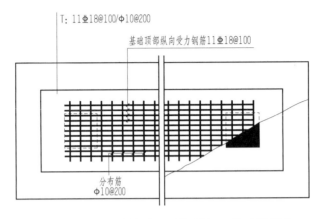

图 9-1-4　双柱独立基础（无基础梁）顶部配筋示意

（2）注写双柱独立基础的基础梁配筋

当双柱独立基础设置基础梁时,不需要在基础底板的顶部设置钢筋,但需要对基础梁进行平面注写。基础梁的平面注写分集中标注和原位标注,见图 9-1-5。基础梁集中标注和原位标注的各项内容含义与框架梁相同,此处不再赘述。

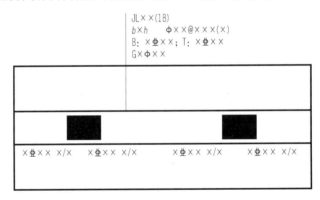

图 9-1-5　双柱独立基础的基础梁配筋注写示意

双柱独立基础的底板配筋与单柱独立基础底板配筋的注写相同。

（3）注写配置两道基础梁的四柱独立基础底板的顶部配筋

当四柱独立基础已设置两道平行的基础梁时,根据内力需要可在双梁之间及梁的长度范围内配置基础顶部钢筋,注写为:梁间受力钢筋/分布钢筋。

【例 9-1-6】某四柱独立基础的配筋项注写为"T:Φ16@120/Φ10@200";表示在四柱独立基础顶部两道基础梁之间配置 HRB400 级受力钢筋,直径为 Φ16,间距为 120mm;分布筋为 HPB300 级钢筋,直径为 Φ10,分布间距为 200mm,见图 9-1-6。

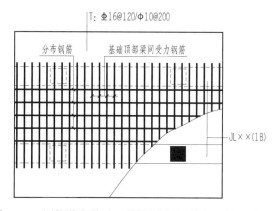

图 9-1-6　四柱独立基础（设置两道基础梁）顶部配筋示意

9.1.2　独立基础标准配筋构造解读

独立基础底板钢筋构造分为一般构造和长度减短 10% 构造。

1. 独立基础底板配筋一般构造

独立基础底板配筋必须配置双向钢筋网，见图 9-1-7。

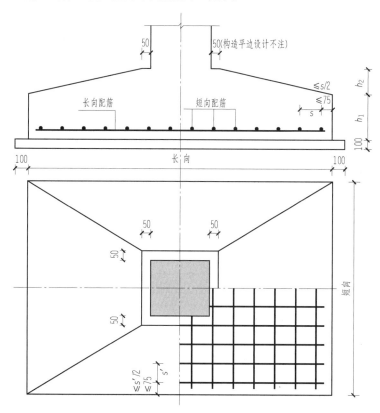

图 9-1-7　独立基础底板钢筋排布构造

图 9-1-7 解读如下：

1）独立基础底板双向钢筋长向钢筋在下，短向钢筋在上。这与前面学过的双向楼面板钢筋摆放正好相反，这是因为楼板的荷载方向朝下，而基础底板承受的地基反力方向朝上的缘故。

2）基础底板最外侧第一根钢筋距边缘的距离为≤75mm 且≤$s/2$（s 为同向钢筋的间距），即取 min{75，$s/2$}。

2. 独立基础底板配筋长度减短 10%构造

当独立基础底板边长≥2500mm 时，采用钢筋长度减短 10%构造，见图 9-1-8。

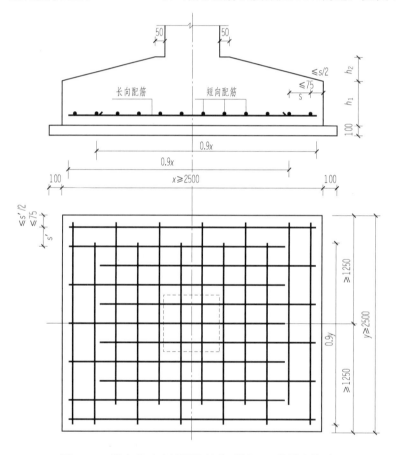

图 9-1-8 独立基础底板配筋长度减短 10%的排布构造

图 9-1-8 解读如下:

1）四周最外侧的四根钢筋不减短，其内侧所有钢筋的长度可取相应方向底板边长的 0.9 倍。

2）图 9-1-7 的两条解读同样适用于本图。

3. 双柱普通独立基础顶面和底面钢筋排布构造

双柱普通独立基础顶面和底面钢筋排布构造，见图 9-1-9。

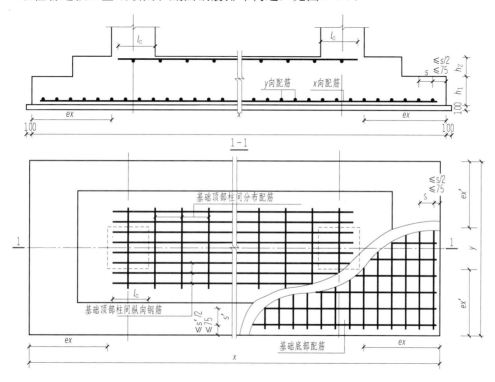

图 9-1-9　双柱普通独立基础顶、底面钢筋排布构造（$ex > ex'$）

图 9-1-9 解读如下:

1）基础的几何尺寸和配筋见具体施工图中的标注。

2）基础底板下部双向交叉钢筋的上下排序是根据图中 ex 和 ex' 的大小来确定的，较大者方向的钢筋设置在下，较小者方向的钢筋设置在上。

3）双柱普通独立基础顶面设置的纵向受力钢筋的锚固长度为 l_a，其分布钢筋宜设置在受力纵筋之下。

4）基础底板最外侧第一根钢筋距边缘的距离为 ≤75mm 且 ≤$s/2$（s 为同向钢筋的间距），即取 min{75，$s/2$}。

4. 设置基础梁的双柱普通独立基础钢筋排布构造

设置基础梁的双柱普通独立基础钢筋排布构造见图 9-1-10。

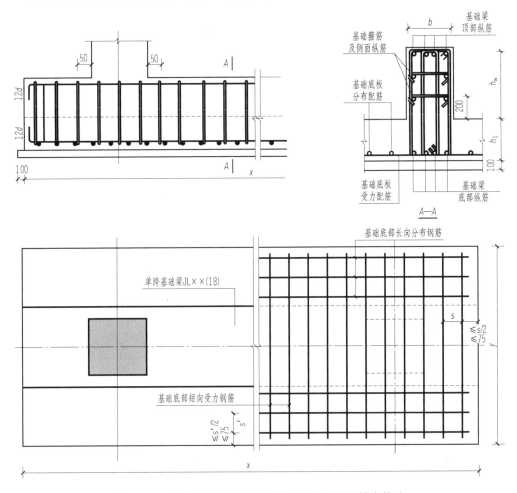

图 9-1-10 设置基础梁的双柱普通独立基础钢筋排布构造

图 9-1-10 解读如下：

1）双柱独立基础底板短向钢筋为受力钢筋，其设置在基础梁纵筋之下，与基础梁箍筋的下水平边位于同一个层面。

2）基础梁的宽度宜比柱宽≥100mm。基础梁宽度小于柱宽时，需增设梁包柱侧腋。

3）基础底板最外侧第一根钢筋距边缘的距离为≤75mm 且≤$s/2$（s 为同向钢筋的间距），即取 min$\{75, s/2\}$。

4）基础梁上、下部纵筋的弯钩长度均为 12d。

9.1.3　独立基础平法施工图识读与钢筋计算示例

阶形普通独立基础 DJ_J1 的平法施工图，见图 9-1-11。要求识读 DJ_J1 的平法施工图并计算底板的钢筋。

1. 独立基础 DJ_J1 的平法施工图识读

图 9-1-11 解读如下：

1 号阶形单柱普通独立基础编号为 DJ_J1，基础底面尺寸为 2200mm×2200mm，台阶宽度均为 450mm；基础截面竖向尺寸 $h_1=400mm$、$h_2=300mm$，基础底板总厚度为 700mm，见图 9-1-12。DJ_J1 底板的底部配筋 X 向直径为 Φ14，分布间距为 200mm；Y 向直径也为 Φ14，分布间距为 180mm。

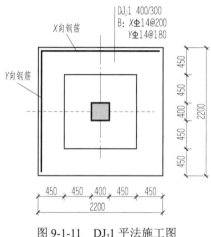

图 9-1-11　DJ_J1 平法施工图

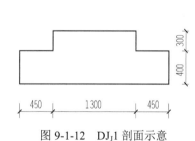

图 9-1-12　DJ_J1 剖面示意

2. 独立基础 DJ_J1 的钢筋计算

因为独立基础底面边长 2200mm＜2500mm，所以计算底部钢筋时选用一般构造；基础钢筋的保护层取 40mm。此步骤需要对照图 9-1-7 进行。

（1）计算 X 向钢筋的长度和根数

1）计算 X 向钢筋的长度。

$L_x=2200mm-40mm×2=2120mm$

2）计算 X 向钢筋（Φ14@200）的根数。

最外侧第一根钢筋的起步尺寸＝min{75mm，$s/2$}＝min{75mm，200mm/2}＝75mm

X 向钢筋根数 n_x＝(Y 向底板边长－2×起步尺寸)/间距＋1

$\qquad\qquad$＝(2200－2×75)/200＋1＝11＋1＝12（根）

（2）计算 Y 向钢筋的长度和根数

1）计算 Y 向钢筋的长度。

$L_Y=2200mm-40mm×2=2120mm$

2）计算 Y 向钢筋（$\Phi14@180$）的根数。

最外侧第一根钢筋的起步尺寸＝min(75mm，$s/2$)＝min(75mm，180mm/2)＝75mm

Y 向钢筋根数 n_Y＝(X 向底板边长－2×起步尺寸)/间距＋1

$$＝(2200－2×75)/180＋1＝12＋1＝13（根）$$

9.2 筏形基础平法施工图识读与钢筋计算

知识导读

筏形基础一般用于高层建筑框架结构或剪力墙结构，可分为梁板式筏形基础和平板式筏形基础。本书只介绍梁板式筏形基础，平板式筏形基础见图集 16G101—3 的相关内容。

9.2.1 梁板式筏形基础平法识图规则解读

1. 梁板式筏形基础构件的平法编号

梁板式筏形基础有基础主梁、基础次梁和基础平板等构件，其平法编号见表 9-2-1。梁板式筏形基础就如同倒置的梁板式楼盖结构，因为它们承受的荷载方向正好是相反的。因此，可以把前面讲过的楼面梁和楼面板的钢筋上下倒过来考虑，这样来学习基础梁和基础平板的钢筋构造就很容易理解和记忆了。

表 9-2-1 梁板式筏形基础构件的编号

构 件 类 型	代 号	序 号	跨数及有无外伸
基础主梁（柱下）	JL	××	（××）或（××A）或（××B）
基础次梁	JCL	××	（××）或（××A）或（××B）
梁板式筏形基础平板	LPB	××	

注：1. （××A）为一端有外伸，（××B）为两端有外伸，外伸不计入跨数。例如，JL7（5B）表示第 7 号基础主梁，5 跨，两端有外伸。

2. 梁板式筏形基础平板跨数及是否有外伸分别在 X、Y 两向的贯通纵筋之后表达。图面从左至右为 X 向，从下至上为 Y 向。

3. 梁板式筏形基础主梁与条形基础梁编号与标准构造详图一致。

表中基础主梁的代号在旧版 04G101—3 第六页构件编号表中规定为"JZL"，因与井字梁代号"JZL"重号，为避免混淆，新版 16G101—3 中将基础主梁的代号修改为表 9-2-1 中的"JL"。

2. 基础主梁和基础次梁的平面注写方式

基础主梁 JL 和基础次梁 JCL 的平面注写包括集中标注与原位标注两部分内容，见图 9-2-1。可与单元 5 梁的集中标注与原位标注对比来学习。

（1）基础主、次梁的集中标注

基础主次梁的集中标注包括基础梁编号、截面尺寸和配筋三项必注内容，以及基础梁底面标高高差（相对于筏形基础平板底面标高）一项选注内容，见图 9-2-2。

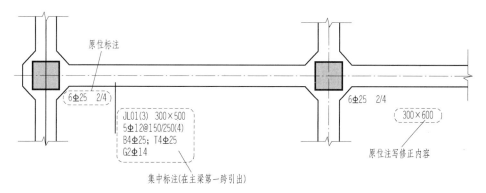

图 9-2-1　基础主、次梁平法施工图的平面注写表达方式

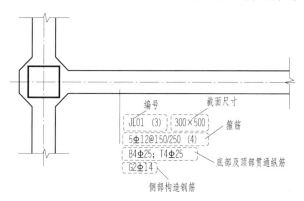

图 9-2-2　基础主、次梁的集中标注内容示意

集中标注内容的具体规定如下：

1）注写基础梁的编号：该项为必注值，见表 9-2-1。编号举例见表 9-2-2。

表 9-2-2　基础主、次梁编号举例

编　　　号	识　　　图
JL01（2）	基础主梁 01，2 跨，端部无外伸
JL02（4A）	基础主梁 02，4 跨，一端有外伸
JCL03（6）	基础次梁 03，6 跨，端部无外伸
JCL05（3B）	基础次梁 05，3 跨，两端有外伸

2）注写基础梁的截面尺寸：该项为必注值。以 $b \times h$ 表示梁截面宽度与高度；当竖向加腋时，用 $b \times h$　$GYc_1 \times c_2$ 表示，其中 c_1 为腋长，c_2 为腋高，分别见图 9-2-3 和图 9-2-4。

3）注写基础梁的配筋：该项为必注值。

① 注写基础梁的箍筋：可设置一种箍筋间距［如 $\Phi 10@200$（2）］和两种箍筋间距［$8\Phi 12@100/200$（2）］两种情况，见表 9-2-3。

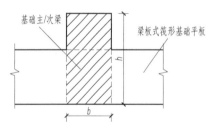

图 9-2-3　基础主、次梁截面尺寸示意

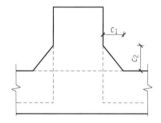

图 9-2-4　基础主、次梁加腋截面尺寸示意

表 9-2-3　箍筋在基础梁内的配置示意

箍筋表示方法	识　图
Φ12@250（2） （一种箍筋间距）	只有一种间距，双肢箍　　　JL01(3) 300×500 Φ12@250(2) B4Φ25; T4Φ25 G2Φ14 只有一种箍筋间距
6Φ12@150/250（2） （两种箍筋间距）	两端各布置 6 根 Φ12 间距 150 的箍筋，中间剩余部位按间距 250 布置，均为双肢箍 JL01(3) 300×500 6Φ12@150/250(2) B4Φ25; T4Φ25 G2Φ14 两端第一种箍筋　　中间剩余部位Φ12@250(2) 6Φ12@150(2)

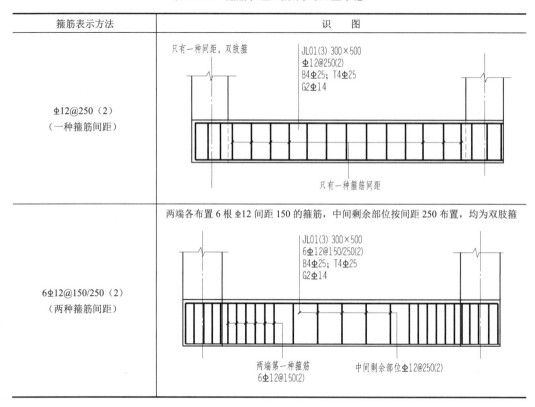

两向基础主梁相交的柱下区域，应有一向截面较高的基础主梁按梁端箍筋贯通设置；当两向基础主梁高度相同时，任选一向基础主梁箍筋贯通设置。

特别提示

基础次梁的箍筋仅在净跨内设置；基础主梁的箍筋标注只包含净跨内箍筋，两向基础主梁相交的柱下区域应有一向按梁端箍筋全面贯通，但柱下区域的贯通箍筋不包含在集中标注箍筋的具体数量之内。

② 注写基础梁的底部、顶部贯通纵筋。

以 B 打头，先注写梁底部贯通纵筋（楼面梁首先注写上部通长纵筋，基础梁首先注写下部贯通纵筋，正好相反），应不少于底部纵筋总面积的 1/3。当底部跨中所注根数少于箍筋肢数时，需要在底部跨中加设架立筋以固定箍筋，注写时，用"＋"号将贯通纵筋和架立筋相联系，架立筋注写在加号后面的括号内。

以 T 打头，接续注写梁顶部贯通纵筋。注写时用分号"；"将底部和顶部贯通纵筋分隔开。

【例 9-2-1】B8Φ28 3/5；T5Φ32，表示基础梁底部配置 8Φ28 的贯通纵筋，顶部配置 5Φ32 的贯通纵筋。底部贯通纵筋分两排摆放，上一排纵筋为 3Φ28，下一排纵筋 5Φ28。

③ 注写基础梁的侧面纵筋。

以大写字母 G 打头注写基础梁两侧面对称设置的纵向构造钢筋的总配筋值（当梁腹板高度≥450mm 时，根据需要配置）。

当需要配置抗扭纵筋时，梁两个侧面设置的抗扭纵向钢筋以 N 打头。

侧面构造纵筋的搭接和锚固长度可取为 15d。侧面抗扭纵筋的锚固长度为 l_a，搭接长度为 l_l；其锚固方式同基础梁的上部纵筋。

4）注写基础梁底面标高高差（指相对于筏形基础平板底面标高的高差值）：该项为选注值。有高差时，需将高差写入括号内，如"高板位"与"中板位"基础梁的底面与基础平板底面标高的高差值；若无高差则不用注写，如"低板位"筏形基础的基础梁。图 9-2-5 所示为高板位、中板位和低板位基础梁与基础平板的位置示意，工程中最常用的是低板位筏形基础。

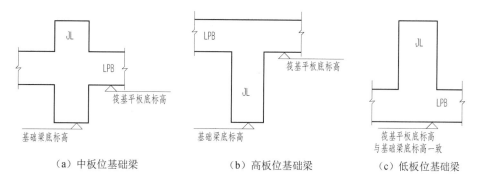

（a）中板位基础梁　　　　　（b）高板位基础梁　　　　　（c）低板位基础梁

图 9-2-5　高板位、中板位和低板位基础梁示意

（2）基础主、次梁的原位标注

1）注写梁端（支座）区域的底部全部纵筋包括已经集中标注过的贯通纵筋在内的所有纵筋，见图 9-2-6。

2）注写基础梁的附加箍筋或（反扣）吊筋。将其直接画在平面图中的主梁上，用线引注总配筋值，见图 9-2-7。

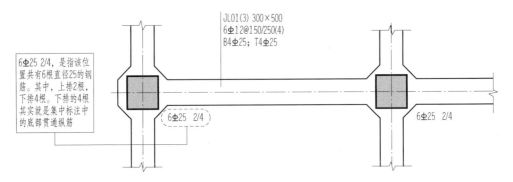

图 9-2-6　基础主、次梁端部（支座）区域的底部全部纵筋示意

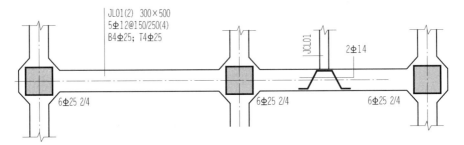

图 9-2-7　基础主次梁相交处附加吊筋平法标注示例

3）当基础梁外伸部位变截面高度时，在该部位原位注写 $b×h_1/h_2$，h_1 为根部截面高度，h_2 为尽端截面高度。

4）注写修正内容。

当在基础梁上集中标注的某项内容（如截面尺寸、箍筋底部与顶部贯通纵筋、梁侧面构造钢筋、梁底标高高差等）不适用于某跨或某外伸部位时，将其修正内容原位标注在该跨或该外伸部位，施工时原位标注取值优先。

基础主、次梁端部（支座）区域原位标注识图，见表 9-2-4 的内容。

表 9-2-4　基础主、次梁端部（支座）区域原位标注识图

表　示　方　法	识　图
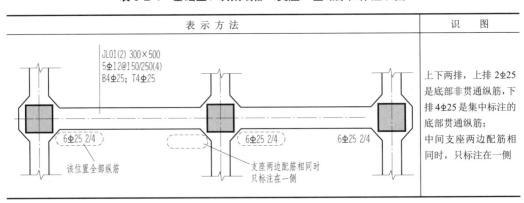	上下两排，上排 2Φ25 是底部非贯通纵筋，下排 4Φ25 是集中标注的底部贯通纵筋；中间支座两边配筋相同时，只标注在一侧

表 示 方 法	识 图
JL01(2) 300×500 5Φ12@150/250(4) B2Φ25; T4Φ25 (2Φ25+2Φ20) (6Φ25 2/4) 6Φ25 2/4 两种不同直径钢筋	由两种不同直径钢筋组成,用"+"连接,其中 2Φ25 是集中标注的底部贯通纵筋,2Φ20 是底部非贯通纵筋

3. 梁板式筏形基础平板 LPB 的平面注写方式

梁板式筏形基础平板 LPB 的平面注写分板底部与顶部贯通纵筋的集中标注和板底部附加非贯通纵筋的原位标注两部分内容。当仅设置贯通纵筋而未设置附加非贯通纵筋时,仅做集中标注。

(1)梁板式筏形基础平板 LPB 的集中标注

LPB 的集中标注应在所表达的"板区",双向均在第一跨的板上引出。

"板区"的划分条件:板厚相同、基础平板底部与顶部贯通纵筋配置相同的区域为同一板区。

图 9-2-8 所示为梁板式筏基平板 LPB 的集中标注示例解读。

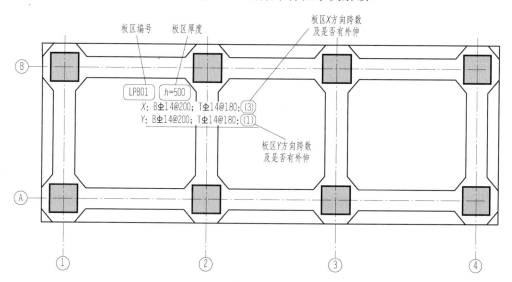

图 9-2-8 梁板式筏基平板 LPB 的集中标注示例

LPB"板区"的集中标注内容如下:

1)注写基础平板的编号:见表 9-2-1,如图 9-2-8 中的 LPB01。

2）注写基础平板的截面尺寸：如图 9-2-8 中 $h=500$mm。

3）注写基础平板的底部与顶部贯通纵筋及其总长度。

先注写 X 向底部（B 打头）贯通纵筋与顶部（T 打头）贯通纵筋及纵向长度范围；再注写 Y 向底部（B 打头）贯通纵筋与顶部（T 打头）贯通纵筋及纵向长度范围（图面从左到右为 X 向，从下到上为 Y 向）。贯通纵筋的总长度注写在括号中。

【例 9-2-2】X：BΦ20@150；   TΦ18@150；（4B）

Y：BΦ18@200；   TΦ16@200；（6A）

表示基础平板 X 向底部配置 Φ20 间距 150 的贯通纵筋，顶部配置 Φ18 间距 150 的贯通纵筋，X 向总长度为 4 跨，两端有外伸；Y 向底部配置 Φ18 间距 200 的贯通纵筋，顶部配置 Φ16 间距 200 的贯通纵筋，Y 向总长度为 6 跨，一端有外伸。

（2）梁板式筏形基础平板 LPB 的原位标注

LPB 的原位标注主要表达板底部附加非贯通纵筋。

图 9-2-9 所示为梁板式筏基平板 LPB 的原位标注示例解读。

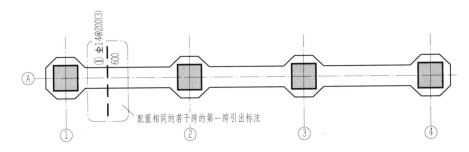

图 9-2-9 梁板式筏基平板 LPB 的原位标注示例

1）原位注写位置及内容。板底部原位标注的附加非贯通纵筋应在配置相同跨的第一跨表达（当在基础梁外伸部位单独配置时则在原位注写）。配置相同跨的第一跨，垂直于基础梁绘制一段中粗虚线（当该筋通长设置在外伸部位或短跨板下部时，应画至对边或贯通短跨），在虚线上注写编号（如①、②等）、配筋值、横向布置的跨数及是否布置到外伸部位。

2）板底部附加非贯通纵筋向两边跨内的伸出长度值注写在虚线的下方位置。当该筋向两侧对称伸出时，可仅在一侧标注，另一侧不注；当布置在边梁下时，向基础平板外伸部位一侧的伸出长度与方式按标准构造，设计不注。底部附加非贯通筋相同者，可仅注一处，其他仅注写编号即可。

3）横向连续布置的跨数及是否布置到外伸部位，不受集中标注贯通纵筋的板区限制。

4）原位标注的底部非贯通纵筋与集中标注的底部贯通纵筋，宜采用"隔一布一"的方式布置，即要求两者的标注间距相同。

9.2.2   筏形基础标准配筋构造解读

1. 梁板式筏形基础的钢筋种类

梁板式筏形基础的基础主梁 JL、基础次梁 JCL 和基础平板 LPB 的钢筋种类,见表9-2-5。

表 9-2-5   梁板式筏形基础构件的钢筋种类

构　件	钢　筋　种　类		16G101—3 页码
基础主梁 JL	纵筋	底部贯通纵筋	第79、81、83 页
		顶部贯通纵筋	
		梁端(支座)区域底部非贯通纵筋	
		侧部构造筋	第82 页
	箍筋		第79、80 页
	其他钢筋	附加吊筋	第79 页
		附加箍筋	
		加腋筋	第80、84 页
基础次梁 JCL	纵筋	底部贯通纵筋	第85、87 页
		顶部贯通纵筋	
		梁端(支座)区域底部非贯通纵筋	
	箍筋		第85、86 页
	其他钢筋	加腋筋	第82、86 页
梁板式基础平板 LPB	底部贯通纵筋		第88、89 页 封边构造第93 页
	顶部贯通纵筋		
	横跨基础梁下的板底部非贯通纵筋		

2. 基础主梁 JL 的钢筋标准构造

（1）基础主梁 JL 纵向钢筋构造（见图 9-2-10）

图 9-2-10 解读如下:

1）顶部贯通纵筋连接区为柱宽加柱两侧各 $l_n/4$ 范围;底部贯通纵筋连接区为本跨跨中 $l_{ni}/3$ 范围。底部非贯通筋向跨内延伸长度为 $l_n/3$,其中 l_n 为左右相邻跨净长的较大值。

2）当两毗邻跨的底部贯通纵筋配置不同时,应将配置较大一跨的底部贯通纵筋越过其标注的跨数终点或起点,伸至配置较小的毗邻跨的跨中连接区进行连接。

3）两向交叉基础主梁的柱下节点区域内的箍筋按梁端箍筋设置;基础主梁高度不同时,节点区域内的箍筋按截面高度较大的基础梁设置。同跨箍筋有两种间距时,按设计要求设置。

（2）基础主梁 JL 配置两种箍筋构造（见图 9-2-11）

此图亦为箍筋、拉筋的排布构造。

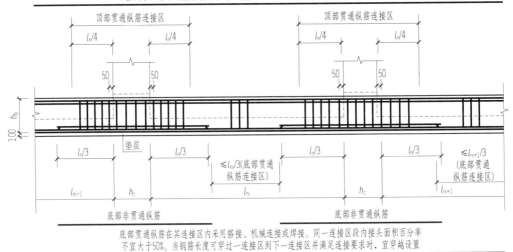

图 9-2-10　基础主梁 JL 纵向钢筋和箍筋构造

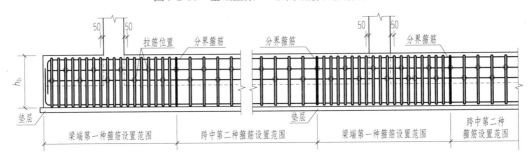

图 9-2-11　基础主梁箍筋和拉筋排布构造（配置两种箍筋构造）

（3）基础主梁 JL 端部外伸部位钢筋排布构造（见图 9-2-12）

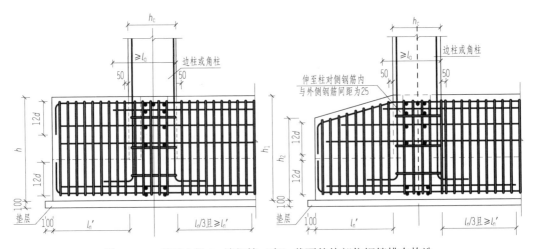

图 9-2-12　基础主梁 JL 端部等（变）截面外伸部位钢筋排布构造

图 9-2-12 解读如下:

1）当 $l_n' + h_c \leqslant l_a$ 时，基础梁的下部钢筋应伸至端部后弯折，且从外柱内边算起水平段长度 $\geqslant 0.6l_{ab}$，弯折长度由图中的 $12d$ 改为 $15d$。

2）柱下节点区域内箍筋设置同梁端箍筋设置。

3）本图节点内的梁、柱均有箍筋，施工前应组织好施工顺序，以避免梁或柱的箍筋无法放置。

（4）基础主梁 JL 端部无外伸钢筋排布构造（见图 9-2-13）

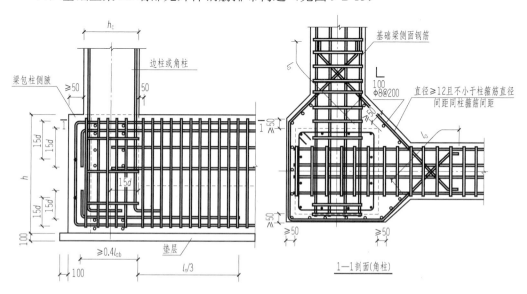

图 9-2-13   基础主梁 JL 端部无外伸钢筋排布构造

图 9-2-13 解读如下:

1）端部无外伸构造中，基础梁底部与顶部纵筋应成对连通设置（可采用通长钢筋，或将其焊接连接后弯折成形）。成对连通后剩余底部与顶部纵筋可伸至端部弯折 $15d$（底部筋上弯，顶部筋下弯）。

2）基础梁侧面钢筋抗扭时，自柱边开始伸入支座的锚固长度不小于 l_a，当直锚长度不够时，可向上弯折 $15d$。

3）基础梁顶部下排钢筋伸至尽端钢筋内侧后弯折 $15d$，当水平段长度 $\geqslant l_a$ 时可不弯折；基础梁底部上排钢筋伸至尽端钢筋内侧后弯折 $15d$，且满足水平段长度 $\geqslant 0.6l_{ab}$ 的要求。

（5）基础次梁 JCL 纵筋与箍筋构造（见图 9-2-14）

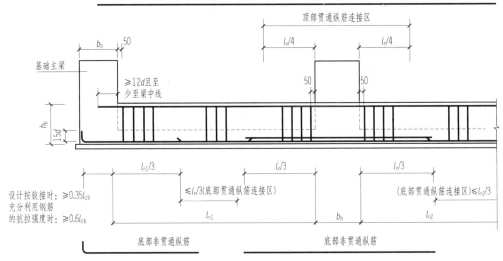

图 9-2-14　基础次梁 JCL 纵筋与箍筋构造

图 9-2-14 解读如下：

1）基础次梁顶部贯通纵筋连接区为主梁宽加主梁两侧各 $l_n/4$ 范围，底部贯通纵筋连接区为本跨跨中 $l_{ni}/3$ 范围，底部非贯通筋向跨内延伸长度为 $l_n/3$，其中 l_n 为左右相邻跨净长的较大值。

2）基础次梁端部无外伸时，端支座上部钢筋伸入支座≥12d且至少到梁中线；下部钢筋伸至端部弯折 15d，且从主梁内边算起水平段长度要满足：当设计按铰接时≥0.35l_{ab}，当充分利用钢筋的抗拉强度时≥0.6l_{ab}。

3）基础次梁的端部等（变）截面外伸构造同基础主梁。

4）基础次梁的箍筋仅在跨内设置，节点区不设，第一根箍筋的起步距离为 50mm。

（6）基础梁侧面纵筋和拉筋构造（见图 9-2-15）

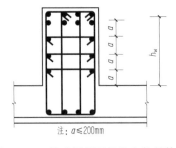

注：$a \leqslant 200$mm

图 9-2-15　基础梁侧面纵筋和拉筋构造

图 9-2-15 解读如下：

1）基础梁侧面纵筋的拉筋直径除注明者外均为 8mm，间距为箍筋间距的 2 倍。多排拉筋时，上、下两排拉筋竖向错开设置。

2）基础梁侧面纵向构造钢筋搭接和锚固长度均为 15d；当为受扭时，搭接长度为 l_l，其锚固长度为 l_a，锚固方式同梁上部纵筋。

（7）基础梁附加箍筋和附加吊筋构造（见图 9-2-16）

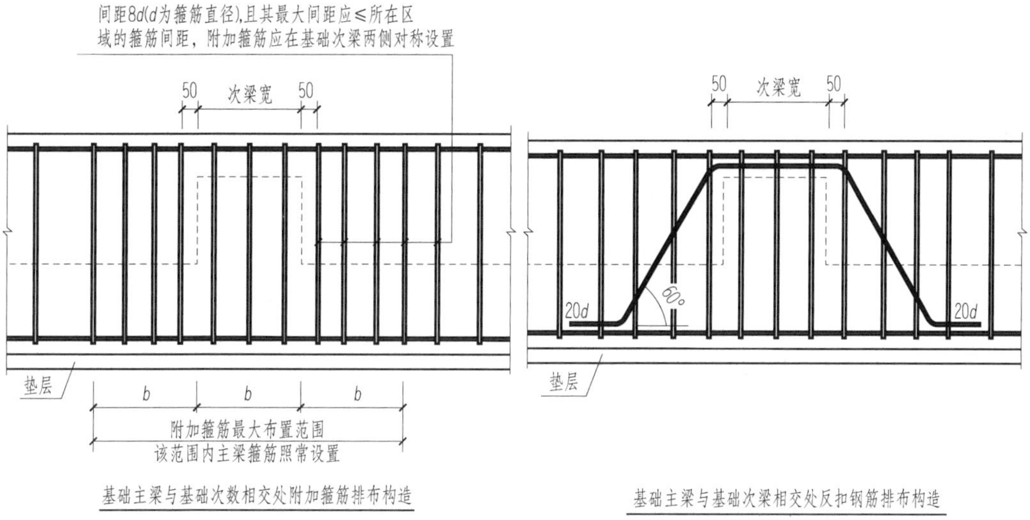

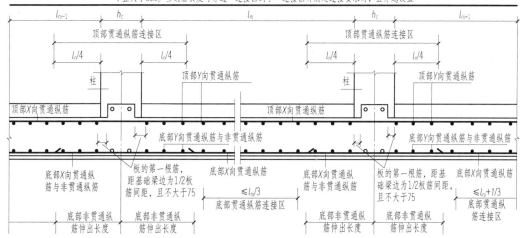

图 9-2-16 基础梁附加箍筋和附加吊筋构造

（8）梁板式筏形基础平板 LPB 钢筋构造（见图 9-2-17）

图 9-2-17 梁板式筏形基础平板 LPB 钢筋构造（柱下区域）

图 9-2-17 解读如下：

1）顶部贯通纵筋的连接区为柱宽加柱两侧各 $l_n/4$ 范围，底部贯通纵筋连接区为本跨跨中 $l_{ni}/3$ 范围，底部非贯通筋向跨内延伸长度见具体设计标注。其中 l_n 为左右相邻跨净长的较大值。

2）基础平板上部钢筋和下部钢筋的起步距离均为距基础梁边 1/2 板筋间距且≤75mm。

3）本图为柱下区域的 LPB 钢筋构造，跨中区域的 LPB 构造与本图基本相同，区别是顶部贯通纵筋的连接区为基础梁宽加基础梁两侧各 $l_n/4$ 范围。

（9）梁板式筏形基础平板外伸端部钢筋排布构造（见图 9-2-18）

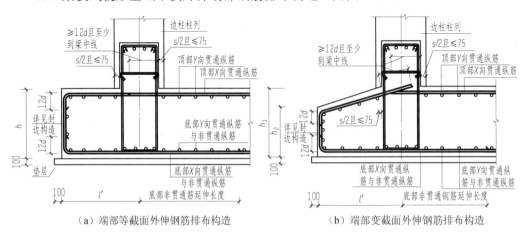

（a）端部等截面外伸钢筋排布构造　　（b）端部变截面外伸钢筋排布构造

图 9-2-18　梁板式筏形基础平板外伸端部钢筋排布构造

（10）板边缘侧面封边构造（见图 9-2-19）

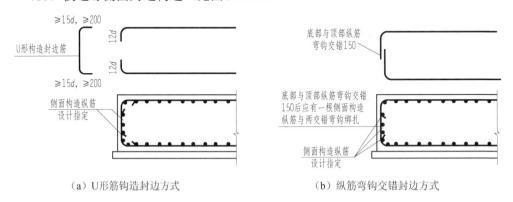

（a）U 形筋钩造封边方式　　（b）纵筋弯钩交错封边方式

图 9-2-19　板边缘侧面封边构造

图 9-2-19 解读如下：

1）板边缘侧面封边构造同样用于基础梁外伸部位，采用何种做法由设计指定。当设计未指定时，施工单位可根据实际情况任选一种做法。

2）外伸部位变截面时侧面构造与本图一致。

（11）基础梁混凝土保护层的最小厚度

基础梁混凝土保护层的最小厚度，见表 9-2-6。

表 9-2-6　混凝土保护层的最小厚度

环境类别	板、墙		梁、柱		基础梁（顶面和侧面）		独立基础、条形基础、筏形基础（顶面和侧面）	
	≤C25	≥C30	≤C25	≥C30	≤C25	≥C30	≤C25	≥30
一	20	15	25	20	25	20	—	—
二 a	25	20	30	25	30	25	25	20
二 b	30	25	40	35	40	35	30	25
三 a	35	30	45	40	45	40	35	30
三 b	45	40	55	50	55	50	45	40

注：1. 表中混凝土保护层厚度指最外层钢筋外边缘至混凝土表面的距离，适用于设计使用年限为 50 年的混凝土结构。

2. 构件中受力钢筋的保护层厚度不应小于钢筋的公称直径 d。

3. 一类环境中，设计使用年限为 100 年的结构最外层钢筋的保护层厚度不应小于表中数值的 1.4 倍；二、三类环境中，设计使用年限为 100 年的结构应采取专门的有效措施。

4. 钢筋混凝土基础宜设置混凝土垫层，基础底部的钢筋的混凝土保护层厚度应从垫层顶面算起，且不应小于 40mm；无垫层时，不应小于 70mm。

5. 桩基承台及承台梁：承台底面钢筋的混凝土保护层厚度，当有混凝土垫层时，不应小于 50mm，无垫层时不应小于 70mm，此外尚不应小于桩头嵌入承台内的长度。

9.2.3　筏形基础主梁平法施工图识读与钢筋计算

图 9-2-20 为筏形基础主梁的平法施工图，梁包柱侧腋见图示；基础平板厚度为 300mm，板底双向钢筋直径均为 18mm；基础梁混凝土强度等级为 C30，基础所处环境类别为二 a，基础底部保护层厚度为 40mm。试识读该基础主梁并计算主梁内的钢筋长度，最后给出钢筋材料明细表。

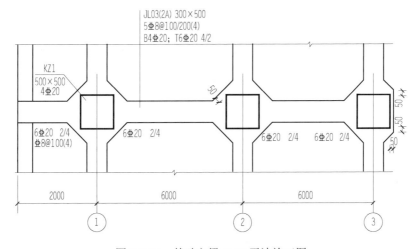

图 9-2-20　基础主梁 JL03 平法施工图

1. 识读基础主梁 JL03 的平法施工图

（1）基础主梁 JL03 的图面内容解读

基础主梁 JL03 的集中标注和原位标注内容解读，本例略。请读者根据前面的讲解，练习完成此步骤。

（2）图中隐含内容的解读

识读基础梁平法施工图时，应特别注意图中隐含内容的解读。例如，该基础梁集中标注中无"基础梁底面标高高差"这一项，说明基础梁的底面标高与筏形基础平板的底面标高一致，即前面讲到的"底板位"基础梁。

（3）根据基础梁平法施工图直接绘制关键部位的钢筋剖面简图

将集中标注中的上部、下部贯通纵筋及省略未标注的钢筋，一起分别原位注写到梁的相应部位（见图 9-2-21 中的矩形框内的钢筋）并给出关键部位剖面索引，见图 9-2-21。绘制的钢筋剖面 1—1～3—3，见图 9-2-21 下方的钢筋简图。

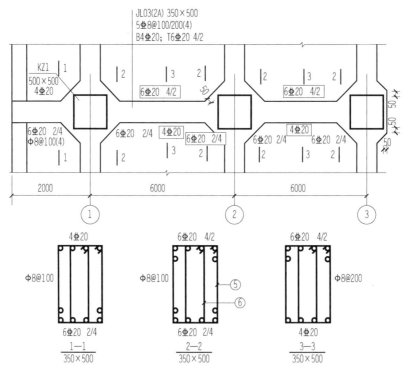

图 9-2-21　根据基础梁平法施工图直接绘制关键部位的钢筋剖面简图

2. 基础主梁 JL03 的纵向钢筋计算

（1）绘制该基础主梁的纵向剖面模板图

根据案例中给出的基础梁工程信息，绘制该基础主梁的纵向剖面模板图。与前面讲过的楼面梁一致，请读者练习完成该模板图的绘制。

（2）绘制基础主梁 JL03 的纵向剖面配筋图

该步骤应对照图 9-2-10、图 9-2-12、图 9-2-13 进行。

①轴线处基础梁外伸部位钢筋构造选择图 9-2-12。

③轴线处基础梁无外伸端，顶部上排和底部下排贯通纵筋均为 4Φ20，根据图 9-2-13 的构造要求，上、下成对连通设置；顶部下排 2Φ20 贯通筋和底部上排 2Φ20 非贯通筋也成对连通设置。（也可以按图 9-2-13 向下、向上弯折 15d，见表 9-2-7 中编号②的虚线钢筋）。

根据前面的识图及对关键部位构造的分析和选择，在纵向剖面模板图中绘制基础主梁 JL03 的钢筋，见图 9-2-22。

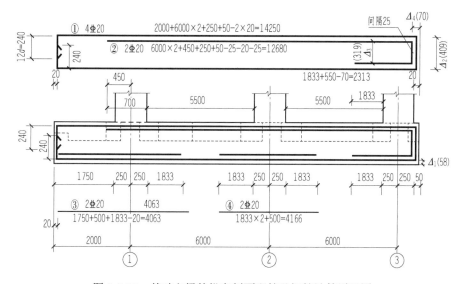

图 9-2-22　基础主梁的纵向剖面配筋及钢筋计算原理图

（3）关键部位数据计算

1）查表求保护层和 l_{ab}、l_a。

查表 9-2-6 得到，基础梁顶面和侧面保护层厚度为 25mm；查表 2-4-3 和表 2-4-5 得到 $l_a = l_{ab} = 35d = 35 \times 20$mm $= 700$mm。

2）下部非贯通筋在跨内的截断点位置。

$L_n = 6000$mm $- 500$mm $= 5500$mm

$L_n/3 = 5500$mm$/3 \approx 1833$mm

3）求图 9-2-22 中的 Δ_1、Δ_2、Δ_3、Δ_4。

$\Delta_1 = $ 基础保护层 $+$ 底板钢筋直径 $= 40$mm $+ 18$mm $= 58$mm

$\Delta_2 = $ 梁高 $-$ 上下保护层厚度 $-$ 箍筋直径 $= 500$mm $- 25$mm $- 58$mm $- 8$mm $= 409$mm

$\Delta_3 = \Delta_2 - $ 上下纵筋直径 $- 2$ 倍的纵筋间距

　　　$= 409$mm $- 2 \times 20$mm $- 2 \times 25$mm $= 319$mm

$\Delta_4 = $ 侧面保护层厚度 $+$ 纵筋直径 $+$ 纵筋净距 $= 25$mm $+ 20$mm $+ 25$mm $= 70$mm

4）基础梁外伸部位纵向弯钩长度。

由图 9-2-12 可得到，竖向弯钩长度＝12d＝12×20mm＝240mm。

（4）分离绘制梁的钢筋、计算长度并编号

分离绘制梁的钢筋，上下连通的钢筋绘制到上方，下部的非贯通筋绘制在梁的下方；将关键部位数据计算结果填补到图 9-2-22 中相应部位，在分离的纵筋上直接计算钢筋长度；最后根据钢筋长度、规格、形状等对所有纵筋进行编号。

3. 基础主梁 JL03 的箍筋计算

（1）箍筋道数 n 计算

此步骤应对照图 9-2-11 进行。可对照箍筋排布图直接计算箍筋的道数；若不太熟练，为避免出错，也可绘制箍筋计算简图（图 9-2-23），根据简图来计算。

n＝梁端箍筋范围/第一种箍筋间距＋跨中箍筋范围/第二种箍筋间距＋1

＝2700/100＋4600/200＋1400/100＋4600/200＋1000/100＋1

＝97＋1＝98（道）

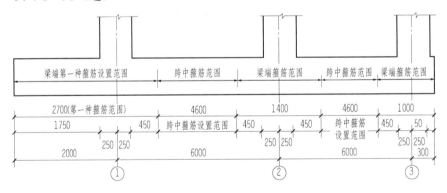

图 9-2-23　基础主梁 JL03 箍筋计算简图

（2）箍筋长度计算

此步骤应对照图 9-2-18 进行。从图中不难看出，基础主梁的下部纵筋摆放在基础平板底部双向贯通纵筋最下排 X 向钢筋的上面，即基础梁箍筋的下框平直段与平板底部双向贯通纵筋最下排 X 向钢筋位于同一个层面，见图 9-2-24。

外箍竖肢长度 L_1 和水平段长度 L_2 的计算如下：

L_1＝梁高－梁上部保护层－基础保护层－LPB 最下排纵筋的直径＋梁箍筋的直径

＝500mm－25mm－40mm－18mm＋8mm＝425mm

L_2＝梁宽－2 倍梁侧面保护层厚度

＝350mm－2×25mm＝300mm

外箍长度 L_3 和 L_4，以及内箍长度的计算，请读者作为练习完成，将结果填到钢筋材料明细表 9-2-6 中。

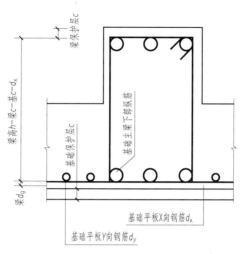

图 9-2-24　基础主梁箍筋长度计算原理图

4. 绘制钢筋材料明细表

汇总计算结果给出钢筋材料明细表 9-2-7，将表中空白处补充完整。

表 9-2-7　基础主梁 JL03 钢筋材料明细表

编号	钢筋简图	规格	设计长度	下料长度	数量	备　注
①	240　14250　409 14250	Φ20	29473		4	上下成对连通钢筋
②	12680 12680　300 2313　319　300 2313	Φ20	15312		2	上下成对连通钢筋（或不连通，竖钩长 15d=300mm，见虚线钢筋）
③	4063	Φ20	4063	4063	2	下部非贯通筋
④	4166	Φ20	4166	4166	2	下部非贯通筋
⑤	425　300	Φ8			98	外箍 编号见图 9-2-21
⑥	425	Φ8			98	内箍 编号见图 9-2-21

小　　结

　　本单元简单介绍了独立基础和筏形基础的构件编号及对应的示意图；详细介绍了独立基础和筏形基础的平法制图规则和标准配筋构造。特别是通过钢筋计算范例加深了读者对标准配筋构造的理解，最终达到识读独立基础和筏形基础平法施工图的目的。

【复习思考题】

1. 独立基础有几种类型？代号是什么？
2. 梁板式筏形基础包含几种构件？代号分别为什么？
3. 单柱独立基础的底板配筋构造有几种？
4. 识读独立基础标准构造，见图 9-1-8～图 9-1-11。
5. 识读筏形基础标准构造，见图 9-2-10～图 9-2-19。

【识图与钢筋计算】

1. 识读案例引导图并计算独立基础的底板钢筋。
2. 识读图 1 双柱独立基础并计算各类钢筋长度和根数。

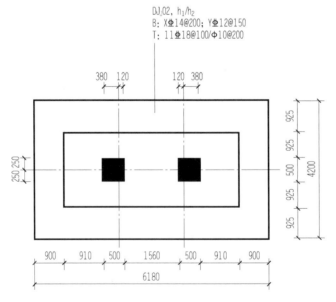

图 1　双柱独立基础平法施工图

3．基础次梁 JCL01 平法施工图，见图 2；梁混凝土强度为 C30，计算钢筋并给出钢筋材料明细表。其中，基础底板双向钢筋直径均为 16mm。

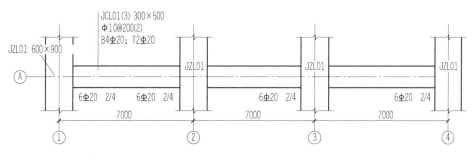

JCL01(3) 300×500
Φ10@200(2)
B4Φ20；T2Φ20

JZL01 600×900

JZL01　JZL01　JZL01

6Φ20 2/4　6Φ20 2/4　6Φ20 2/4　6Φ20 2/4

7000　7000　7000

① ② ③ ④

图 2　JCL01 平法施工图

4．梁板式筏形基础的平板 LPB01 平法施工图，见图 3。混凝土强度为 C30，计算钢筋并给出钢筋材料明细表。

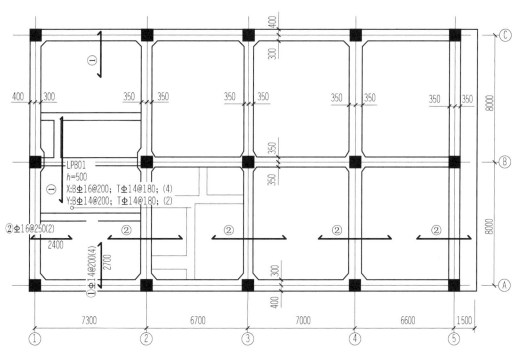

注：外伸端采用U形封边构造，U形钢筋为Φ20@300。封边处侧部构造筋为2Φ8。

图 3　LPB01 平法施工图

5．根据国标图集 16G101—3 计算图 4 中平板式筏形基础平板 BPB 的钢筋。混凝土强度为 C30。

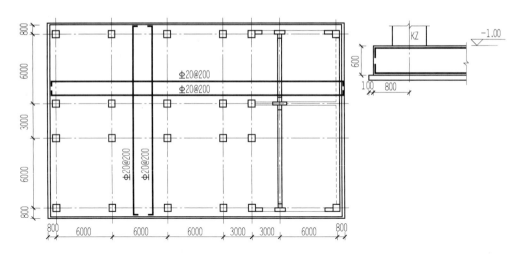

图 4　平板式筏基平板 BPB 配筋图

附录 钢筋的公称直径、公称截面面积及理论质量

公称直径/mm	不同根数钢筋的公称截面面积/mm²									单根钢筋理论质量/（kg/m）
	1	2	3	4	5	6	7	8	9	
6	28.3	57	85	113	142	170	198	226	255	0.222
8	50.3	101	151	201	252	302	352	402	453	0.395
10	78.5	157	236	314	393	471	550	628	707	0.617
12	113.1	226	339	452	565	678	791	904	1017	0.888
14	153.9	308	461	615	769	923	1077	1231	1385	1.21
16	201.1	402	603	804	1005	1206	1407	1608	1809	1.58
18	254.5	509	763	1017	1272	1527	1781	2036	2290	2.00（2.11）
20	314.2	628	942	1256	1570	1884	2199	2513	2827	2.47
22	380.1	760	1140	1520	1900	2281	2661	3041	3421	2.98
25	490.9	982	1473	1964	2454	2945	3436	3927	4418	3.85（4.10）
28	615.8	1232	1847	2463	3079	3695	4310	4926	5542	4.83
32	804.2	1609	2413	3217	4021	4826	5630	6434	7238	6.31（6.65）
36	1017.9	2036	3054	4072	5089	6107	7125	8143	9161	7.99
40	1256.6	2513	3770	5027	6283	7540	8796	10053	11310	9.87（10.34）
50	1963.5	3928	5892	7856	9820	11784	13748	15712	17676	15.42（16.28）

注：括号内为预应力螺纹钢筋的数值。

参 考 文 献

陈青来，2007. 钢筋混凝土结构平法设计与施工规则 [M]. 北京：中国建筑工业出版社.

高竞，高韶明，高韶萍，等，2005. 平法制图的钢筋加工下料计算 [M]. 北京：中国建筑工业出版社.

李晓红，袁帅，2010. 混凝土结构平法识图 [M]. 北京：中国电力出版社.

中国建筑标准设计研究院，2016. 16G101—1 混凝土结构施工图平面整体表示方法制图规则和构造详图（现浇混凝土框架、剪力墙、梁、板）[M]. 北京：中国计划出版社.

中国建筑标准设计研究院，2016. 16G101—2 混凝土结构施工图平面整体表示方法制图规则和构造详图（现浇混凝土板式楼梯）[M]. 北京：中国计划出版社.

中国建筑标准设计研究院，2016. 16G101—3 混凝土结构施工图平面整体表示方法制图规则和构造详图（独立基础、条形基础、筏形基础及桩基承台）[M]. 北京：中国计划出版社.

中国建筑标准设计研究院，2013. 13G101—11 系列图集施工常见问题答疑图解 [M]. 北京：中国计划出版社.

中国建筑标准设计研究院，2012. 12G901—1 混凝土结构施工钢筋排布规则与构造详图（现浇混凝土框架、剪力墙、梁、板）[M]. 北京：中国计划出版社.

中国建筑标准设计研究院，2012. 12G901—2 混凝土结构施工钢筋排布规则与构造详图（现浇混凝土板式楼梯）[M]. 北京：中国计划出版社.

中国建筑标准设计研究院，2012. 12G901—3 混凝土结构施工钢筋排布规则与构造详图（独立基础、条形基础、筏形基础、桩基承台）[M]. 北京：中国计划出版社.